フリーソフトを用いた
音 声 処 理 の 実 際

石井　直樹 著

コ ロ ナ 社

ま え が き

21世紀に入った頃から，音声処理を応用した技術がわれわれの生活のすみずみに浸透してきている。多くの国民がその恩恵にあずかりながら，気がついていない場合もある。いまでは，機械がその場面・状況に応じた音声を発するのは当たり前のことと捉えている。スマートフォン（スマホ）を含めて携帯電話の音声は，昔の固定電話の音声とはまったく異なる技術で伝えられているが，（気がついている方もいるが）違和感なく使用している。スマホに話しかけて，何か情報を得ているらしい光景を目にするのも増えてきた。

これらの技術は，機器内部のLSI（大規模集積回路）あるいは，あるいはアプリケーション（アプリ）としてメモリの中に隠蔽されており，その内容をうかがい知ることはできない。音響学，音声学，あるいは音声工学は，やや狭い専門分野の学問であり，大学あるいは専門学校ではそれを意図する特定の学生しか履修できない分野になっている。さらに，これら三つの分野はたがいに密接に関連しているが，これらを総合的に学ぶことすら難しいのが現状である（複数学部の講義を聴講し，自分で関連付けせねばならない）。

かたや，コンピュータ関連のハードウェアおよびソフトウェアの進展（変化）は目覚ましく，ひと時代前のものが使用できない，あるいは通用しないこともしばしば経験する。このコンピュータの力を最大限に利用して，音声あるいは音の信号（以下，サウンドと総称しよう）を自由自在に扱う手助けをするのが，本書の狙いである。最新（でなくてもよい）のコンピュータの性能は，処理能力，記憶能力，表示能力のすべての点で，サウンドを扱う上で申し分ない。しかし，それは「しかるべきソフトウェア（アプリ）」が備わっていればの話である。残念なことに，最新のコンピュータを購入しても，それだけでサウンドを扱える範囲は限られている。やりたいサウンド処理に応じたソフトウェアを入手し，それをコンピュータに組み込み，かつそのソフトウェアの扱い方に習熟して初めて，目的とするサウンド処理が可能となる。

従来，サウンド処理のソフトウェアは，特に専門的で複雑な処理をするものは，かなり高額なものが多く，比較的低価格なソフトは実行できる機能や性能が限られていた。しかし，最近は「フリーソフト」と称される，無償で使用することができるソフトウェアで，機能的にも性能的にも高度なものが現れてきた。残念ながらそのようなソフトウェアは欧米の研究者が開発したもので，メニューおよびヘルプは英語で記述されており，ややハードルが高かった。だが，国内の先駆的な大学研究者を中心にこのようなソフトウェアを使いこなして，教材に使う方が増え，日本語の解説ドキュメントも公表されるようになってきた。

筆者は，2002年というWindows MEの時代に『音声工房を用いた音声処理入門』[1]（前著と呼ぶこととする）を出版し，類書もないことから，大学等で教科書，参考書などに採用され，また独習用の教材として利用されて，現在まで増刷を重ねてきた。しかし，執筆から15年以上も経過すると，さすがに内容の古い箇所が目につく。一つはパソコンのオペレーティングシステム（OS）であるWindowsの変遷，二つ目はパソコンでサウンドを扱う環境の変化，三つ目はサウンドを扱うフリーソフトの勃興である。

このような状況を鑑みて，本書『フリーソフトを用いた音声処理の実際』を世に問うこととした。すなわち，前著は「音声工房Pro」というかなり高価なソフトウェアを使用することを想定して，サウンド処理を始めようとする読者を主対象としていた。それに対して，本書は無償で入手できるフリーソフトを使って，サウンド処理の実際を伝授しようとした。フリーソフトの種類によっては，実行できる処理の種類，精度，あるいは処理結果の表示法が異なる場合がある。読者が実施したい処理に適するフリーソフトを選択する指針をも与えている。

サウンドを扱うために用意するパソコンは，最近の機種である必要はない。ただし，モニタ（ディスプレイ）の解像度はXGA（1 024 × 768ドット）以上であるほうが操作しやすい。また，音声データは大きな記憶領域を必要とするので，大きめのハードディスクを備えていることが望ましい。

パソコンのOSは，本書で紹介するフリーソフトを扱うためにはWindowsに限る。ただし，最新のWindows 10でなくとも，Windows 8/7で十分である。すでにサポートが終了したWindows XP/Vistaが搭載された旧機種でも構わない。

パソコンにフリーソフトを導入するためにインターネット（以下ネット）にアクセスする場合，二つの注意点がある。一つは，コンピュータウィルスが仕組まれたソフトに気をつけることである。そのためには，本書に掲載した，信用できるサイト（窓の杜，Vector，SourceForge，など）からダウンロードすることである（SourceForgeには最近悪い報道もあるが）。また，ダウンロードした圧縮ファイルは解凍する前に，ウィルス検査ソフトで確認すること（ただし，ウィルス検査ソフトは，最も高い割合でウィルスが仕組まれたソフトであることを知っておこう）。もう一つは，所望のフリーソフトの案内画面のそばに（より目立つ形で）配置されている有料ソフトのボタン（じつは，広告である）に注意すること。また，所望のフリーソフトを正しく選択した場合でも，（おまけの不要な）別のソフトを合わせてインストールさせようとするのもある。案内文（英語）をしっかり読み，「自己責任」で対処していただきたい。

2018年8月　　　　著　者

肩付き数字は，巻末の文献番号を表す。

目　　　次

1. パソコンのサウンド機能

2. パソコン用音響機器

3. Windowsにおけるサウンドの扱い

4. サウンド用フリーソフト

5. 音と音声

6. サウンド波形の編集

7. 言語音声の特徴と音声分析

8. 言語音声の波形と特徴量の観測

9. 特殊な発声音声の分析

1. パソコンのサウンド機能

パソコンを立ち上げると,「ジャラランーン」という音が出る（OSのバージョン，あるいは設定状況によって異なるかもしれないが)。このように，パソコンはサウンドを再生する機能が組み込まれている。さらに，マイクロホンを接続すると音声をパソコンに取り込むこともできる。パソコンのサウンド機能は，パソコンの形態（ノート／タブレット／デスクトップ／その他）により異なるので，自分が使用するパソコンに備えられている機能を把握・理解しておくことが必要である。

1.1 サウンドデバイス

1.1.1 サウンドデバイスとは

パソコンでサウンド（音）機能を扱うハードウェアを**サウンドデバイス**と呼ぶ（デバイスは通常，装置と訳されるが，コンピュータの世界では，ある機能を果たす部品といった意味で用いられる)。従来は，パソコン本体の印刷配線基板（**プリント基板**と呼ぶことが多い）とは別の基板の形態をしていたので，サウンドカード，あるいはサウンドボードなどと呼ばれていた。最近のパソコンでは，サウンド機能を果たす電子部品は，パソコン本体の**基板**（**マザーボード**と呼ばれる）上に直接取り付けられていることが多い。ノートパソコンの場合はほとんどがそうであり，デスクトップパソコンもこのタイプが増えてきた。サウンド信号を本格的に扱う人は，パソコン本体に組み込まれたサウンドデバイスの機能性能では満足できず，拡張スロットに装着する特別のサウンドボードや，パソコン外部に設置してパソコンとディジタル接続する装置を使用している。このように，サウンドデバイスはさまざまな形態をしている。

1.1.2 サウンドデバイスの中身は

サウンドデバイスの一般的な機能ブロック構成を**図1.1**に示す。パソコン本体に組み込まれた簡易なサウンドデバイスでは，一部の回路が省略されていることもある。あるいは，別の方式の符号復号器を組み込んでいるなど広い用途のサウンドデバイスもある。

Line In（ライン入力）あるいは**Mic In**（マイク入力）端子から入った信号は，**Amp.**（**増幅器**：amplifier）により適正な振幅にされたのち，**LPF**（**低域フィルタ**：low pass filter）に

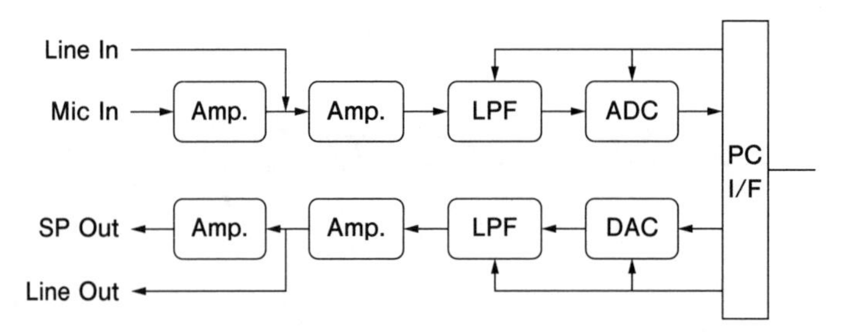

図 1.1　サウンドデバイスの機能ブロック構成†

入れられ，切断周波数以上の成分が除去される。その出力が **ADC**（**A-D 変換器**：analog to digital converter）でディジタル信号に変換（**符号化**と呼ばれる）され，インタフェース部（I/F）を経由して，他のパソコン回路に送られる。一方，パソコン内部からのディジタル形式のサウンド信号は，インタフェース部を経由して，**DAC**（**D-A 変換器**：digital to analog converter）に入れられ，アナログ信号に変換（**復号化**と呼ばれる）される。DAC の出力は LPF にて不要な成分を除去されたのち，アンプを通って **SP Out**（スピーカ出力），あるいは **Line Out**（ライン出力）端子に出力される。なお，パソコン側で設定した標本化周波数や量子化ビット数（後述）などの条件は，インタフェース部を経由して，ADC，DAC，および LPF に送られ，その条件で符号化・復号化が行われるよう制御される。なお，LPF の切断周波数は，標本化周波数の半分程度に設定される。

1.1.3　サウンドデバイスの組込み状況を調べる ―「サウンド」―

あなたのパソコンにどのようなサウンドデバイスが組み込まれている（あるいは接続されている）か，もし組み込まれているならどのような製品，あるいは特性のものであるか，を調べる方法を説明しよう。この方法は，パソコンのメーカ／機種，基本ソフトウェア（Windows など）のバージョン，および組み込まれているサウンドデバイスによって若干異なる。

Windows 10 の場合を例にして，サウンドデバイスの組込み状況を調べよう。**コントロールパネル**から［サウンド］を指定すると，［サウンド］という名前のウィンドウが現れる（**別図 1.1**†）。このウィンドウには，再生，録音，サウンド，通信という四つのタブがあり，［再生］のタブが選択されているはずである。タブの下の表示欄には，あなたのパソコンに組み込まれている，あるいは接続されている［再生デバイス］が何段かに分かれて表示されている。そのうち，アイコンの右下にチェックマークが付され，その右に［既定のデバイス］と書かれたデバイスが，現在サウンド再生用に設定されているものである。なお，右端の 10 本の横棒は（簡易）レベル計である。

† 本書に掲載した図のカラー版，および本書では掲載しないが，参考になる図面をコロナ社のホームページ http://www.coronasha.co.jp/np/isbn/9784339009163 に掲載しているので，参考にしていただきたい。

なお，ある再生デバイスを選択し，右クリックして現れるメニュー（**別図 1.2**）から，［スピーカーの設定］，［テスト］その他の機能を実行することができる。また，デバイスのない白紙のところで右クリックして，［無効なデバイス］，［切断されているデバイス］を表示するかどうか，設定することができる。

［サウンド］のウィンドウで［録音］のタブを選択すると，同じように，パソコンに組み込まれている［録音デバイス］の一覧が表示され（**別図 1.3**），接続・有効化されたデバイスがあれば，アイコン右下にチェックが入り，［既定のデバイス］と表示されている。［既定のデバイス］と設定されているデバイス（［マイク］などと表示されている）を選択し，右下の［プロパティ］ボタンを押すと，［マイクのプロパティ］と記されたウィンドウが現れる（**別図 1.4**）。そのウィンドウの［レベル］タブを押し，現れるスライダを左右に動かすことにより，マイクから入力された音量を調整することができる（**別図 1.5**）。

あなたのパソコンに新たにサウンドデバイスを追加した場合には，パソコンがそのデバイスを扱うためのソフトウェア（**デバイスドライバ**，あるいは**デバイスマネージャ**）を自動的に探索して組み込んでくれる。コントロールパネルで新しいデバイスを選択して有効化すれば，そのデバイスを使用することができる。

ここでは，Windows 10 が搭載されたデスクトップ型パソコンを例に，サウンドデバイスの搭載状況を調べる方法を紹介したが，ほかのバージョンの Windows，あるいは型の異なるパソコンでもほぼ同様である。つぎの節では，いろいろのタイプ（ノート／タブレット／デスクトップ）のパソコンに備わっているオーディオ端子と，その音響特性について調べてみる。

1.2　ノートパソコン

ノートブック型パソコン（以下，ノートパソコンと呼ぶ）には，通常マイクロホン端子とヘッドホン端子が備わっている（**図 1.2** 参照）。ヘッドホンへのサウンド出力の音量調整ボタンが付いている場合もある。また，パソコン本体に小形のラウドスピーカが組み込まれている場合も多い。

ノートパソコンの機種によっては，マイクロホン端子とヘッドホン端子とが合体し，ヘッドセット端子（4 極のミニプラグでヘッドホンマイクを接続する）になっているものもあ

図 1.2　ノートパソコンのマイクロホン端子とヘッドホン端子（右側は USB 端子）

る。パソコンのマイクロホン端子は，通常**プラグインパワー**（plug-in power）方式に対応しており，電源を必要とするプラグインパワー方式のマイクロホンを接続することができる。また，マイクロホン端子はモノラルであり，ステレオのマイクロホンを接続しても，モノラル信号しか録音されない。なお，この端子にプラグインパワー方式でないダイナミックマイクロホン（カラオケ用など）を接続しても，不具合になることはない。

ヘッドホン端子はステレオになっており，ヘッドホンあるいはアンプ内蔵スピーカなどを接続する。

サウンド回路の特性

ノートパソコンの内部に収められているプリント基板には，大小さまざまな電子部品がぎっしりと搭載されており，その一部にサウンド機能を果たす部品が装着されている。マイクロホン端子からの配線が，このサウンド用の電子回路に接続されている。このような状況であるから，いくら回路実装上の工夫をしても，サウンド用電子回路には電気的雑音の混入は避けられない。

あるノートパソコン（性能的にも，価格的にもハイエンドの機種である Let's Note CF-B10）のマイク入力系の SN 比を実測すると，約 43 dB であり，別の小形のノートパソコン（Dynabook SS M10）の場合は，約 56 dB であった。このように，サウンド系の性能は，必ずしもパソコン性能に追従するものではなく，むしろ製造メーカの設計能力によっているようである。

ノートパソコンを用いて高い SN 比で音声を録音するには，後述の USB オーディオ機器を利用するのがよい。ほとんどすべてのノートパソコンには，外部ディジタル機器と接続するために，USB 端子が装備されている。USB オーディオ機器側のマイクロホンから音を取り込み，ディジタル出力端子から，USB ケーブルによりノートパソコン側にディジタル信号で送るのである。このほうが，マイクロホンが取り込んだ微弱な電気信号をディジタル変換する場所が雑音源から遠くなり，結果的によいサウンドを取り込むことができる。上述のハイエンドのノートパソコンの場合，USB オーディオ機器を経由してマイク録音する方法では，SN 比は約 62 dB まで改善した。

このような事情は，タブレット型パソコンや，デスクトップ型パソコンでも同様である。

1.3　タブレット型パソコン

アップル社が iPad という名称の携帯情報端末を発売して以降，タブレットと呼ばれる装置が世の中に受け入れられるようになった。iPad に続いて，アンドロイドタブレットと

Windows タブレットが出現した。iPad のユーザインタフェースは Microsoft 社にも影響を与え，Windows 8 の誕生に結び付いたのであろう。

Windows タブレットは，小形・薄型のノートパソコンとみなすことができ，たいていのサウンドソフトも正常に動作する。タブレット端末は軽くて携帯に便利で，バッテリも長時間もつので，サウンドソフトを搭載したタブレットにはそれに適した使い方も考えられる。

1.3.1 Windows タブレットのサウンド機能

Windows タブレットには，ヘッドホン端子が装備されているが，マイク端子はない（機種により異なるかもしれないが）。その代わりに，小形のマイクロホンが埋め込まれている。また小形のスピーカも装備されている。マイクロホンは背面または側面に配置されており，モニタ画面を見ながらの発声では，十分な音量では録音できない。2.2.1 項で述べるように，USB 端子に接続する USB マイクロホン（USB マイク）などを利用したほうがよいであろう（携帯性はやや下がるが）。なお，Windows タブレットの USB 端子は，C 型と呼ばれる小形のものが採用されていることが多い。このような場合は，A 型－C 型の USB ケーブル，あるいは変換アダプタを使用すればよい。

1.3.2 サウンド回路の特性

ノートパソコンの場合と同じように，あるいはそれ以上に，あまり良好な特性は期待できないであろう。Windows タブレット（Epson TB01S）に USB オーディオ機器を接続した場合，マイク録音系の SN 比は約 33 dB という低い値であった。

1.4 デスクトップ型パソコン

従来，デスクトップ型パソコンといえば，黒または白っぽい色の四角い箱で，モニタやキーボードを外付けしたものというイメージであった。それが近年では，モニタの後部に本体が一体化されたものや，小さな弁当箱タイプのものが現れ，ついにはスティック型（USB 端子を有する IC レコーダ状 ― 実際には，HDMI 端子である）のものまで現れた。

したがって，これらパソコンのサウンド入出力端子もさまざまであり，装備していないものもある。ここでは旧来のやや大きめの筐体のデスクトップパソコンを想定して，そのサウンド機能を調べることとする。

1.4.1 デスクトップパソコンのサウンド機能

大きな筐体のデスクトップパソコンでは，サウンドカードの実装法に 2 種類がある。一つはマザーボード上にサウンド回路が埋め込まれた形態（この形態が多い），もう一つはPCI-eバスなどに挿入された拡張ボードという形態である。

前者の場合には，筐体前面にヘッドホン端子とマイク端子を，筐体背面にLine Out端子，Line In端子，およびマイク端子を備えている場合が多い。筐体前面に配置されたヘッドホン端子（OUT）とマイク端子（IN）の例を図に示す（**図1.3**）。どちらも3.5mmのミニジャックであるので，その近くに表示されているマークで区別して正しく接続しなければならない。なお，その左側には，SDメモリ挿入孔とUSB端子が配置されている。

図1.3　デスクトップ型パソコン前面のヘッドホン端子OUTとマイク端子IN

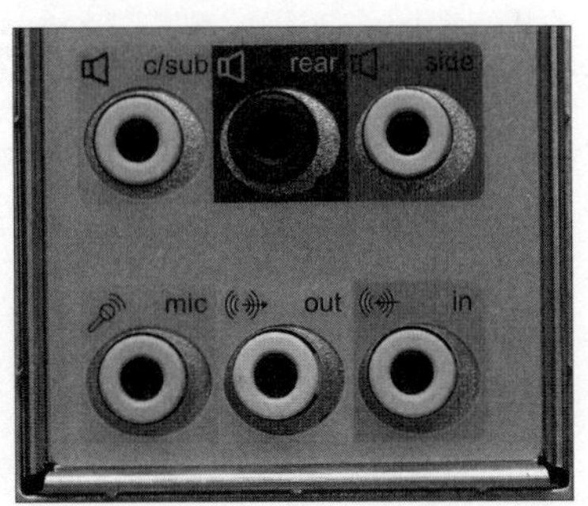

図1.4　デスクトップ型パソコン背面のサウンド端子

また筐体背面には，**図1.4**の下段に示すように，マイク端子，Line Out端子，およびLine In端子などが備わっている。これらの端子もすべて3.5mmのミニジャックであり，端子の近くのマークにより識別できる。すなわち，音符（あるいは，弧状の波）が，真中から外に向かっているマークがLine Outを，弧状の波が外側から中心に向かっているマークがLine Inを，ハンドマイク（あるいは，机上マイク）状のマークがマイク端子を表している。最近は，Line Out端子を黄緑，Line In端子を薄青，マイク端子をピンク色にして区別するようにしている。パソコンの機種によっては，サラウンド関連の端子（図1.4の上段）や，ディジタル入出力関連の端子を備えている場合もある。

つぎに，PCI-e拡張ボード形式のサウンドボードについて説明する。このようなサウンドボードはセミプロ向けの製品であり，ユーザが別途購入して自分のパソコンに組み込むものである。標本化周波数192kHz，量子化ビット数24bitなどとハイレゾリューション（ハイレゾ）音源用の仕様になっており，SN比も公称112dB以上と高性能をうたっている。入出力端子として，Line In端子，Line Out端子，ヘッドホン端子，マイク端子のほか，ディジタル出力端子を備えていることが多い（**別図1.6**）。このサウンドボードは，電磁的雑音の激しいパソコン内部に実装するため，電磁波遮蔽用の金属ケースで電子回路を覆っている。

1.4.2 内蔵のサウンド回路の性能

ここでは，マザーボード上にサウンド回路が搭載された低価格のデスクトップパソコンの音響特性を紹介する。ダイナミックマイクの出力をマイクミキサ（SONY MX-50）で増幅後，デスクトップパソコン前面のマイク端子に入力する場合，SN 比は 50 dB と測定された。また，パソコン背面のライン入力端子に CD プレイヤからの信号を入力して測定したところ，SN 比は約 60 dB であった。

一方，ダイナミックマイクを USB オーディオ機器（UA-25EX）に接続し，その USB 出力をデスクトップパソコンに接続した場合，SN 比は約 66 dB を達成した。これからわかることは，このデスクトップパソコンのサウンド回路はほぼ十分な性能を保有しているが，サウンド回路と筐体前面のマイク端子との間の配線で電気的雑音の影響を受けている。したがって，十分よい音質で録音するには，USB オーディオ機器（2.2.5 項を参照のこと）を利用すべきである。

2. パソコン用音響機器

パソコンに接続する音響機器として，従来から用いられてきたアナログ接続のマイクロホンやヘッドホンに加えて，近年ディジタル形式の音響機器が増えてきており，むしろこちらが主流になっている。パソコンの内部は電気的／電磁的雑音が充満しているので，アナログ方式の音響機器（特に，マイクなどの出力電圧の低い機器）からの信号を高いSN比（信号対雑音比）で録音することが難しかった。パソコンから物理的に離れた音響機器側でアナログ信号とディジタル信号を相互に変換するディジタル音響機器の出現により，高いSN比を保ったままサウンド信号をパソコンとやり取りできるようになった。パソコンとディジタル音響機器との間は，有線のUSB（universal serial bus）方式，あるいは無線の**ブルートゥース**（Bluetooth）**方式**で接続するのが主である。

2.1 アナログ音響機器

自然界の音や声を扱うので，音の出入り口にあたる音響機器は基本的にアナログの機器である。近年，音響機器の分野にもディジタル技術が浸透してきているが，高度のアナログ技術に基づき仕上げた音響部に，パソコン等ディジタル機器とのインタフェースのためのディジタル回路を付加することにより，優れたディジタル音響機器が完成する。

空中音を扱う音響機器として，マイクロホンとラウドスピーカ（イヤホンを含む。以下，スピーカと呼ぶ）がある。両者とも，100円均一ショップで売られているものから，その100倍，あるいは1 000倍以上の価格を付けたものまである。一般の人には気づきにくいかもしれないが，音響機器の性能は，その価格に（対数的にかもしれないが）ほぼ比例しているように思われる。

しかし，パソコンに接続するためのアナログ音響機器として見た場合，この状況はかなり異なってくる。前述したように，パソコンというのは，吸排気用のファンの騒音だけでなく，電気回路・電子回路が放出する電磁的な雑音の巣窟である。アナログ音響機器を接続する相手側の機器の特性，あるいは周りの雑音状況を勘案した上で，それらに整合した特性の製品を選ぶことが重要である。

パソコンが生まれて30年以上が経過しているが，パソコンにはアナログのサウンド入出力端子が備えられている。（後述のディジタル音響機器を採用せず）この端子に接続するのであれば，廉価品のマイクとスピーカでも構わない。

高性能の音響機器（特に，マイク）を使用して，よい音で録音・再生したい場合は，パソコンのサウンド端子に直付けするのではなく，（後述する）USB オーディオインタフェースという装置を介するべきである。この装置を介して初めて，高性能が発揮されるからである。音声処理用に用いるアナログのマイクロホンおよびヘッドホンとしては，両者とも1万円程度のものであればよい。

2.2 パソコン用ディジタル音響機器 —USB オーディオ機器

Windows パソコンにおいて，外部周辺機器との接続のためのディジタルインタフェースは，**USB**（現在は，USB2.0 が行き渡り，USB3.0 が普及し始めている）でほぼ決まりである。このような状況の下で，パソコン用の音響機器も内部に，アナログ信号とディジタル信号を相互に変換する電子回路を備えた，ディジタル音響機器が広く普及し始めており，外部とのディジタルインタフェースに USB を用いていることから，**USB オーディオ機器**と呼ばれている。USB オーディオ機器では，微細なアナログのサウンド信号とディジタル信号との変換を，パソコンから距離的にやや離れた機器内部で行うので，パソコンが発する電気的／電磁的雑音の影響を受けにくく，高 SN 比を確保できるという利点がある。

パソコンの USB 端子は，USB2.0 で 5 V，500 mA，USB3.0 で 900 mA までの電力を機器側に供給することができる。USB オーディオ機器がこの程度の電力で動作する場合は，電源回路が簡素化でき，小形のオーディオ機器を実現することが可能となった。USB3.0 などの規格向上に伴い，いろいろの USB オーディオ機器が今後とも増加することであろう。

2.2.1 USB マイク（別図 2.1（a），（b））

現状では，パソコンに接続して用いる比較的安価なマイクロホンは，**USB マイク**（あるいは，下記の **USB ヘッドセット**）であろう。この種の製品は，（アナログの）マイクロホンの出力を機器の中でディジタル変換（A-D 変換）した後，USB 信号に変換して出力している。USB マイクは，直接パソコンの USB 端子に接続して用いる。

USB マイクは，通常低価格の普及品が多いが，中にはコンデンサ型の高級品もある。

2.2.2 USB DAC（別図 2.2）

USB からディジタルサウンド信号を受信し，アナログ信号に戻す機器を **USB DAC** と呼んでいる。パソコンにダウンロードしたハイレゾ音源を，パソコン内部の貧弱なオーディオ回路では満足しないオーディオマニア向けに，比較的高価な装置が市販されている。ヘッドホンアンプを内蔵している製品が多い。

2.2.3　USB スピーカ（USB DAC 内蔵スピーカ）

パソコンから USB 信号を受けてアナログ信号に変換（D-A 変換）し，その後増幅してラウドスピーカを駆動するものである。USB スピーカは，性能的にも価格的にもさまざまなものがある。ハイレゾ音源を聴取するオーディオの分野では，きわめて高価な USB スピーカが販売されている（**別図 2.3**）。

2.2.4　USB ヘッドセット（別図 2.4）

ヘッドセットは，ヘッドホンに近接型マイクロホンを取り付けた製品であり，その入出力インタフェースを USB 形式にしたものが USB ヘッドセットである。USB ヘッドセットは，Skype（スカイプ）やチャットを手軽に楽しむための製品を狙っているようだ。音声処理ソフトウェアを搭載したパソコンと音声をやり取りするという目的を比較的低価格で実現するには USB ヘッドセットが最も適するであろう。ただし，USB ヘッドセットは比較的安価な製品が多く，組み込まれているはマイクロホンおよびイヤホンとも性能は十分でない。

2.2.5　USB オーディオインタフェース

マイクロホンやスピーカなどの（アナログ）オーディオ機器と USB 端子との間を取り持つ機器は，一般的に **USB オーディオインタフェース**と呼ばれているが，メーカによっては独自の名称を付けている場合もある。**図 2.1** にその製品例を示す。パソコンに適正な精度の音声を送り込み，またパソコン内の音声をしかるべき品質で受聴するには，やや費用はかさむが，USB オーディオインタフェースと（アナログの）マイクロホン，およびヘッドホンを備えるのがよい（もう一つの代案は，2.3 節で述べるボイスレコーダを用いることである）。

図 2.1　USB オーディオインタフェースの製品例（Roland Rubix22）

USB オーディオインタフェースの例として，Roland 社の Rubix22 を取り上げ，その回路構成を説明する。**図 2.2** のシグナルフロー図において，左側に入力端子，右側に出力端子を示しており，中ほどには，増幅器（右三角のマーク），アナログ・ディジタル変換器（A/D），ディジタル・アナログ変換器（D/A），音量調整（ϕ マーク）などの回路要素と，中央にパソコンとのインタフェースである USB 端子が描かれており，それらの間の結線状況が示されている。なお，すべての結線が 2 本描かれているように，すべて 2 系統（左／右）備

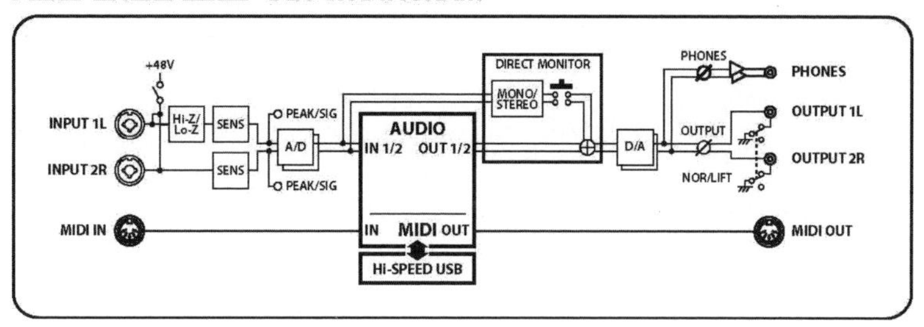

図 2.2　USB オーディオインタフェースのシグナルフロー図（Roland Rubix22）

えられている。

左側の［INPUT 1L 2R］は 2 チャネルのマイク入力端子であり，入力インピーダンスを高低切り替えることが可能であり，さらにコンデンサマイク用のファンタム電源（コンデンサマイクには，偏位用の直流電圧を加える必要がある）を供給できるようになっている。図左下に［MIDI IN］とあるように，この装置は（MIDI 楽器から）入力された MIDI 信号を USB 端子に出力することができる。一方，USB 端子に入ったサウンド信号は，そのまま右上方のディジタル出力端子から出力されるとともに，図右方の PHONE 端子から出力される。なお，出力端子は平衡／不平衡の選択が可能である。また，図上部に［DIRECT MONITOR］と記された経路により，マイク入力端子からの信号をそのまま出力端子に送り，モニタできるようになっている。また，パソコンなどからの MIDI 信号を右側の MIDI OUT を通して MIDI 楽器に送ることができる

このように本ユニットのブロック構成はやや複雑になっており，各回路を切替／選択することにより，多様な使い方が可能になっている。なお，本ユニットの量子化精度は最大 24 bit，標本化周波数は最大 192 kHz とハイレゾ対応になっている。

2.2.6　USB について

これまで，パソコンに備えられたディジタル入出力端子として USB 端子をサウンド用に利用することを述べてきたが，ここで USB 規格，USB 端子，および USB ケーブルなどについて整理しておく。USB 端子の近くには，**図 2.3** に示す USB マークが付されており，その端子が USB 端子であることがわかるが，タブレット端末の中には，このマークが付されておらず，端子形状から端子の種類を判断しなければならないものもある（Kindle など）。

なお，USB3.0 には，SS（Super Speed）の字がマークに追加されたが，以前のマークを

図 2.3　USB 端子に付された記号
（左：USB2.0，右：USB3.0）

そのまま使っているケースもある。

2.2.7　USB 規　　格

当初の USB1.0/1.1 規格（1996 年）では，最大転送速度が 12 Mbit/s であり，高速転送を必要とする周辺機器用には適用できなかった。USB2.0 規格（2000 年）になって，最大転送速度が 480 Mbit/s と十分高速になるとともに，5 V 500 mA の給電能力を備えたことにより，パソコンとその周辺機器のみならず，オーディオ機器や，カメラ，あるいはビデオデッキなどの映像機器の分野にも適用されるようになった。

さらに 2008 年には USB3.0 規格が制定され，信号伝送方法が見直しされて 5 Gbit/s の転送速度が実現され，高速転送が望まれる分野でその普及が始まっている。USB3.0 の端子には，USB2.0 以下との物理的な後方互換性を保った形状（色は異なる）のものもあり，普及を促進している。2013 年には USB3.1 規格が策定され，最大 10 Gbit/s の速度が規定されている。2017 年 9 月には，最大転送容量 20 Gbit/s の USB3.2 の仕様が発表された。

2.2.8　USB 端　　子

USB 規格の発展，およびノートパソコンをはじめとする各種電子機器の小形化・薄型化の傾向につれ，USB 端子も各種のものが開発された。USB 端子は

① ホスト側（A 端子）と機器側（B 端子）

② USB2.0 と USB3.0

③ コネクタ形状（標準，Mini，Micro，C 型）

の三つの点で，種類が決められている。

ホスト側に相当するパソコンには，A 型と呼ばれるメス型の端子が，周辺機器やオーディオ／ビデオ機器側には，B 型と呼ばれるメス型の端子が装備される。両機器の間は，各種の USB ケーブル（両端はオス型）で接続する（2.2.9 項参照）。デスクトップ型パソコンやノートパソコンには，USB2.0，あるいは USB3.0（青い色を付されている）規格で標準型と呼ばれる旧来の形状の端子 Type-A が，通常は複数個設けられている（**図 2.4**（a）参照）。タブレット端末やスマホには，Micro-A 型の端子を備えたものが多くなってきた（図（b））。最新の薄型ノートパソコンには，（USB2.0 規格の）Micro-A 型の端子の横に USB3.0 用の端子を並べた USB3.0 対応の端子も現れている（図（c））。

一方，周辺機器側には従来標準型 Type-B の端子（**図 2.5**（a）参照）を備えることが多かったが，小形の機器（USB オーディオインタフェースも）を中心に Mini-B 型の端子を装備するものも増えてきた（図（b））。

最近，スマホに Type-C と呼ばれる端子（上下反転して挿入も可能）を備えたものが増え

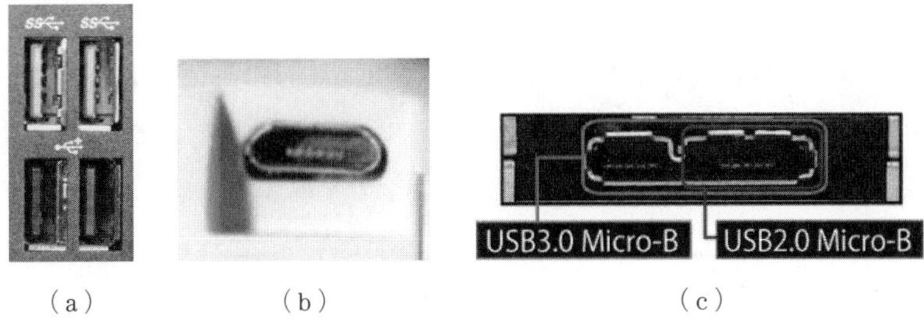

（a）（b）（c）

（a）標準型（上側が USB3.0，下側が USB2.0），（b）USB2.0 端子（Micro-A 型），
（c）USB3.0 と 2.0 を併置した端子（Micro3.0＋2.0Micro-B 型）

図 2.4 パソコン側の USB 端子

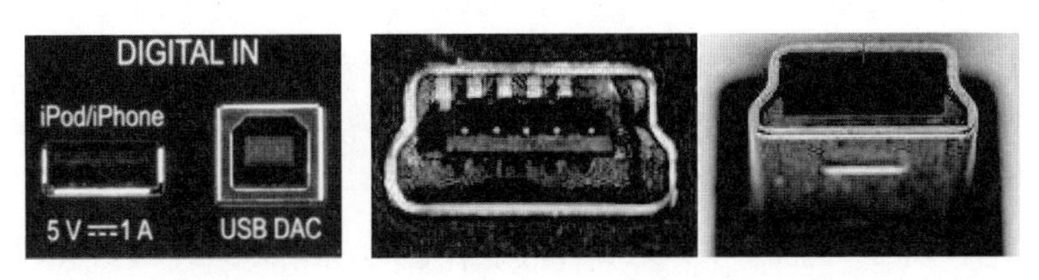

（a）標準 B 型（b）Mini-B 型

図 2.5 周辺機器側の USB 端子

てきた。今後，タブレットや薄型のノートパソコンにも採用されるものと思われる。

2.2.9 USB ケーブル

上述のようなパソコン側と周辺機器側のいろいろな USB 端子を接続するために，両端がオス型で，多様な USB プラグが装着された USB ケーブルが存在する。USB 変換ケーブルと USB 変換アダプタの場合にのみ，片方がオス型で他方がメス型になっている。

USB ケーブルは，従来 Type-A と Type-B（ともに，オス型）が両端に付けられたものが主流であった。しかし，最近は，Mini 型あるいは Micro 型の端子を備えた周辺機器が増えるに従い，Type-A と Mini-B，あるいは Type-A と Micro-B（すべて，オス型）の USB ケーブルも機器に添付されるようになってきた。このような状況から，ある USB オーディオ機器を購入しても，添付の USB ケーブルでは手持ちのノートパソコンに接続できない場合も生じる。このような場合，両端が望みのタイプのケーブルを探してもよいが，USB 変換ケーブルあるいは USB 変換アダプタを利用する手もある（**別図 2.5**）。

2.3 ボイスレコーダ，ディジタル録音機

最近は「録音機」というと，ディジタルの半導体式のものがほとんどである。その中でも，マイクを内蔵した小形の録音機は，ボイスレコーダ，もしくは IC レコーダと呼ばれている。

2.3.1　ボイスレコーダ

ボイスレコーダは，価格の幅が大きな製品の一つである。二～三千円のものから，数万円，あるいは十万円を超えるものまである。ボイスレコーダの中味は，マイクロホン，アンプ，符号復号器（CODEC，5.5.4 項で後述），大容量の半導体メモリ，小形スピーカ，USB インタフェース回路，電池と電源回路といったところである。これらの部品としてそれなりのものを使うと，数万円の製品になる。

2.3.2　音声符号化方式

音声分析・採取用にボイスレコーダを採用するのはよい選択の一つであるが，最も重要な点は，**PCM**（**パルス符号変調**，5.4 節で後述）**方式**で録音できる機種を選択することである。やや高価なボイスレコーダを購入して使用する場合も，録音モードとして PCM を選択すること。

なお，最近はハイレゾリューションの特性で録音できるボイスレコーダ（そのような機種は，きわめて高価）も出回っているが，音声録音用には，特に必要ない。

2.3.3　メモリ容量，録音時間

ボイスレコーダの宣伝文句の一つとして，長い録音時間をうたうことが多いが，じつはあまり重要でない。例えば，1 GB（ギガバイト）の記憶容量があれば，CD の音質で約 1.5 時間の録音が可能である。演奏音楽の録音，自然音採取などの用途は別として，種々の音声を採取するためには，数 GB もあれば十分である。

2.3.4　マイクロホン

（ハイレベルの）ボイスレコーダの大きな用途の一つが，生演奏の音楽の録音であるらしい。そのような用途のために，マイクロホンの構成を工夫したボイスレコーダが販売されている。マイクロホンを複数配置して，ステレオ録音，ならびに指向性の制御などに工夫を凝らしている。

ボイスレコーダの機種によっては，内蔵マイクロホンのほかに，外付けのマイクロホンを接続する端子を備えたタイプがある。そのような場合は，机上型のマイクロホンを備え，その出力をボイスレコーダのマイクロホン端子に入れればよい。こうすれば，本格的な音声録音が可能になる。

マイクロホンには，どの方向からの音を取り込むかという指向性がある。音声分析用には，単一の無指向性マイクロホンで構わないが，周囲騒音が大きい場合には指向性（例えば，単一指向性）を備えたマイクロホンを備えた機種がよいであろう。

2.3.5 パソコンとのデータの受け渡し —USB，μSDHC—

ボイスレコーダのサウンドデータをパソコンに受け渡す方法には，いくつかある。Type-A の USB プラグを備えたボイスレコーダは，Type-A の USB ジャックを備えたデスクトップパソコン，あるいはノートパソコンに，そのまま接続できるので便利である（**別図 2.6**（a））。ボイスレコーダによっては，Mini-A（メス型）などの USB ジャックを備えたものがある。この場合は，ボイスレコーダとパソコン両者の USB ジャックに適合する USB ケーブルを用意する必要がある（別図 2.6（b））。

また，ボイスレコーダによっては，（内部）メモリに加え，外付けのマイクロ SDHC を装着できるものがある。この場合は，録音容量を簡単に増やすことができるので便利であるが，録音した貴重な音声データの管理に留意すること（一瞬の誤操作で，何十時間もの録音データが消えてしまう）。

2.3.6 ディジタル録音機

ディジタル録音機は，製品構成としてはボイスレコーダと大差なく，マイクロホンを内蔵していない点が異なる。最近では，性能のよい外部マイクロホンを接続して，音楽を録音するためなどに使用されている。量子化ビット数は最大 24 bit，標本化周波数は最大 96 kHz で録音できる。なお，ディジタル録音機には入力レベル計が装備されており（ボイスレコーダには簡易なものしか付いていない），適正な入力レベルをチェックしながら録音することができる（**別図 2.7**）。

2.4 Bluetooth 音響機器の利用

パソコンと周辺機器を無線で接続する用途に，近年 **Bluetooth**（ブルートゥース）と呼ばれる無線規格の機器が増加している。Bluetooth のマウスやキーボードは，いまではかなり普及している。この傾向は音響機器にも広がりを見せ，ヘッドセット，スピーカなどの機器が利用できるようになった（**別図 2.8**）。しかし，古い Bluetooth 規格（最新の規格は 5.0）の製品との接続（**ペアリング**と呼ばれている）ができないなど，問題点を抱えているようである。音声分析の目的のために，あえて Bluetooth 音響機器を採用するメリットはまだ見えない。

3. Windowsにおけるサウンドの扱い

Windowsには，サウンドを録音・再生する**ソフトウェア**が組み込まれている。録音するソフトウェアは，サウンドレコーダ（Windowsでは「サウンドレコーダー」と表記されている）という名称であり，Windows XPまで（Window 95～Windows XP/2000）のバージョンのものと，Windows Vista/7以降のバージョンのものでは，機能の点で大きな違いがある。また，Windows 8/8.1では，デスクトップアプリとしてやや目立たないところに存在する。そして，Windows 10では，**ボイスレコーダ**という名前に変更された。

一方，サウンドを再生するソフトウェアとしては，Windows XPまではサウンドレコーダを使用できたが，Windows Vista以降のサウンドレコーダには再生機能がなく，Windows Media Playerという別のソフトウェアを使わねばならない。

本章では，Windowsのバージョンごとに（新しい順），サウンドの録音と再生の機能を説明することにする。説明の順は，最もユーザが多いものと推定されるWindows 10から始め，8/8.1，7の順とする。

3.1 Windows 10の場合

Windows 10には，音声録音（および，再生）ソフトウェアとしてボイスレコーダ（小形の録音機と同じ名前を付けた！），音声再生用にWindows Media Player Ver.12（Ctrl＋Mのキーを押してメニューバーを表示させた後，［ヘルプ|バージョン情報］から確認できる），およびGrooveミュージックというソフトウェアが組み込まれている。

「ボイスレコーダ」の操作

Windows 10ではサウンドレコーダがなくなり，ストアアプリとして新規にボイスレコーダが組み込まれている。［スタート|すべてのアプリ］から［ほ］の欄にある［ボイスレコーダー］を指示しても構わないが，それよりスタートボタンの右側にある検索窓に［ボイスレコーダー］と入力し，検索結果の最上段に出て来る［ボイスレコーダー］を指示するほうが簡単だ。そうすると，最初灰色のバックに，机上マイク（とメモ用紙）が白抜きされた画面が一瞬表示されたのち，**図3.1**のような【ボイスレコーダ】画面が表示される。

真ん中のマイクロホンマークをクリックすると，録音中の画面に変わる（**別図3.1**）。この画面には，真ん中にストップボタンがある円があり，上方には録音時間が表示される。左下

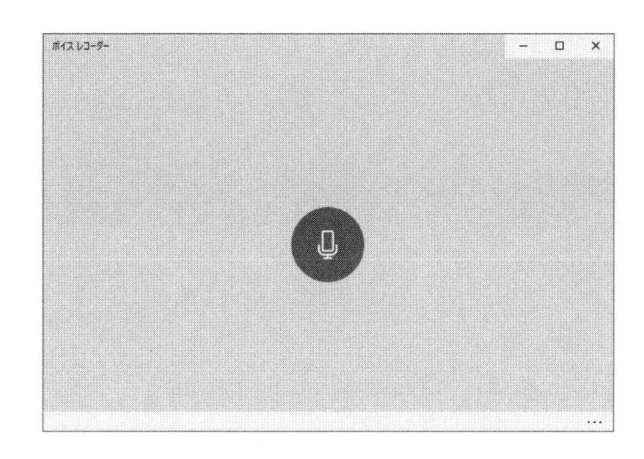

図 3.1 ボイスレコーダ初期画面

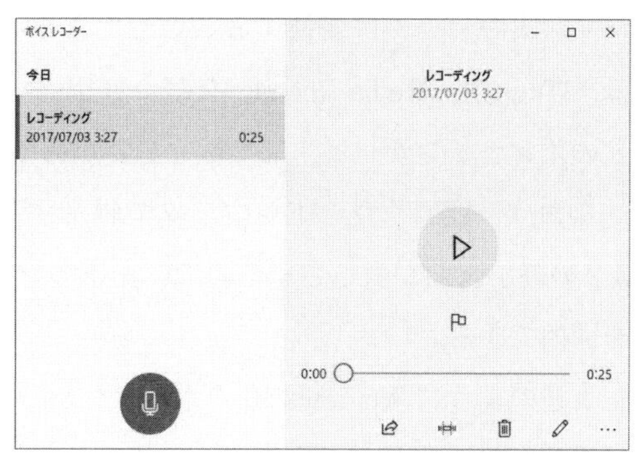

図 3.2 ボイスレコーダ録音終了

には，縦 2 本棒の［一時停止］ボタンが，右下には旗のようなマークの［マーカー追加］ボタンが配置されている。真ん中の白ボタンを押して録音を終了させると，左側に録音したデータ（録音日時，録音時間）のリストが，右側に選択した録音データの再生ボタンが表示される（**図 3.2**）。

再生ボタンを押すと，いま録音された音声が再生され，それにつれて下方のスライダ上で再生位置つまみが右方に移動する。その下にいくつかのボタンが配置されており，［共有］，［トリミング］，［削除］，［名前の変更］などの操作が可能となっている。また，その右の…印をクリックすると

［設定］［フィードバック］［ファイルの場所を開く］

のメニュー項目が現れる。［ファイルの場所を開く］を指示すると，録音したファイルを格納したフォルダが表示される。デフォルトでは，［レコーディング＋数字］というファイル名になっており，拡張子は表示されていないが（メニューの［表示］から，［ファイル名拡張子］にチェックを入れておくと表示されるようになる），［プロパティ］画面でわかるように，実際には .m4a という拡張子が付けられて格納される（Windows 8.1 のストアアプリのサウンドレコーダと同じである）。なお，先ほどのボイスレコーダ録音終了画面で左下のマイクロホンのマークをクリックすると，続けてつぎの録音をすることができる。

［ボイスレコーダー］で録音した音声は，通常［ドキュメント|サウンドレコーディング］というフォルダに，**m4a 形式**で格納される。この音声データは

・ Windows 10 付属の［ボイスレコーダー］

・ Windows 10 付属の［Groove ミュージック］

・ Windows Media Player

の各ソフトウェアで受聴することができる（エクスプローラ上で m4a ファイルを選択し，右クリックして［プログラムから開く］を指示すると再生可能なアプリが表示される）。しかし，これらのアプリでは音声波形を観測することもできないし，音声分析で用いられる

wav形式のデータに変換することもできない。m4aファイルをwavファイルに変換するには，iTunes，XMedia Recodeなどのフリーソフトを用いるか，もしくはAudio Converterなどのオンラインサービスにて行う必要がある。

なお，一度，サウンドレコーダで録音すると，次回サウンドレコーダを立ち上げると図3.2の終了画面が表示されるので，左下のマイク印のアイコンをクリックして，つぎの録音を開始できる。

上述のようにWindows 10のボイスレコーダでは，**AAC**（advanced audio coding）という規格（MP3を進化させたもの）で符号化され（情報圧縮し）た拡張子.m4aの音声ファイルを生成するので，音声分析用には適さないといえる。

3.2　Windows 8/8.1の場合

Windows 8/8.1には，**サウンドレコーダ**というアプリがあり，バージョン6.3となっているが，Windows 7のもの（バージョン6.1）とほぼ同じものと思われる。このアプリも，音声録音用にはあまりお奨めできない。

Windows 8/8.1のサウンドレコーダは，中味は同じかもしれないが，**Windowsストアアプリ**（**モダンUIアプリ**ともいう）（「タッチアプリ」と呼ぶほうが似つかわしいと思うが）と，**デスクトップアプリ**（「マウスアプリ」と呼ぶほうが似つかわしい）の二つがある。[スタート] 画面の下方に隠れている [アプリ名前順] から [さ] 欄の [サウンドレコーダ]（赤地に白の机上型マイクのアイコン）をクリックして（以下，マウスでの操作を想定する）起動するのが前者（**別図3.2**）で，[Windowsアクセサリ] 欄の [サウンドレコーダ]（斜めの手持ちマイクのアイコン）が後者である（**別図3.3**）。

3.2.1　サウンドレコーダ ―Windowsストアアプリ―（別図3.2）

このサウンドレコーダを起動すると，赤い机上型マイクが赤い円で囲まれたアイコンが画面に現れ（**別図3.4**（a）），上方に録音時間表示（00:00:00）が表示される。なお，以前に録音していた場合には，画面が左右に2分され，左に赤いマイクアイコンとその上に録音時間，右の画面に [録音＋番号] と録音日時のリストが表示される。マイクアイコンをクリック／タップすると録音が始まる。録音中は四角の停止ボタンに変わり，かつ下方に一時停止ボタンが表示される（別図3.4（b））。一時停止ボタンを押すと，それまでの録音時間を表示しながら，つぎの発声を待つ状態になっている。続けて録音するには，一時停止ボタンを押して，発声を続ければよい。

発声を終えて，停止ボタンを押すと，画面は3分割され，先ほどのマイクロホンボタンは左中ほどに，録音日時と録音時間が右上に，そして下側には操作パネルが表示される（別図3.4（c））。操作パネルには，左から，［再生］ボタン，スライダの時間位置，タイムラインとスライダ，録音時間長，［トリミング］ボタン，［削除］ボタン，および［名前の変更］ボタンが並んでいる。録音ボタンを押してつぎの録音を行うと，録音結果は右上の一覧の欄に上から書き加えられる。

再生対象の録音結果をクリック（反転表示になる）した後，再生ボタンをタップすると，ボタンが［一時停止］に変化するとともに，再生を始め，スライダが右に移動する。このアプリには簡単な［トリミング］の機能，すなわち発声前と発声後の不要な区間を除去する機能がある。［トリミング］のボタンを押した後，タイムライン左右の小さな○印を移動させ，間の区間の録音音声を試聴して，開始点と終了点が適切であることを確認する。よければ［OK］ボタンを押して，［コピーの保存］または［元のファイルの更新］を指示する。

このアプリでは，録音結果はアプリ内（の隠しフォルダ）に保存される。録音結果を別のアプリで使用するには，［共有］チャームを使う。画面右端をスワイプして［共有］をタップすると，共有できるアプリが表示される。そこには，アプリとして［メール］と［Fresh Paint］が表示されるが，後者はいわゆる「お絵かきソフト」であるので，サウンドファイルを共有するには適切でない。そこで，［メール］により適当なアドレスにメールを送付する。到達したメールには，「録音 .m4a」というファイルが添付されていた。これがサウンドレコーダで録音・トリミングした結果である（ファイルを取り出すにはこの方法，あるいは隠しフォルダの中を探すしかなく，ネットで酷評されている）。

この .m4a という拡張子は，**AAC** という規格で符号化・圧縮されたファイルに付与される。m4a ファイルは，Windows Media Player や iTunes で再生できるが，音声処理ソフトで扱う wav ファイルに変換するには，m4a2wav などの変換ソフトを必要とする。なお，サウンドレコーダで録音された m4a ファイルの符号化速度は，約 36 kbps であった。

これらを全般的に考慮すると，音声分析用にサウンドレコーダで録音するのは適切でないと判断される。

3.2.2 サウンドレコーダ ―デスクトップアプリ―（別図3.3）

このサウンドレコーダを起動すると，デスクトップに［サウンドレコーダー］という名前の小さなウィンドウが現れる（**別図3.5**（a））。このウィンドウは，Windows 7 のサウンドレコーダとほぼ同じで（［ヘルプ］の下三角がないだけ）あり，操作方法も同じである。

すなわち，［録音の開始］を押した後，発声するなどして信号を入力する。ボタンは［録音の停止］に変わり，その右に録音時間が刻々と変化する（別図3.5（b））。その右の灰色の領域には，発声音量に応じて，左から緑の部分が広がる。［録音の停止］ボタンを押すと，ボタンは［録音の再開］に変わり，録音時間のカウンタが停止するとともに，［名前を付けて保存］ダイアログが開く。このダイアログの［ファイルの種類］には［Windows Media オーディオファイル（*.wma)］とあるように，録音結果は**wma ファイル**として格納される（Windows ストアアプリと異なることに注意)。［名前を付けて保存］ダイアログを［キャンセル］すれば，【サウンドレコーダ】の［録音の再開］ボタンを押すことにより，追加録音することができる。

録音結果を［名前を付けて保存］したフォルダを開き，該当のファイルをダブルクリック（あるいは，右クリックから［開く］，もしくはメニューバーの［再生|再生]）すると，全面が赤地で白抜きのヘッドホンマークのアプリ（[ミュージック］という名前が付されている。**別図 3.6**）が立ち上がり（一瞬表示され)，続いて［コレクション］の画面に移行するとともに，指定したサウンドファイルが繰返し再生される。このように，Windows 8 で録音した音声ファイルは，**【ミュージック】**に関連付けされている。

再生を停止させるには，最下段の［一時停止］ボタンを押せばよい。なお，［コレクション］の画面には，あなたのパソコンの［ミュージック］フォルダに収められているサウンドファイルの一覧が表示されている（左端のメニューで二連音符のアイコンが選択されている)。再生中のサウンドファイルの名前は，最下段の左側に表示されている。あるいは，左端のメニューの縦棒アイコン［再生中］を指示してもよい。

先ほど録音したファイルを［コレクション］に追加する手順は以下のとおりである。エクスプローラで［ライブラリ|ミュージック］を開いておき，先ほど［名前を付けて保存］ダイアログにて格納したサウンドファイルをそこに Drag&Drop する。そうするとそのファイル名が［コレクション］に追加され，以前からあったサウンドファイルと同じように，選択・再生できるようになる。

Windows 8 にはデスクトップアプリとして Windows Media Player が存在する。[アプリ－名前順］の［Windows アクセサリ］欄にある［Windows Media Player］のアイコンをクリックすると立ち上がる。ウィンドウの外観は Windows 7 のものとほとんど同じである。[ミュージック］にサウンドファイルが登録されていると，【Windows Media Player】の［未保存のリスト］欄にサウンドファイルの一覧が表示される。あるサウンドファイルをダブルクリックすると，そこから下方に連続再生が始まる。

上述したように，サウンドファイルは（【ミュージック】に関連付けされており）【Windows Media Player】には関連付けされていないので，サウンドファイルの試聴に Windows Media Player を使用する必要はない。

上記の wma 形式のサウンドファイルを，音声分析用の wav 形式のファイルに変換するには，wma2wav，WavePad（有料版）などのソフトが必要である。音声分析をする目的には，

Windows 8 のサウンドレコーダは適さないといえよう。

3.3　Windows 7 の場合

Windows 7 には，Version 6.1 のサウンドレコーダが組み込まれている（**別図 3.7**）。［スタート|すべてのプログラム|アクセサリ|サウンドレコーダー］の順で指定する（**別図 3.8**）。そうすると，デスクトップ上に，小さなウィンドウの［サウンドレコーダー］が現れる（**別図 3.9**（a））。なお，次回以降は［スタート］ボタンの上に，［サウンドレコーダー］の開始ボタンが表示される（別図 3.9（b））。

Windows 7 のサウンドレコーダは，それまでのものと異なりきわめて限定された機能しかない。単に録音し，ファイルに格納するだけである。録音したサウンドを再生するには，別のソフトウェアを起動しなければならない。Windows 7 のサウンドレコーダでよい点は，メモリの許す限り長時間の録音を行えることくらいである。

最初に，［録音レベル］の調整を行おう。［サウンドレコーダー］のウィンドウの中程右寄りに，横長で灰色の領域がある。じつはこれがレベル計である（別図 3.9（c））。ただし，このレベル計は，録音を開始しないと動作しない。［録音の開始］の赤ボタンを押した後，マイクロホンに向かって声を出すなどして信号を入力すると，この領域に緑の部分が右に向かって広がる。最も大きな声を出した際に，緑の棒が領域の中央付近まで伸びるならば，録音レベルは十分といえる。

そうではなく，緑の部分が左端付近だけでふらついている場合は，レベル不足であり，［コントロールパネル］の［サウンド］で，マイクを適正レベルに設定する。適正レベルの確認ができたら，［録音の停止］ボタンを押し，（不要なデータであるが）録音結果を適当な名前で保存する（こうしないと，サウンドレコーダのカウンタが 00 に戻らない）（別図 3.9（a））。録音レベルの設定が終えたら，再度［録音の開始］ボタンを押した後，発声して音声を入力する。発声が完了すれば，［録音の停止］の青ボタンを押す（別図 3.9（d））。［名前を付けて保存］のダイアログが開くので，適当な名前を［ファイル名］欄に入れて保存する。そうすると，［サウンドレコーダー］はリセットされ，時間表示が 00 に戻るとともに，表示が［録音の開始］に戻る。続けて（追加）録音する場合には，［名前を付けて保存］ダイアログを［キャンセル］して消し，［サウンドレコーダー］の画面で［録音の再開］の赤ボタンを押して，つぎの発声をする（別図 3.9（e））。このように，サウンドレコーダは，録音の一時停止，あるいは追加録音ができるようになっている。

録音したサウンドファイルは，［名前を付けて保存］ダイアログの下方の［ファイルの種類］にあるように，拡張子が .wma である［Windows Media オーディオ ファイル］の形式で保存される（**別図 3.10**）。**WMA**（Windows Media Audio）というのは，Microsoft 社が開発したサウンド圧縮符号化法の名称である。サウンドレコーダを用いて録音した WMA ファイルをダブルクリックすると，**Windows Media Player**（の小さいウィンドウ。これを**プレイビューモード**という）が立ち上がり，その WMA ファイルを再生する（**別図 3.11**）。WMA ファイルを再生できるソフトウェアはいろいろ存在するが，その波形を表示したり，音響分析するようなソフトウェアはあまり存在しない。そうするためには，WMA ファイルを WAVE ファイルなどに変換する必要がある。

WMA ファイルを右クリックしてコンテキストメニューを見てみよう（**別図 3.12**（a））。なお，このコンテキストメニューは，パソコンに組み込まれているソフトウェアの種類や設定状況によって大幅に異なる。まず，最下行にある［プロパティ］を見てみよう（別図 3.12（b））。［全般］タブのウィンドウには，［ファイルの種類］が .wma のファイルは，［プログラム］として Windows Media Player に関連付けされていることがわかる。［詳細］タブを開くと，このファイルの［長さ］と［ビットレート］が表示されている。ビットレートの値を長さで割ると，8 kbps になる。すなわち，この WMA ファイルは 8 kbps（毎秒 8 キロビット）の符号化速度で符号化されていることがわかる。

音声分析などのために，WMA ファイルを一般的な WAVE ファイルに変換するには，wma2wav など特別のツールを必要とする。また，サウンドレコーダでは WMA という情報圧縮した形式で音声を符号化するので，音声を録音するソフトウェアとしてサウンドレコーダを断念し，4 章で紹介する他のフリーソフトで録音するほうがよい。

なお，2014 年 4 月にサポートが終了した Windows XP には，PCM で録音可能な［サウンドレコーダー］というアプリが付属していた。また，種々の CODEC（サウンド符号化ソフト）も組み込まれていたので，Windows XP パソコンが健在なユーザは，それらを利用する手もある。その操作については，参考文献 1 を参照いただきたい。

4. サウンド用フリーソフト

音声および音響信号（サウンド）を扱うことができ，無償で使用することが許されたソフトウェア（これを**サウンド用フリーソフト**と呼ぶことにする）がある。これらのソフトウェアは，購入直後のパソコンには組み込まれておらず，ユーザ自らが選択して自分のパソコンに組み込まなければならない。サウンド用フリーソフトは，外国の大学等の教育機関が公開したものが多く，中には豊富な機能を有し，有償のソフトウェア顔負けのものも存在する。これらフリーソフトは英語で記述された（インターネットの）サイトに掲載されており，適切なソフトの選択やダウンロード（回線を通してソフトを得ること）とインストール（パソコンへの組込み）の仕方も英語で記述されており，ややハードルを高くしている。さらに，そのようなフリーソフトのメニュー，ヘルプ，あるいはマニュアルは英語で記述されていることが多く，使いこなすにはある程度慣れが必要であろう。

本章で説明するように，音声処理のためのフリーソフトのいくつかは日本の大学で教育用に利用されており，教員が利用法（インストールの仕方も）を学生用に説明した文書がサイトに掲載されているので，それを利用するのも一手である。

フリーソフトを掲載しているサイトには，他の有償版のソフトの広告が載っていたり，他の不要なソフトを組み込むよう誘導することもあったり，中には悪質なウィルス入りソフトをダウンロードさせる場合もある。本書の記載内容を参考にして，信頼できるサイトからダウンロードするなど，自己責任で選択していただきたい。

4.1 フリーソフトについて

4.1.1 フリーソフトの種類

本書では**フリーソフト**という語で，（ある期間）無償で使用できるソフトウェアを総称したが，それには以下のものが含まれる（明確に定義／区別されているわけではない）。

- **フリーソフト**　　機能や使用期間に制限がなく，誰でも自由に使用できるソフトウェア。しかし，フリーソフトによっては，ある時点で公開が停止されたり，有償版に切り替わることもある。
- **シェアウェア**　　機能や使用期間に制限がなく，誰でも自由に使用できる点で上記フリーソフトと同じであるが，利用者が継続的に使用する場合は，（自由意思で）使用対価を提供元に支払うもの。

・**試用版**　有償のソフトウェアをお試しに使用させて機能や使い勝手を評価させるために，無償で提供しているもので，機能や期間を限定しているものが多い。

・**機能限定版**　有償のソフトウェアの機能を限定して無償で提供しているもの。

・**期間限定版**　有償のソフトウェアを，試用期間を限定して無償で提供しているもの。

・**フリーソフトウェア**　フリーソフトウェア財団（Free Software Foundation, Inc., FSF）が提唱する「自由なソフトウェア」を限定的に指す。ソフトウェアの使用・配布・改変の自由を推し進めるために，プログラムのソースコードを公開している。

　フリーソフトウェアの管理元として SourceForge.net（ソースフォージ・ドットネット）が有名であり，数多くのフリーソフトウェアをここから入手できる。しかし，2014 年頃から「マルウェア（悪意のあるソフトウェア）入りのソフトが公開されている」，「他社製のソフトが勝手にバンドルされた」などの問題を起こしており，一部のソフトウェア開発者が絶縁している。

・**オープンソースソフトウェア**　OSI（open source initiative）という団体が提唱するもので，（コンピュータプログラムの）ソースコードを公開し，商業目的を含めて，その使用・改変を自由に許諾するもので，前記のフリーソフトウェアと似ている。単に，オープンソフトウェアと称することもある。このライセンスによるサウンド用のフリーソフトは，まだないようである。

・**クリエイティブ・コモンズ・ライセンス（CC ライセンス）表示のソフト**　「インターネット時代のための新しい著作権ルール」を提唱しているクリエイティブ・コモンズ・ジャパンが規定するルール（この条件を守れば私の作品を自由に使用してよい）を明示したソフトも音声処理の分野で散見するようになった。

・**パブリックドメインソフトウェア（PDS）**　権利保護期間が切れたソフト，あるいは著作者が権利放棄を明示したソフトであり，CC ライセンスにも PD という区分がある。

フリーソフトは無償で使用できるとしても，（一般的に）著作権が放棄されているわけではない。中には，他者への配布を制限しているフリーソフトもある。フリーソフトの利用にあたっては，「使用条件」などのドキュメントに目を通しておくことが必要である。

4.1.2 サウンド用フリーソフト

サウンド用フリーソフトを，ここでは大まかに

① **録音／編集ソフト**：各種サウンドの録音および編集に重きを置くソフト

② **音声分析ソフト**：人間の音声の分析に主眼を置くソフト

③ **動物音声分析ソフト**：哺乳類や鳥類など幅広い動物の音声を分析するソフト

に類別する。

録音／編集ソフトは，マイクロホンに向かって発声した音声を録音するためのソフトであって，大形のレベル計を備えており，発声音量に合わせた適正なレベルで録音することができる（音声分析ソフトは，簡易なレベル計しか備えていないものが多い）。また，この種のソフトは長時間の音声を録音することができ，所望の箇所の詳細波形を表示することができるので，波形編集の作業が容易である。**音声分析ソフト**は，人間の音声の特徴を表す各種分析法を実装しており，さらにその特徴量の時間変化を観察しながら，音声区間に発声内容をラベル付けできるようになっている。一方，**動物音声分析ソフト**は，（人間の音声と性質を異にする）多様な動物の音声を分析できるように，種々の工夫がなされている。

本章では次節以下に，それぞれの種類の代表的なフリーソフト 2 ～ 3 種を取り上げて，その概要を紹介する。本書で取り上げる，それぞれの種類のソフトの諸元を**表 4.1** ～ **表 4.4** に示す。

なお，Windows のアプリには，64 ビット版と 32 ビット版があり，フリーソフトにも両者を用意しているものがある。使用している Windows が 64 ビット版か 32 ビット版であるかは，［コントロールパネル|システム］を指示して現れる一覧表の中の［システムの種類］の欄に，例えば［64 ビット オペレーティング システム］などと記されている。64 ビットシステムでは，64 ビット版と 32 ビット版の両方のアプリが動作するが，32 ビットシステムでは，32 ビット版のアプリしか動作しない。64 ビット版のサウンドソフトのほうが，大きなサウンドファイルを扱うことができるが，特別に長い音声データを扱うことがなければ，32 ビット版のアプリを選択しても構わない。

表 4.1 サウンド録音／編集フリーソフト

ソフト名称	SoundEngine Free	Audacity	WavePad	Wavosaur
記載箇所	4.2 節	4.3 節	4.4 節	4.11.3 項
version	5.21（2014/6/2）	2.1.3（2017/3/8）	7.0.8（2017/10/3）	1.3.0.0
著作権	（株）Coderium	Audacity Team	NCH Software	Wavosaur Team
著作権期間	1999 ～ 2014	1999 ～ 2017	（記載なし）	2007 ～ 2017
開　発	（株）Coderium	Audacity Team	NCH Software	Wavosaur Team
website	soundengine.jp/software	www.audacityteam.org	www.nch.com.au	www.wavosaur.com
ソフト形態	フリーソフト（非営利）	フリーソフト（GNU GPL）	試用版（期限切れで無料版に移行？）	フリーウェア（donationware）
対応 OS	Win	Win, Mac, Linux	Win, Mac, iPad 等	Win
Win Ver.	Vista/7/8/8.1/10	XP/Vista/7/8/10	XP/Vista/7/8/10	7/10 で動作
メニュー	日本語	日本語	日本語	英語
ヘルプ	日本語（online）	英語	日本語（online）	英語
マニュアル	なし	英語，日本語本有	なし	英語
窓構成	複数起動可	複数起動可	複数波形窓	複数起動可
Sound 形式	WAV, Ogg, CSV	WAV, AIFF, MP3, Ogg Vorbis 他	WAV, MP3, WMA, M4A, Ogg 他	WAV, MP3
Sound 特性	4 ～ 192 kHz 8 ～ 32 bit, 2 CH	4 ～ 384 kHz 16 ～ 32 bit, 2 CH	6 ～ 192 kHz 8 ～ 32 bit, 2 CH	8 ～ 192 kHz 24 bit は可
録音機能	新規，上書き，挿入，自動，大形レベル計	新規，追加，タイマ，自動，レベル計	新規，自動録音，自動トリミング等	新規，レベル計，スペクトル表示
再生機能	途中，区間，ループ，リバース，速度変更	途中，区間，ループ，スクラブ，速度変更	途中，区間，スクラブ，速度ピッチ変更	途中，区間，ループ，リバース
波形表示	ズーム，振幅拡大，選択区間拡大	ズーム，部分表示	ズーム，振幅拡大，部分表示	ズーム，振幅拡大
波形操作	ミックス，フェード，零交叉選択	フェード，零交叉選択	ミックス，フェード，リバース等	ミックス，フェード，零交叉選択
音量調整	最大化，正規化，リミッタ	正規化，コンプレッサ	正規化，圧縮	増幅，正規化
分析機能	スペクトル，ケプストラム，ピッチ等	スペクトル，自己相関，ケプストラム等	スペクトル，スペクトログラム	スペクトル，スペクトログラム
エフェクト	フィルタ，イコライザ等	イコライザ，エコー，リバーブ等	フィルタ，イコライザ，エンベロープ等	フィルタ，無音挿入
信号生成	正弦波，ノイズ，チャープ，インパルス	正弦波，ノイズ，チャープ，DTMF	AddOn で可能	チャープ（線形，指数）
その他	AddOn ソフト有り，空間処理	プラグイン有り（エフェクタ等）	音声ライブラリに各種データ有り	バッチ処理可能

表 4.2 音声分析フリーソフト

ソフト名称	Praat	WaveSurfer	Speech Analyzer
記載箇所	4.6 節	4.7 節	4.8 節
version	6.032	1.9（2013/4/18）	3.1.0
著作権	Paul Boersma & David Weenink	Jonas Beskow & Kare Sjolander	SIL International
著作権期間	1992 ～ 2017	2000 ～ 2017	1996 ～ 2012
開　発	University of Amsterdam	Sweden KTH	SIL International
website	www.praat.org	sourceforge.net/projects/wavesurfer/	www-01.sil.org/computing/sa/index.htm
ソフト形態	フリーソフト（GNU GPL）	フリーソフト（Open Source）	フリーソフト
対応 OS	Win, Mac, UNIX	Win, Mac, Linux	Windows
Win Ver.	2000/XP/Vista/7/8/10	7/10 で動作	XP/Vista/7/8（10 ？）
メニュー	英語	英語	英語
ヘルプ	英語	英語	英語
マニュアル	英語 HTML，日本語解説	英語 HTML，日本語解説	英語
窓構成	単一，複数波形窓	複数起動可	複数窓
Sound 形式	WAV，MP3，AIFF，FLAC，Next，NIST 等	WAV，MP3，AIFF，FLAC，RAW，SND 等	WAV, MP3, WMA
Sound 特性	8 ～ 192 kHz 16 ～ 32 bit, 2 CH	8 ～ 96 kHz, 8 ～ 32 bit, 1/2/4 CH	11/22/44 kHz, 8/16 bit, 1 CH
録音機能	レベル計	レベル計なし	重ね録音，簡易レベル計
波形表示	ズーム，選択区間拡大	ズーム，選択区間拡大	ズーム
波形操作	リバース，零交叉選択，フィルタ	リバース，零交叉選択，フェード，増幅，正規化	なし
分析機能	ピッチ，調波性，点過程，スペクトル，スペクトログラム，フォルマント，LPC，自己相関，音量，パルス	ピッチ，スペクトル，長時間スペクトル，スペクトログラム，LPC，フォルマント	ピッチ，スペクトル，スペクトログラム，F2-F1，音量
ラベル付与	Annotation と表記，テキストグリッドに入力	Transcription と表記，HTK/IPA/TIMIT による	Transcription と表記，Phonetic/Phonemic
スクリプト	スクリプトエディタ完備，テキストグリッドを利用	なし	なし
合成機能	重畳加算法 OLA，LPC 再合成，調音合成	なし	なし
信号生成	正弦波，数式から，複合音，ガンマトーン，母音生成	なし	正弦波，矩形波，三角波，鋸歯状波，櫛状波
その他	描画，テキスト出力，データ変換	データ変換（μ，A，float，Lin32 等），プラグイン	音楽分析（メログラム，Tonal Weighting Chart）

表 4.2　つづき

ソフト名称	SFS/WASP	SFSWin	音声工房 Pro	恋声（koigoe）
記載箇所	4.5 節	4.5 節	4.11.1 項	4.11.6 項
version	1.54（2013/7/12）	1.9（2013/4/18）	4.0b	2.78（2015/11/8）
著作権	Mark Huckvale	Mark Huckvale	NTT-AT	Koigoe Moe
著作権期間	2000? ～ 2013	2000? ～ 2013	1997 ～ 2007	2008 ～ 2015
開　発	Univ. College London	Univ. College London	NTT-AT	Koigoe Moe
website	www.phon.ucl.ac.uk /resource/sfs/	www.phon.ucl.ac.uk /resource/sfs/	参考文献 1）付属の CD-ROM	www.geocities.jp /moe_koigoe
ソフト形態	フリーソフト	フリーソフト	試用版（有料版有）	フリーウェア
対応 OS	Win, UNIX, DOS	Win, UNIX, DOS	Windows	Windows
Win Ver.	7/10 で動作	7/10 で動作	98/…/7/8/10	XP/…/10
メニュー	英語	英語	日本語	日本語
ヘルプ	英語	英語	日本語	日本語（HTML）
マニュアル	英語	英語	日本語	日本語（HTML）
窓構成	複数窓	複数窓	複数起動，複数窓	単一
Sound 形式	WAV, SFS 形式	WAV, MP3, AU, AIFF, SFS 形式	WAV，RAW	WAV
Sound 特性	8 ～ 48 kHz（録音），96 kHz, 24 bit 再生可能	8 ～ 48 kHz, 8 ～ 32 bit, 2 CH	～ 48 kHz, 8/16 bit, 1 CH	44.1 kHz, 16 bit
録音機能	ピーク・レベル計	ピーク・レベル計	レベル計	簡易レベル計
波形表示	ズーム，選択区間	ズーム，選択区間	ズーム，選択区間	なし
波形操作	なし	なし	リバース，増幅，正規化	なし
分析機能	ピッチ，広／狭帯域スペクトログラム	ピッチ，広／狭帯域スペクトログラム	ピッチ，スペクトル，スペクトログラム，フォルマント，音量	ピッチ
ラベル付与	Annotation と表記テキスト入力	Annotation と表記テキスト入力	なし（有料版に有り）	なし
スクリプト	なし	有り（SFS：speech filing system）	なし（有料版に有り）	なし
合成機能	なし	調音／フォルマント合成，MBSOLA	なし	TP-PSOLA, Phase Vocoder
信号生成	なし	正弦波，鋸歯状波，雑音，パルス列	正弦波，矩形波，三角波，雑音　等	なし
その他	SFS（speech filing system）	多くの関連ソフト有り（RTSPECT, RTPITCH, 等）	有料版に，ゆらぎ解析	男女声変換，実時間処理

表4.3　動物音声分析フリーソフト

ソフト名称	SASLab Lite	Raven Lite	Sound Analysis Pro 2011
記載箇所	4.9節	4.10節	4.11.2項
version	5.2.10（2017/4/4）	2.0.0 Build36（2017）	2011.104
著作権	Raimund Specht	Cornell Lab of Ornithology	（Ofer Tchernichovski）
著作権期間	1990～2017	2002～2017	2004～2017
開　発	Avisoft Bioacoustics（独）	Cornell Lab of Ornithology	Rockfeller University
website	www.avisoft.com/sound analysis.htm	www.birds.cornell.edu/brp/raven/RavenVersions.html	soundanalysispro.com
ソフト形態	フリーソフト（有料版あり）	フリーソフト（要ライセンス，有料版あり）	フリーソフト（GNU GPL v2）
対応OS	Win	Win, Mac	Win
Win Ver.	XP/Vista/7/8/10	～10	2000/XP/7/10
メニュー	英語	英語	英語
ヘルプ	英語	英語	英語
マニュアル	英語（265p）	英語（v1.0用のみ）	英語（164p）
窓構成	複数起動可	複数起動可，複数波形窓	複数起動可，複数波形窓
Sound形式	WAV, AIFF, AU, DAT, TXT, User defined	WAV, MP3, FLAC, AIFF, TXT, bin等	WAV
Sound特性	4～384 kHz，8/16/24 bit, 2 CH	8～96 kHz，8/16/24 bit, 2 CH	96 kHz 24 bitは不可，max. 10 CH
録音機能	レベル計なし	レベル計なし	別ソフトで実施
波形表示	ズーム，振幅拡大	ズーム，選択区間，振幅拡大	なし（スペクトログラム）
波形操作	フィルタ	フェード，フィルタ，速度変更	区間指定
分析機能	スペクトル，スペクトログラム，フィルタバンク，自己相関，LPC，ケプストラム，パルストレイン	スペクトル，スペクトログラム	スペクトログラム，スペクトル微分量，基本周波数，音量，FM／AMの程度
スクリプト	バッチ処理，dXMLメタデータ可能	なし	バッチ処理
合成機能	f0,包絡，高調波，AM，FMから音声合成	なし	なし
その他	実時間スペクトログラム，ヘテロダイン再生，タッチスクリーン可能，スペクトログラムの特徴抽出／分類	8通りのスペクトログラム配色	独特のスペクトログラム，二つの音の類似性，動物音声データの管理，音節表（DVD）作成，音節表クラスタリング

表 4.4　その他サウンド・フリーソフト

ソフト名称	XMedia Recode	Moo0 ボイス録音機	SoX（Sound eXchange）
記載箇所	4.11.4 項	4.11.5 項	4.11.7 項
version	3.3.9.0（2018/1/11）	1.45（2018/1/11）	14.4.2（2015/2/22）
著作権	Sebastian Doerfler	Moo0	Charis Bagwell et al.
著作権期間	2007 ～ 2016	記載なし	1998 ～ 2013
開　発	Sebastian Doerfler	Moo0	Charis Bagwell et al.
website	www.xmedia-recode.de /en/download.html	jpn.moo0.com/software/ VoiceRecorder/	sourceforge.net/projects/ sox/?source=typ_redirect
ソフト形態	フリーウェア	フリーソフト（寄付歓迎）	フリーソフト（GNU GPL）
対応 OS	Win	Win	Win, DOS
Win Ver.	7/8/8.1/10	XP/Vista/7/8.1，10 で動作	7/10 で動作
メニュー	日本語	日本語	なし
ヘルプ	なし，online で 1 ページ	なし	英語（online）
マニュアル	なし	なし	英語（command line）
窓構成	複数起動可	単一	DOS 窓
Sound 形式	WAV, MP3, FLAC, WMA, AAC, RA, Ogg, M4A, True Audio 他	WAV, MP3	WAV, MP3, AIFF, FLAC, Ogg, Vorbis, RAW, float, ADPCM, μ/A-law 他
Sound 特性	8 ～ 192 kHz, 16 ～ 24 bit 2 CH （Sound 形式により異なる）	48 kHz, 16 bit, 2 CH	8 ～ 96 kHz, 8 ～ 32 bit, 2 CH
録音機能	（ファイル変換）	ストリーミング入力， ファイル出力	有り
波形表示	なし	簡易波形表示	なし
音量補正	有り	有り	有り
CH 変換	可能	不可	可能
形式変換	可能	不可	可能
標本化速度変換	可能	不可	可能
速度変換	不可	不可	可能
ファイル連結	不可	不可	可能
ミキシング	不可	不可	可能
分析機能	なし	なし	スペクトログラム
その他	複数ファイルの一括変換 タグデータの編集 画像ファイルも変換可能	無音カット機能， オーディオ変換等の他ソフト 有り	コマンド形式，ピッチシフト， バッチ処理可能，フィルタ， エコー，リバーブ，フェード

4.2 SoundEngine Free 音声編集フリーソフト

4.2.1 概　　　要

SoundEngine Free は，札幌に開発拠点がある株式会社コードリウムにより開発・提供されている音声編集フリーソフトであり，個人・教育利用の条件に従えば無償で使用できる（以下，文中では SoundEngine と記す）。団体および法人の場合には「サポータ」という有償で利用する制度がある。SoundEngine のメニュー，および（オンライン）ヘルプは日本語で記述されており，英語ソフトは苦手という人に適している。SoundEngine は，標本化周波数 4 ～ 192 kHz，量子化ビット数 8 ～ 32 bit，チャネル数 1 or 2 の，WAV，Ogg，CSV 形式のデータを扱うことができる。

4.2.2 SoundEngine Free の基本操作

SoundEngine をインストール後初めて立ち上げると，［通常モード］と［簡易モード］のどちらで使用するか尋ねてくる。これに対して［通常モード］を選択すること（そうでないと，デスクトップ上に複数の SoundEngine を配置することができない）。SoundEngine を立ち上げると，かなり大きい画面（メインウィンドウと呼ぶ）が現れ，その中にバージョン番号と著作権に関する注意が表示される（**別図 4.1**）が，すぐにそれは消え，**図 4.1** の初期画面が現れる。

メインウィンドウ上段には，メニューバーとツールバーが表示され，その下に 8 個のタブ

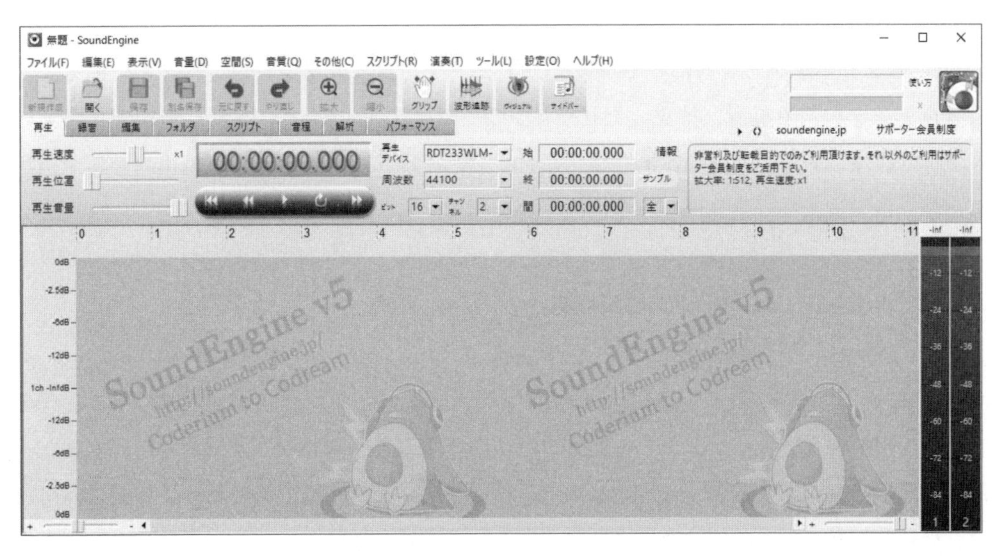

図 4.1　SoundEngine Free の初期画面

が配置されていて，初期状態では［再生］のタブが選択されており，その下に音声データの再生に関する設定，指定区間の位置，音声データの属性などが示されている。メインウィンドウ中段には大きな波形表示領域が広がっており，右端には縦型の大きなレベル計が備えられている。メインウィンドウ最下段には，左端に時間軸のズームボタンが，右端には振幅軸のズームボタンが配置されている。指定により，その下に［ボトムバー］と呼ばれる領域を表示させることができる。また，［サイドバー］というクイックボタンを押す（あるいは，メニューから［表示|サイドバー］を押す）と，中段と下段の左端に［音声素材］と記された音声ファイルの一覧とその操作ボタンが表示される。適当な音声データを開くと（［再生音量］と書かれたスライダを左方に移動させ，音量を絞っておくこと），波形表示領域に時間軸を圧縮された波形が表示されるとともに，ただちにそのサウンドが再生される。

録音の操作はつぎのように行う。クイックボタン下の［録音］タブを押下する（時間表示の下のボタンが，赤い録音待機中に変わる）。録音条件（［録音モード］，［録音音量］，［録音デバイス］，［周波数］，［ビット］，［チャネル］）を設定する。録音待機中の赤ボタンの右側にある［右三角印］を押すと録音状態になるので，発声を開始する。発声を終えると，［一時停止］のマークに変化したボタンを押下する。［右三角印］を押すと再度録音状態になるので，つぎの文章を発声すればよい。録音し表示されている音声データは，［再生］タブを押したのち［別名保存］ボタンを押し，格納場所とファイル名を指定して保存する。

波形編集の操作はつぎのとおりである。編集対象の波形を表示しておき，［拡大］，［縮小］ボタン，あるいは波形左下の［ズーム］ボタンにて波形の時間軸を十分な大きさに拡大しておく。クイックボタン下の［編集］タブを選択すると，その下に編集用のボタン類に表示が切り替わる。表示中の波形の一部を削除する場合は，マウスドラッグにより区間を指定したのち，［削除］ボタンを有効にしてから［OK］ボタンを押す。ある音声データの一部を，他の音声データのある場所に挿入したり，ミクシングする場合には，複数の SoundEngine の間で行う。すなわち，片方の波形をコピーしておき，別の波形を表示して編集の種類を選択した後，指定位置に［貼り付け］などの操作を指示する。

4.2.3　SoundEngine Free の分析機能

SoundEngine に装備されている音声分析機能として，瞬時スペクトルの分析，ケプストラム分析，位相チェッカ，ピッチチェッカなどがある。メインウィンドウ上段にある［ヴィジュアル］というクイックボタンを押下した状態にすると，メインウィンドウに一部重なった形で黒塗りのグラフ用紙（設定により，［半透明］に変更可能）が表示される。この用紙は，横軸が対数目盛りの周波数，縦軸はデシベル単位の音量になっており，録音のために入力される音声，あるいは再生しようとする音声の各分析結果が時々刻々表示されるようになっている（**別図 4.2**）。再生中の音声を一時停止させれば，その時点の分析結果，例えば瞬時スペクトルの極大周波数とレベルを，十字カーソルをその位置に移動させ，現れるメッセージボックスを読み取ることにより求めることができる。

4.2.4 SoundEngine Free のエフェクト機能

SoundEngine には，各種サウンドや音声にエフェクト（効果）を付与する機能を搭載している。以下におもなものを列挙する。

・フェードイン／アウト，クロスフェード
・再生速度変更，ループ再生
・各種イコライザ，フィルタ，ブースタなど
・ひずみ付加，ビブラート，トレモロ
・エコー（反響）／リバーブ（残響），コーラス，サラウンド
・ノイズゲート，リミッタ（音量制限），コンプレッサ（音量圧縮）など

4.2.5 評　　価

レベル計が大きく，入力レベルに応じた色分けをしており，パソコンで音声を録音する用途に適している。時間方向，および振幅方向の波形拡大（ズーム）機能が使いやすい。波形編集の際，［**ゼロクロス**］選択も有効である。

4.3 Audacity（A free audio editor and recorder）

4.3.1 概　　要

Audacity（ずうずうしいという意）は，Audacity Team というボランティアのグループが開発したサウンド信号を録音・編集するためのフリーソフトウェア（GNU General Public License に基づき，ソースコードも公開されている）である。Audacity は，各種バージョンの Windows（XP/Vista/7/8/8.1/10），Mac，および Linux で動作する。Audacity のメニューは，日本人の協力者により日本語で表示されるが，ヘルプおよび（オンライン）マニュアルは英語で記述されている。ただし，Audacity 講座という日本語の解説を載せたサイトや，日本語の解説本（参考文献 2）も販売されている（ただし，この本はマニア向けのようで，初心者には適さないようである）。Audacity は標本化周波数 4 ～ 384 kHz の，WAV，AIFF，AU，FLAC，MP3，Ogg Vorbis などいろいろの形式のデータを扱うことができる。

4.3.2　Audacity の基本操作

Audacity を立ち上げると，やや大きい初期画面（メインウィンドウと呼ぶ）が現れる。メインウィンドウに重なって［Audacity にようこそ！］というウィンドウが現れ（次回以降表示されないようすることもできる），ヘルプなどへのリンクが表示される。Audacity では，デスクトップ上に複数のメインウィンドウを配置できるようになっている。メインウィンドウ上段にはメニューバーがあり，その下にはツールバー，レベル計，ゲイン調整，入出力デバイス名など多くのコントロール類が表示配置されている。なお，これらのコントロール類は，グループごとに配置する場所を変更することができる（メインウィンドウの外に移動させることも可能）。メインウィンドウ中段の灰色の領域（波形表示領域と呼ぼう）の中に新たなウィンドウ（波形表示ウィンドウと呼ぼう）が作られ，そこに音声波形（や分析結果）が表示される。メインウィンドウ下段には，（現在設定されている）標本化周波数，および表示音声の長さや選択位置の情報が表示されている。

既存の音声ファイルを読み出すと，デスクトップ上に新しいメインウィンドウが現れ，その波形表示領域中の新たな波形表示ウィンドウに波形が表示される（**別図 4.3**）。一つの音声データの録音が終了し，赤丸印のボタンを押してつぎの録音を開始しようとすると，同じ波形表示領域内の下方に波形表示ウィンドウが現れ，そこに発声した音声の波形が表示される。

Audacity では，同一のメインウィンドウ内の波形表示ウィンドウ間，および異なるメインウィンドウの波形表示ウィンドウ間で，音声データの受け渡し（コピー／ペースト）が可能である。その際音声データの標本化周波数が異なっていても，送り先の音声データの標本化周波数に合わせて変換が行われる。

4.3.3　Audacity の分析機能

波形表示ウィンドウにある音声波形を表示させた状態で，左方の下三角印を押して現れるメニュー項目の［スペクトログラム］を選択すると，波形の表示が消えスペクトログラムが現れる。スペクトログラムが表示された状態で下三角印を押すと，メニュー項目の［スペクトログラムの設定］が選択可能な状態になっており，それを選択して現れる［スペクトログラム設定］ダイアログボックスにて，カラー／グレースケール，計算窓の種類とサイズ，などスペクトログラムの計算／表示条件を変更できる。波形の表示に戻すには，メニュー項目の［波形］を選択すればよい。なお，波形とスペクトログラムを上下に並べて表示することはできないものと思われる（二つの Audacity を開くしかなさそうである）。

スペクトログラム以外に Audacity に組み込まれている分析機能は，メニューバーの［解析］から起動する。波形表示ウィンドウにある音声データを表示させた状態で，［解析|スペ

クトラム表示］を指示すると，デスクトップ上に［周波数解析］という名を付けられた新しいウィンドウが現れ，そこにその音声データに対する（長時間）平均スペクトラムが表示される（**別図 4.4**）。メニューの［解析］には，そのほか，コントラスト解析（二つのオーディオ信号の音量差を測る），クリッピング検出などの解析機能が登録されている。

［周波数解析］ウィンドウの左下に［アルゴリズム］と記されたラベルがあり，その右のコンボボックスには，［スペクトラム表示］のほか，［標準自己相関］（および，それを改良した 2 方法），［ケプストラム］という分析法が登録されており，元の音声データに対してこれらの分析法を適用することができる。ただし，これらの分析は，すべて音声データ全体に対して行われ時間平均されたものであり，（スペクトログラムのように）時々刻々分析したものではない。

4.3.4 Audacity のエフェクト機能

各種サウンドにエフェクト（効果）を付与する機能を搭載している。以下におもなものを列挙する。

・ フェードイン／アウト
・ 速度／ピッチの変更
・ イコライゼーション，ノイズ除去
・ エコー（反響）／リバーブ（残響）の付与
・ 特殊音効果（ディストーション，フェーザー，ワウワウなど）
・ 逆方向再生，コンプレッサ，リピートなど

4.3.5 評　　　価

やや小さめだが，しっかりしたレベル計が備えられており，パソコンに直接録音するソフトとして十分機能する。波形スクロールにより録音波形を監視でき，長時間の録音にも適している。なお，［トラック］の扱いは，かなりややこしそうである。

4.4 WavePad 音声編集ソフト

4.4.1 概　　　要

WavePad は，NCH Software というオーストラリアの会社が開発・販売しているソフトで，「家庭での非営利目的の使用」ならライセンス無しで無償使用を認めている。ただし，試用期間の 2 か月が過ぎると有料版の案内が出て使えなくなる（ver.7.0.8 の場合。ネットには機能限定の無料版として使えるという書き込みがあり，ver.6.15 など旧バージョンに限られ

るのかもしれない)。商用目的に購入するとしても，標準版で約60ドルと手頃な価格である。

WavePadは，各種バージョンのWindowsとMacで使用できるだけでなく，iPhone/iPad, Androidなどのスマホやタブレットでも使用できる。WavePadのメニューは日本語であり，さらに日本語で記述された詳細なヘルプが付属しているので，英語ソフトは苦手という人にも使いやすい（ただし，チュートリアルの動画は英語)。WavePadは，標本化周波数6～192 kHz，量子化ビット数8～32 bit，チャネル数1 or 2の，WAV，MP3，VOX，GSM，WMA，AU，AIF，FLAC，real audio，OGG，AAC，M4A，MID，AMRなどほぼすべての形式のサウンドファイルを扱うことができる。

4.4.2　WavePadの基本操作

WavePadを立ち上げると，やや大きいメインウィンドウが現れる（**別図4.5**)。メインウィンドウ上部には，メニューバーとツールバーが表示され，多くのクイックボタンが配置されている。メインウィンドウ下部には，録音再生に関係するクイックボタン，ファイルの長さとカーソル位置などを示す領域，および大形のレベル計が配置されており，最下段には標本化周波数とチャネル数の設定表示，およびモニタ音量設定つまみが配置されている。メインウィンドウ左側には操作案内欄（コマンドバーと呼んでいる）が表示されている。コマンドバーの内容はユーザが操作している状況により変化するので，操作に不慣れなユーザを適切にガイドしてくれる（不要なら，表示しないようにできる)。

メインウィンドウ中段の灰色の領域（波形表示領域と呼ぼう）には音声波形や分析結果が表示される。この波形表示領域には既存の音声ファイルを指定して複数の波形を（重ねて／並べて）表示することができる（それぞれを，波形表示ウィンドウと呼ぼう)。新規に録音する場合は，メインウィンドウ最下段の［サンプルレート］を押下して録音条件を設定した後，赤丸印を押すと新しい波形表示ウィンドウが現れるので，マイクロホンに向かって発声すればよい。

各波形表示ウィンドウには，同じ音声波形が2段にわたって表示される。(幅の狭い）上段は全体波形を表示し，(幅の広い）下段は拡大した部分波形を表示するためのものである。波形拡大／縮小は，波形表示ウィンドウの下枠／右枠に配置されている［虫メガネ］ボタンにより行う。WavePadでは，時間方向および振幅方向に簡単に拡大／縮小できるので，詳細波形を観察しながら，部分波形の切取り／コピー／貼付け／削除／挿入を行うことができる。

4.4.3 WavePadの分析機能

波形表示ウィンドウにある波形を表示させた状態で，下枠左部分の［周波数スペクトログラムの表示］アイコンを押すと，ウィンドウが上下に2分され，下の部分に（モノクロ反転の）スペクトログラムが表示される（**別図4.6**）。縦軸の周波数スケールは，線形と対数の2種から選択する。右側の枠にある［表示箇所］と［虫メガネ］コントロールにより，表示させるスペクトログラムの周波数範囲を調整することができる。スペクトログラムに周波数目盛りは付されていないので，マウスカーソルを着目部分に移動させ，ウィンドウ内に現れる数値で読み取る。なお，スペクトログラムは，いわゆる狭帯域分析になっているものと思われ，広帯域分析に変更することはできない。スペクトログラム分析は，メニューバーから［ツール|時間周波数分析］を指示しても実行することができ，この場合分析結果は波形表示領域内の独立したウィンドウに表示される。

表示されている音声波形のある時間位置を指定し（赤い縦棒が表示される），メニューバーから［ツール|周波数分析］を指示すると，独立したウィンドウにその位置の周波数スペクトル（**セクション**などと呼ばれるもの）が表示される（**別図4.7**）。デフォルトの設定では，横軸の周波数は対数目盛りになっている。スペクトルのピークの周波数と強さは，マウスカーソルを該当部分に移動させて，現れる数値を読み取ることにより行う。

4.4.4 WavePadのエフェクト機能

WavePadは，各種サウンドや音声にエフェクト（効果）を付与する機能を搭載している。以下におもなものを列挙する。

- フェードイン／アウト
- 速度／ピッチの変更，ボイスチェンジ
- フィルタ，ノイズ除去，オフセット補正，自動ゲイン制御
- エコー（反響）／リバーブ（残響），サラウンド
- 特殊音効果（ビブラート，ドップラー，コーラスなど）
- 逆方向再生，ダイナミックレンジ圧縮など

4.4.5 WavePadのサンプル音声

WavePadのコマンドバーには，［音声ライブラリ］というボタンが用意されており，これを押下して現れるウィンドウにて各種サウンドを試聴／ダウンロードできるようになっている。登録されているサウンドは，人声，動物の鳴き声，音楽，各種物音，自然音など豊富に揃っている。

4.4.6 評 価

きわめて有用なソフトウェアである。しかし，現在入手できるバージョンのWavePad試用版は，ある期間（2か月）過ぎると無料版になるのか明確でない。他のソフト（例えば，SoundEngine Free）を入手しようとすると，この会社のサイトに誘導するなど，（紛らわしい表示もあり）注意が必要である。

4.5 SFS/WASP，SFSWin

4.5.1 SFSについて

SFS（speech filing system）というのは，イギリスのロンドン大学（University College London）で開発された音声研究のための一連のツールプログラムで，マルチプラットフォーム（Windows，UNIX，MSDOS）で動作する。SFSは，これらで共通に使用できる音声特徴量等のデータであり，コマンドラインに記述したプログラムから利用される。Windowsの下では，SFS/WASPとSFSWinという独立したソフトウェアが動作する。

4.5.2 SFS/WASP，SFSWinの概要

SFS/WASPは，SFSと互換性がありWindows下で動作するフリーソフトであって，これ自体で完結して音声録音／表示／分析を行うものである（waspはスズメバチの意であるが，Waveforms Annotations Spectrograms and Pitchから取ったもの）。**SFSWin**（あるいは，バージョン番号を付したSFS4/Windows）は，SFSと互換性がありWindows（7/10での動作確認済み）下で動作する音声分析フリーソフトであって，種々の音声分析法を備えているほか，音声合成機能や各種信号音の生成・連結機能を有している。SFS/WASPとSFSWinのメニュー，ヘルプ，およびチュートリアルは，すべて英語で記述されており，これらソフトの操作などを日本語で紹介したサイトはなさそうである。SFS/WASPおよびSFSWinは，標本化周波数8～48 kHz，線形24 bitのWAV形式のデータを扱うことができる。

4.5.3 SFS/WASPの基本操作

SFS/WASPを立ち上げると大きなウィンドウが開き，上段にメニューバーとクイックボタン（ツールバー）が並び，中央付近に四つの操作説明が表示された簡素なメインウィンドウである（**別図4.8**）。SFS/WASPのメインウィンドウは，デスクトップ上に複数開くことができる。SFS/WASPで開くことのできる音声ファイルは，WAVE形式とSFS形式（WAVE形式の音声データに，ラベルなどの情報を付加したもの）である。既存の音声データを読み出すと，メインウィンドウ中段に（クイックボタンの押下状態により異なるが）音声波形と

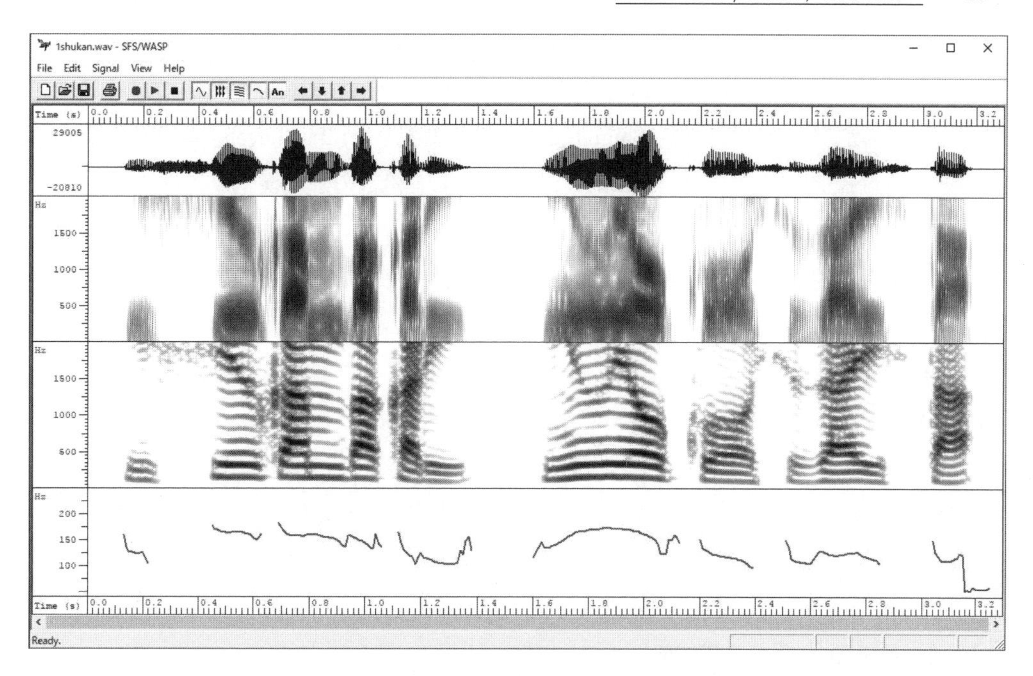

図 4.2 SFS/WASP の波形・特徴量表示画面

その分析結果が最大 5 段に渡って表示される（**図 4.2** 参照）。

表示されるのは，上から，波形，広帯域ソナグラム，狭帯域ソナグラム，ピッチ軌跡（ピッチパターンと俗称されているもの），およびラベルであり，どれを表示するかは，クイックボタン中ほどの 5 個のボタンを押下する，あるいは［View］メニュー中段の，Speech Waveform，Wideband Spectrogram，Narrowband Spectrogram，Pitch track，および Annotations にチェックマークを付けることにより決まる。

SFS/WASP における音声区間の指定は，（他のソフトウェアとやや異なっており）開始点をマウスで左クリックし（青い縦棒が表示される），終了点を右クリックして（緑の縦棒が表示される）行う。その状態で緑色の再生ボタンを押す（あるいは，メニューから［Signal|Play Section］を押す）と区間再生される。その区間を横方向に拡大して表示するには，下矢印（［Zoom In］）のボタンを押す。音声データの継続時間が長くて全体を表示していない場合は，メインウィンドウ下段のスクロールバーをドラッグするか，左矢印ボタンで先頭部を表示させたり，右矢印ボタンで末尾部を表示させればよい。

・**ラベルの挿入**　ラベルを挿入するにはつぎの方法による。左カーソル（開始点）の右側にラベルを挿入するには，［A＋ラベル＋改行］と押す。右カーソル（終了点）の右側にラベルを挿入するには，［B＋ラベル＋改行］と押せばよい。指定した区間の音声データをディスクに保存するには，メニューから［Signal|Save Section to File］を押せばよい。

・**録音の操作**　SFS/WASPで録音するにはつぎのように行う。赤のクイックボタン，または，メニューから［Siganl|Record］を押すと，［Record］という名のダイアログボックスが現れる。所望の［Sampling Rate］を選択し，［Test Levels］のボタンを押すと，発声音量に応じて［Peak Level］と記された音量計の針が横に伸びる（青一色）。適切なレベルを設定できたら，［STOP］ボタンを押したのち，［RECORD］ボタンを押して発声を開始する。発声を終えたら［STOP］ボタンを押したのち［OK］ボタンを押す。そうすると，メインウィンドウに発声した内容の音声波形（と分析結果）が横一杯に表示される。

SFS/WASPの波形編集機能は貧弱である。メニュー［Edit］からは［Copy Display］という，表示中の波形をクリップボードに取り込む機能しか選択できない。メニュー［Signal］からは，［Crop］（刈込むという意）という選択区間のみを拡大表示する機能と，［Save Section to File］という選択区間をファイルに格納するという機能しかない。

4.5.4　SFS/WASPの分析機能

前項で述べたようにSFS/WASPには，音声信号に対して広／狭帯域スペクトログラム，およびピッチ軌跡を求めるという音声分析機能が備わっている。ただし，ユーザがこれらの分析における詳細な分析条件を設定することはできない。ユーザがスペクトログラムの表示条件を変更できるのは，［View|Properties］を選択し，［Spectrogram Axis］の［max frequency］を（デフォルトの）ナイキスト周波数の半分から所望の値に変更することだけである。この機能は，高い標本化周波数の音声データに対するスペクトログラム分析結果を低域だけ詳細に観測したい場合に有用である。

4.5.5　SFSWinの基本操作

SFSWinはWindows（7/10での動作確認済み）の下で動作するシェルプログラムであって，メニューあるいはダイアログ（会話）から選択したプログラムを実行するソフトウェア環境である。SFSWinはデスクトップ上に複数配置することができる。SFSWinを立ち上げると，上段に簡素なメニューバーとツールバーが配置され，その下に大きな領域のメインウィンドウが表示される。その領域には，［Unknown1］という名を付された空のウィンドウ（これを，SFSウィンドウと呼ぼう）が現れる。このSFSウィンドウに，音声データ，分析結果，ラベルなどいろいろの［Type］のデータが登録される。例えば，メニュー［Tools|Generate］から［Test Signal］を作成すると，［Type］として［SPEECH］のファイルが登録される。既存のWAVEファイルを指定した場合，［Link］あるいは［Copy］の［SPEECH］として登録される（**別図4.9**）。SFS/WASPにより音声分析した結果のSFSファイルを指定

した場合，［Type］が［SPEECH］，［FX］という二つのファイルが（ラベルを付与した場合には［ANNOT］も）登録される。［SPEECH］ファイルを選択して，ツールバーの中ほどにある［Display checked items］（とポップアップ説明が表示される。以下，同じ）ボタンを押すと，デスクトップ上に新たなウィンドウ（波形表示ウィンドウと呼ぼう。その外観は，SFS/WASP のメインウィンドウに酷似）が開き，音声波形が表示される。［FX］ファイルに対し［Display checked items］ボタンを押す（あるいは，［Items|Display all］を指示する）と，ピッチ軌跡の分析結果が表示される。SFS ファイルに対して［Display all items］ボタンを押すと，音声波形，ピッチ軌跡，およびラベルが上下に並んだウィンドウが現れる。［FX］ファイルに対して［Display properties］ボタンを押すと，分析結果が数値データとして表示される。音声データに対して［Display properties］ボタンを押すと，そのデータに対するいろいろな属性がテキストとして表示される。

4.5.6　SFSWin の編集機能

SFSWin には，さまざまな音声編集／加工機能が組み込まれている。それらは，メニューの［Tools|1.Speech|Process］から起動される。各機能の概要はつぎのとおりである。

- Filtering：低域／高域／帯域／帯域阻止／線形位相の各フィルタ，および対話型のフィルタ
- Resample：標本化周波数の変更
- Waveform preparation：波形の自動利得調整，反転，エンファシスなど
- Change level：信号のレベル調整
- Add noise：白雑音／ピンク雑音の付加
- Add other signal：他のファイルの信号を付加する
- Speed change：（ピッチを変えずに）話速の変更
- Pitch change：ピッチの変更，同時に話速の変更も可能
- Prosody change：別途作成済みのデータに基づき，ピッチなど韻律性を変更する
- LSP Prosody change：LSP 分析合成法により，ピッチなど韻律性を変更する
- Signal enhancement：スペクトルサブトラクション法などにより音声強調する
- Telephone simulation：帯域制限により電話声を模擬する

4.5.7　SFSWin の分析機能

SFSWin では，音声データに対していろいろの操作により音声分析を実行し，分析結果を表示することができる。まず，波形表示ウィンドウに表示された音声データに対しては，ツールバーにある［Wideband Spectrograms（広帯域スペクトログラム）］のクイックボタン

を押下すると，波形が消えて広帯域スペクトログラムが表示される。さらに，[Narrowband Spectrograms（狭帯域スペクトログラム）] のクイックボタンを押下すると，広帯域スペクトログラムの下に狭帯域スペクトログラムが表示される。[Display Waveforms（波形表示）] のクイックボタンを押すと，再度波形が一番上に表示される。なお，SFS/WASP にあったピッチ軌跡の表示機能は，クイックボタンからは起動できない。

SFSWin において音声分析機能を起動する別の方法は，SFS ウィンドウに登録された音声データに対して [Tools] メニューから行うものである。まず，[Tools|1.Speech|Display] から [Wide Spectrogram] を選択して，波形と広帯域スペクトログラムを波形表示ウィンドウに表示しておく。[Tools|1.Speech|Analysis] を指示すると可能な分析機能が列挙される。これらの機能の概略を以下に示す。

・ Energy envelope：音声データのパワー（dB 単位）の時間変化
・ Fundamental frequency：基本周波数の時間変化，すなわちピッチ軌跡
・ Formants estimate track：フォルマント軌跡
・ Formants estimation：分析条件を指定して各時点のフォルマント周波数を求める
・ LPC decomposition：線形予測法にて音源情報とスペクトル情報に分解する
・ LSP analysis：線スペクトル対による分析結果と音源情報
・ Spectrum analysis：瞬時スペクトルを重ねて表示する
・ Filterbank：指定のチャネル数のフィルタバンクによる分析結果
・ MFCC analysis：音声認識などで使われるメル周波数ケプストラム係数の分析結果
・ Voicing analysis：有声性の分析
・ Noise analysis：雑音部分（無声性）の分析
・ Energy track：指定した周波数帯域におけるパワーの時間変化

これらの分析法を指定すると，波形表示ウィンドウの広帯域スペクトログラムの下段に，選択した分析法による分析結果が表示される。同時に，SFS ウィンドウには選択した分析法に応じた分析属性表示が追加される。別の分析法を選択すると，波形表示ウィンドウに分析結果を追加表示され，SFS ウィンドウにも分析属性表示が追加される。異なる分析法を追加するたびに，分析結果は波形表示ウィンドウに追加され，それぞれの分析結果の（上下方向の）表示幅が狭くなり，やや見づらくなる。各分析結果の縦座標の領域でマウス右クリックし，現れるウィンドウ中の [Hide Item] をクリックすると，一時的にその分析結果を不表示にすることができる。表示を元に戻すには，波形の縦座標を表示している領域でマウス右クリックし，[Refresh All] をクリックすればよい。

上記の分析法はすべて，音声特徴量の時間的変化を抽出・表示するものであった。ときには，音声データのある時点の特性を詳細に観測したい場合がある。SFS ウィンドウにある音

声データが登録された状態で，メニューから［Tools|1.Speech|Display］を押し［Cross-section］を選択する。そうすると，波形表示ウィンドウによく似たウィンドウが現れ，中段に音声波形と広帯域スペクトログラムが表示される。ツールバーにはいくつかのボタンが追加されている。波形上のある時点をクリックした（青い縦線が表示される）後，Sのボタンを押下すると，下段にその時点の［Source Spectrum（駆動源のスペクトル）］が表示される。Fのボタンを押下すると，その右に［Filter Response（スペクトル包絡）］が，Oのボタンでは［Signal Spectrum（スペクトル）］が，Aのボタンでは［Autocorrelation（自己相関関数）］が，Cのボタンでは［Cepstrum（ケプストラム）］が表示される（**別図 4.10**）。なお，クイックボタンを押し戻すと，対応した分析結果が非表示の状態になる。波形上の異なる時点をクリックすると，即座に新しい時点の分析結果が表示される。Mのボタン（MemoryのMか。［Remember this analysis］とポップアップ説明が出る）は，ある時点の分析結果をグラフ上で記憶（青い線で表示）しておき，他の時点の分析結果（黒い線で表示）と重ねて比較するためのものである。なお，波形上のある時点ではなく，左端の縦座標の表示領域をクリックした場合，音声データ全体にわたる平均的な特徴量が表示されるものと思われる。

4.5.8 SFSWin のラベル付与機能

SFSWin におけるラベル付与のやり方は，SFS/WASP と若干異なる。波形を表示し，マウスの左右ボタンで区間を指定した状態で［Annotation|Create/Edit Annotations］を指示する。現れたテキストボックスに適当な［Annotation Set］の名前を入力する。そうすると，スペクトログラムの下に［An］と記されたラベル表示領域が現れる。メニューから［Annotation|Label Left Cursor］を押し，ツールバーにあるテキストボックス（ポップアップは［Annotation edit］と表示される）に開始点に付与するラベルを入力する。ついで［Annotation|Label Right Cursor］を押し，Bキーを押したのち，テキストボックスに終了点に付与するラベルを入力する。なお，SFSWin では，複数行にラベルを登録することが可能である。

4.5.9 SFSWin の信号音／合成音生成機能

SFSWin にて作成できる信号音の種類は，正弦波，白雑音，ピンク雑音，パルス，パルス列，鋸歯状波，および無音であり，立上りと立下り部分の振幅を線形，または対数的に変化させることができる。このほか，DTMF（電話用の2周波信号），信号音系列などを発生させることもできる。さらに，SPSWin では，あらかじめ作成しておいた音声特徴量の時系列データをもとにして，**MBSOLA**（diphone の連結による合成）と呼ばれる音声合成器，あるいはフォルマント形音声合成器により音声を合成する機能が組み込まれている。

4.5.10　その他 Windows 用のソフトウェア

ロンドン大学で提供されている音声研究関連のその他のソフトウェアとして，以下のものがある。

- AUDINDEX：オーディオファイルに迅速に見出しを付与する
- AUDIO3D：ヘッドホンで体験できる仮想的音響環境
- BROWSE：オーディオファイルの中身をザッと見たり聞いたりする
- CochSim：耳で行われる時間／周波数分析を動的に模擬する
- EFxHIST：音声とラリンゴグラフの録音から，基本周波数の変動を解析する
- Enhance：音声強調により録音音声の了解性を改善する
- ESECTION：音声波形のある時点のスペクトル特性（section）を詳細に分析する
- ESYNTH：調波分析／合成法の学習ツール
- ESYSTEM：信号とシステムに関する学習ツール
- FAROSON：実時間でスクロールしながら音声の特性を表示する
- HEARLOSS：聴覚障害の影響を体感するデモンストレーション
- PROREC：ノートパソコンで，単語や文章を発声者に提示しながら音声を録音する
- RTGRAM：実時間でスクロールしながら，音声のスペクトログラムを表示する
- RTPITCH：実時間でスクロールしながら，ピッチ軌跡を表示する
- RTSECT：実時間でスクロールしながら，音声の波形とスペクトルを表示する
- SFS：音声データの蓄積と分析のためのファイルシステム
- VoiScript：録音音声を再生しながら，同期して文字表記を表示する
- VTDEMO：調音合成の学習ツール
- WTutor：音声に関して WEB 上で学習するための教材を作成する

4.5.11　評　　価

SFS/WASP は，必要最小限の音声分析機能を備えたソフトウェアといえよう。操作方法も簡明であり，（その機能に満足するなら）初心者もすぐに使用できるようになるであろう。SFSWin，および SFS への入り口として利用するのも一手である。SFSWin には，さまざまな音声分析法が実装されている。ただし，それらを正しく動作させるための操作がやや難しく，慣れるには時間を要すると思われる。

SFS/WASP，および SFSWin は，わが国ではあまり知られておらず，大学等の教育機関や研究機関での使用実績はやや低いものと思われ，その使用法を解説したドキュメントはあまり見当たらない。しかし，初級者でも容易に入門できる入りやすさと，上級者が欲する高度な分析手法の実装を兼ね備えており，今後本ソフトウェアが知られるにつれ，利用者は増え

てくるものと思われる。

4.6 Praat

4.6.1 概　　　要

Praat（オランダ語で「話（talk）」という意味）は，オランダのアムステルダム大学で開発された音声の科学的分析（doing phonetics by computer：コンピュータを使って音声学を学ぶ）のためのフリーソフトウェア（GNU General Public License に基づき，ソースコードも公開）である。4.7 節で述べる WaveSurfer とともに，日本で利用者の多い音声分析フリーソフトである。Praat は，各種バージョンの Windows，各種 UNIX（Linux，FreeBSD，SGI，Solaris，HPUX），および Macintosh 上で動作する。Praat のメニュー，ヘルプ，およびマニュアルはすべて英語で記述されているが，日本の大学教員や研究機関の研究者による数多くの日本語による解説文書がサイト上に掲載されている。また，2017 年には日本語の解説書（参考文献 3）が出版された。Praat は，標本周波数が 8 ～ 192 kHz で，量子化ビット数が 16 ～ 32 bit である各種ファイル形式の音声データを扱うことができる。

4.6.2 Praat の基本操作

Praat を立ち上げると，［Praat Objects］および［Praat Pictures］という名称の二つのウィンドウがデスクトップの左右に開かれる（**図 4.3**）。前者を「対象ウィンドウ」，後者を「図面ウィンドウ」と呼ぶことにしよう。図面ウィンドウには，波形や分析結果の画像を貼り付け，報告書などを作成するためのものである。

図 4.4 に示すように，対象ウィンドウには簡素なメニューバーと，その下に［Objects（対象）］と記された白い領域（オブジェクト領域と呼ぼう），最下段には（薄色表示で選択できない）ファイル操作のためのいくつかのボタンが配置されている。なお，Praat では，デスクトップ上に単一の Praat しか配置できない。

まず，［Open|Read from file］から，既存の音声データを開こう。そうすると，オブジェクト領域に読み出したデータのファイル名が（［1.Sound］の後ろに）登録され，オブジェクト領域右側に多くのボタンが現

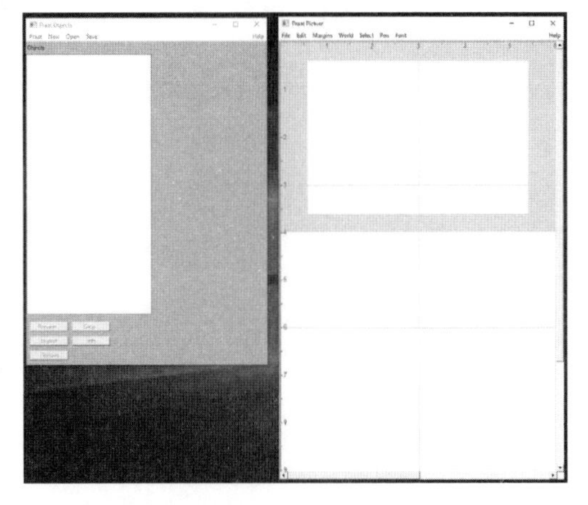

図 4.3　Praat の初期画面

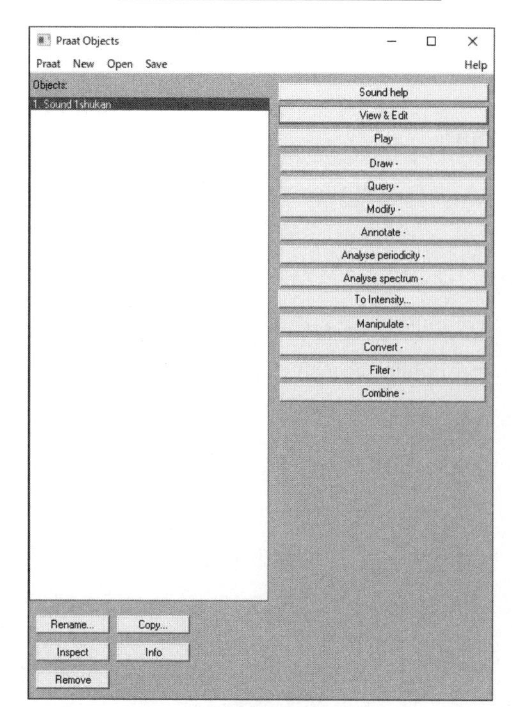

図 4.4　Praat の対象ウィンドウ

れる（[Dynamic Menu］と呼ばれている）とともに，最下段のボタンも濃色表示に変わり選択可能になる。

すなわち，Praat では対象ウィンドウに表示されるオブジェクトを選択し，（その種類に応じて表示される）右側のボタンを選択するというのが基本的な操作である。一つの［Sound］オブジェクトを選択し［View & Edit］のボタンを押すと，デスクトップ上に［1.Sound ファイル名］という名前の新たなウィンドウが現れる。Praat では，このウィンドウを［Sound Editor］と呼んでいるが，本書では波形表示ウィンドウと呼ぶことにする。

波形表示ウィンドウ［Sound Editor］の上段にはメニューバーが，下段にはクイックボタンとスクロールバーが表示されており，中段には大きな枠の中に波形，（広帯域）スペクトログラム，3 段に分かれた数値表示部が表示される（**図 4.5**）。

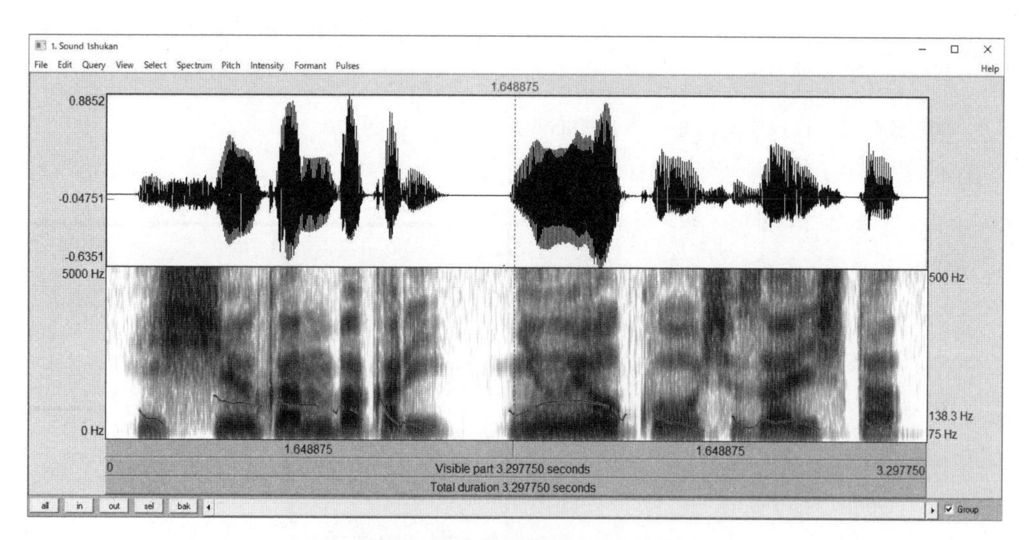

図 4.5　Praat の波形表示ウィンドウ

4.6.3 Praat の音声編集機能

Praat において録音するには，対象ウィンドウ［Praat Objects］のメニューから［New|Record mono Sound］を選択し，現れる［SoundRecorder］（録音ウィンドウと呼ぶ）にて行う（**別図 4.11**）。［Record］，［Stop］ボタンを押して録音した音声は，その右の［Play］ボタンを押下して再生されるが，波形で確認することができない。そこで，［Name］欄に適当なファイル名を記して［Save to list］ボタンを押す。そうすると，オブジェクト領域に入力したファイル名で新しいデータが追加される。録音した音声に対して，右側の［View & Edit］ボタンを押して波形を観測することができる（というように，ややまだるっこい）。

波形表示ウィンドウに波形を表示すると，（デフォルトで）その中央の時間点に赤い縦線が現れる。波形の±の極大点は上下の枠に接するように表示されており，左横の座標軸に±の（相対的）最大瞬時振幅が表示されている。波形上のある区間をマウスドラッグで指定すると，選択された区間はピンク色に変わり，その上の欄には，開始点に（先頭からの）時間位置，選択区間の長さ，終了点の時間位置が示される。スペクトログラム下の数値表示部の上段には，先頭から開始点，選択区間，終了点から末尾までの時間長が表示される。その下の段は全体の時間長である。数値表示部上段で選択区間に相当する部分をマウスクリックすると，選択区間が部分再生される。ウィンドウ左下の［sel］のボタンを押すと，選択された部分の波形（およびスペクトログラム）が拡大表示される。［in］のボタンを押すと，選択された部分が見える形で，全体の半分の時間領域が拡大表示されるようになっている。最下段のスクロールバーをドラッグすることにより，全体波形の中で表示させる部分を移動することができる。拡大表示させた区間の音声を受聴するには，波形表示ウィンドウのメニューから［View|Play window］を選択すればよい。なお，［View|Play］を押すと，開始／終了時間座標を指定して，その区間を受聴することができる。メニュー［Edit］から［Cut］を選択して「切取り」したり，［Copy］を選択して「コピー」したりして，他の部分に［Paste］貼付ける（挿入する）ことができる。ただし，貼付けの操作は，同じ標本化周波数のデータどうしに限る。

4.6.4 Praat の音声分析機能

Praat において分析機能は，対象ウィンドウ［Praat Objects］から起動する方法と，波形表示ウィンドウ［Sound Editor］から起動する方法の二つがある。前者の方法では，［Objects］欄から波形を選択した後，［Analyse periodicity］（周期性の分析），［Analyse spectrum］（スペクトル分析），［To Intensity］（音の強さの分析）のいずれかのボタンを押す。［Analyse periodicity|To Pitch］を押すと，ピッチ分析の条件（最高／最低周波数，など）を設定するウィンドウが現れ，これに適切な値を入れて［OK］ボタンを押す。そうす

ると（ピッチ軌跡が表示されるのではなく）オブジェクト領域に，[Pitch＋ファイル名] という項目が追加される。右側の [Draw|Draw] ボタンを押し，表示条件を入力すると，図面ウィンドウ [Praat Pictures] にピッチ軌跡が表示される。スペクトル分析，音量の分析でも同様である。ただし，分析結果を続けて描画すると，前の分析結果に重なって表示される。それを避けるためには，図面ウィンドウ中で表示のない場所で左クリックし，現れるピンク色の枠をドラッグして適当な大きさにしておくこと（この操作も，ちょっと煩わしい）。

波形ウィンドウに表示された音声を分析するには，メニューバーに表示された分析項目 [Spectrum，Pitch，Intensity，Formant] のいずれかを指定し，まず分析条件 [setting] を設定したのち，[Show ＊＊] ボタンを押す（チェックマークが付く）。これらの分析結果は，（異なる表示色で）スペクトログラムの分析結果に重ねて表示される。Pulses（駆動音源パルスの推定と思われる）の分析結果は波形に重ねて表示される。

瞬時スペクトル，および時間平均スペクトルの表示はつぎのようにする。SoundEditor においてある時間点，もしくは区間を選択し，[Spectrum|View spectral slice] を指示すると，新たなウィンドウが現れ，そこにスペクトルが表示される。

[Dynamic Menu] にて指示した分析した結果はオブジェクト領域に（番号＋分析法＋ファイル名）の形でつぎつぎに追加される。[Pitch，Spectrogram，Spectrum] いずれかの分析結果を選択し，[View & Edit] のボタンを押すと，それぞれの分析結果を独立した波形表示ウィンドウに表示することができる（**別図 4.12** ～ **別図 4.14**）。

Praat では，多くの研究者が発表したさまざまな分析法が実装されている。周期性の分析では，

・ Pitch：音声の分析に最適化した方法
・ Pitch (ac)：自己相関による方法
・ Pitch (cc)：相互相関による方法
・ Pitch (SPINET)：spatial pitch network による方法
・ Pitch (shs)：スペクトル圧縮モデルによる方法
・ PointProcess：point process（点過程）モデルによる分析
・ Harmonicity：調波性（調波成分と雑音との比）
・ PowerCepstrogram：パワーケプストログラムによる方法
・ Autocorrelate：自己相関関数

の方法を実行することができる。

スペクトル分析では，以下のような特徴量を求めることができる。

・ Spectrum：パワースペクトル
・ LTAS：長時間平均スペクトル

・Spectrogram：スペクトログラム（ピッチ独立，バーク，メル）
・Cochleagram：内耳の基底膜の励振パターンを表したもの
・Formant：フォルマント（バーグ，ハック）
・LPC：線形予測分析（自己相関，共分散，バーグ，マープル）
・MFCC：メル周波数で表したケプストラム係数

音の強さ Intensity の分析では，

・To Intensity：dB 単位の音の強さ
・IntensityTier：層状に表現した音の強さであり，編集が可能
・AmplitudeTier：層状に表現した音の振幅であり，編集が可能

のように，（再合成のために）数値および時間位置を変更することができるものもある。

4.6.5 文字表記の付加（Annotation）

Praat では，**Annotation**（注記付け）と呼んでいる**ラベリング**の機能を充実させている。前述した諸々の音声分析機能も，正確なラベリングのために備えられているとも考えられる。オブジェクト領域の中の音声ファイルを選択し，［Annotate|To TextGrid］を指示する。層 tier の名前を（例えば，上 3 層に phoneme syllable word とスペースを挟みながら）入力すると，オブジェクト領域に TextGrid ファイルの表示が登録される（TextGrid とは，ラベル表のようなもの）。Sound ファイルと TextGrid ファイルを選択して［View & Edit］ボタンを押すと，波形表示ウィンドウの中段には，波形，ソナグラム，（指定した層（tier）の数の）ラベル付与領域，および 3 段の数値表示部が表示される。ある層を選択し（黄色に変わる），波形上のある位置をクリックした後［Enter］キーを押すと，その層の該当位置に境界が設定される。ある層で境界と境界の間をクリックし（その箇所が黄色になる），キーボードから文字を入力する（メニューバーのすぐ下に表示される）と，その領域に入力文字が表示される。TextGrid ファイルはテキストファイルとして格納することができ（拡張子.TextGrid），「メモ帳」などで編集することが可能である。

4.6.6 Praat における音声変換機能

Praat には，音声データを変換する機能が備わっており（［Dynamic Menu］の［Convert］から操作する），中には「性別の変更」のようにやや特異なものもある。

・Resample：標本化周波数の変更
・Lengthen：（ピッチは維持したまま）継続時間の変更
・Change gender：性別の変更

4.6.7 Praatにおける変声機能

Praatには，元の音声のある特性を操作（manipulate）して再合成する機能（**変声**と呼ぼう）が備わっている。Soundオブジェクトを選択し［Manipulate|To Manipulation］を指示すると，［Manipulation］のオブジェクトが追加される。このオブジェクトを選択し［View & Edit］ボタンを押すと，新しいウィンドウが現れ，上段に（パルスが重ねられた）波形が，中段に（緑色の点を連結した）ピッチ軌跡が表示される（Praatでは，このウィンドウをManipulationEditorと呼んでいる）。緑色の点をマウスドラッグして（赤色になる）異なる位置に移動させ，下段の灰色の領域のどれかを押して再生すると，新しいピッチ周波数に変更された音声が聞こえる。この機能により，ある発声のピッチ軌跡を，他のピッチ軌跡に置換することも可能になる。さらに，ManipulationEditorの3段目のDuraion層に，メニュー［Dur|Add duration point at］を指示することにより赤い点を表示させる。この赤い点を上下／左右に移動させて順にマウスクリックし，発声速度の変更パターンを作成することにより，部分的に発声速度を遅くしたり，早くしたり変更できる。最下段の灰色の領域をクリックすると発声速度を変更した音声を受聴でき，シフトボタンを押しながらクリックすると元の発声速度で受聴することができる。

音声の強さIntensityを操作することもできる。Objectウィンドウからメニュー［New|Tier|Create IntensityTier］を指示してIntensity層を作成し，ObjectsリストからSoundとIntensityTierを選択して［View & Edit］を指示する。上段に波形が，中段に空のIntensityTierが配置された波形ウィンドウが表示される。このIntensityTierに，メニュー［Point|Add point at］を指示して赤点を加えながら，音の強さの変化折れ線を作成する。ObjectsウィンドウのObjectsリストで，SoundとIntensityの項目を選択して，右側にある［Multiply］のボタンを押すと，作成した変化折れ線のように音量を変更したSoundが作成される。

4.6.8 Praatの音声合成機能

Fantによる音源フィルタ合成というのは，声門における音源信号が声道における共鳴により濾波（ろは）されて音声波が生成されるという仮説を実現するものである。Klatt合成器もこの理論に基づいている。Praatには，このKlatt合成器を模擬して音声合成する機能を有している。

音源は声門波を模擬したパルス列，もしくは声道における狭め箇所で生じた雑音のどちらかとされる。パルス列は，ピッチ層（PitchTier）を作成して，始点と終点のピッチ周波数を与え，そのピッチ層から点プロセス（PointProcess）を作成して，声門パルスを模擬するように始終点を無声化の処理を加えたのち，パルス列を音に変換（To Sound）する。このようにして作成した音源波形を観察したり，受聴することができる。

声道の共鳴を実行するフィルタを実現するには，フォルマント表（FormantGrid）を利用する。フォルマント表を作成するため，メニュー［Menu|Tier|Create FormantGrid］を選択し，所望のフォルマントの仕様（開始／終了時間，フォルマントの数，第1フォルマントの周波数と帯域幅，つぎのフォルマントとの周波数差と帯域幅差，など）を与える。このようにして作成した，音源とフォルマント表の両方をObjectsリストで選択し，右側のボタン［Filter］を指示して音を作成するのである。なお，スクリプト（定型書式）と呼ばれるテキストファイルを記述することにより，さらに複雑なフォルマント特性を実現することができる。

上記の音声合成用フィルタを実際の発声音声から作成することも可能である。それには線形予測（linear prediction）という技法を用いる。Soundオブジェクトを選択しておき，横のメニューから［Analyse spectrum|To LPC（burg)］を指示すると，LPCオブジェクトが生成される。あるいは，実際の発声音声から（線形予測の技法を用いているのだが），直接フォルマント情報を抽出してもよい。

実際の発声音声から音源情報を生成することもできる。線形予測による分析結果を使って，逆フィルタ（inverse filter）という手法で音源波を推定するものである。Soundオブジェクトと LPCオブジェクトを選択し，現れるボタン［Filter（inverse)］を押下すると，新たに作成されるSoundオブジェクトが音源波の推定結果である。

Praatにおいて音声合成操作はいろいろな方法で試すことができる。音源とLPCオブジェクト，音源とFormantオブジェクト，音源とフォルマント表，である。そのほか，フィルタのインパルス応答を求めておけば，インパルス応答とフィルタを畳み込むことにより実現することもできる。

4.6.9 評　　価

Praatの操作は，ややまだるっこい感がする。しばらく使っていない（で，他の分析ソフトを使い，Praatに戻ってみる）と，その操作にまごつく。しかし，組み込まれた音声分析機能の豊富さにはびっくりする。このようなわけで，日本国内には大学等の音声研究機関でPraatが盛んに使用されており，かつ日本語の解説ドキュメントも豊富である。しかし，そのようなドキュメントはPraatをラベリング（文字表記の付加）のために使うためのようで，Praatに実装された最近の音声研究に基づく分析法を理解するには不十分のように思う。

4.7 WaveSurfer

4.7.1 概　　　　要

WaveSurfer は，音声研究の分野で伝統があるスウェーデンの KTH（王立工科大学）で開発されたオープンソースのフリーソフトである。基本的な音声分析機能を有しているほか，ラベル付与機能も備えている。WaveSurfer は，Win，Mac，および Linux 上で動作する。WaveSurfer のメニュー，ヘルプ，マニュアル等はすべて英語で記述されている。しかし，日本ではいくつかの大学や研究機関などで音声学研究者や学生に使用されており，日本語による解説文書も数多く公開されている（「動作や操作性にやや難あり」と紹介した文書もある）。WaveSurfer は，標本化周波数 8 ～ 96 kHz で，量子化ビット数 8 ～ 32 bit，チャネル数は 1/2/4 の，いろいろの形式（WAV，AIFF，FLAC など）のデータを扱うことができる。

4.7.2 WaveSurfer の基本操作

WaveSurfer を立ち上げると，一瞬やや大きなロゴのウィンドウが現れるが，その後メニューバー，ツールバー，およびクイックボタンが配置された簡素なウィンドウが現れる（**別図 4.15**。これを，メインウィンドウと呼ぶことにする）。このメインウィンドウは，デスクトップ上に複数個を配置することができる。

メインウィンドウにマウスカーソルを移動させると，その最下段にいろいろの情報が表示される。中央右方にクイックボタンが配置されている領域（左方に［Sound］の表記がある）に移動させると，設定されている録音条件（標本化周波数，符号化法と量子化ビット数，チャネル数）が現れる。赤い録音ボタンを押すとただちに録音が開始され（ただし，レベル計はない），入力されている音の波形包絡が下から 2 段目にスクロール表示される。録音を停止し，再生ボタンを押すと，最下段がレベル計として機能しながら，取り込まれた音声が再生される。

ディスクから音声データを読み出すと，下から 2 段目に波形が表示されるとともに，その上の段の左端にファイル名が表示される。このとき，構成選択［Choose Configuration］というテキストボックスが開かれ（**別図 4.16**），読み出された音声波形に追加する特性表示を選択するよう求められる。例えば，［Demonstration］を選択すると，メインウィンドウの中段に詳細波形，（カラー）スペクトログラム，ラベル領域が表示され，さらに長時間平均スペクトル，画像制御ボックス，および波形制御ボックスがそれぞれ別のウィンドウに表示される（**図 4.6** 参照）。

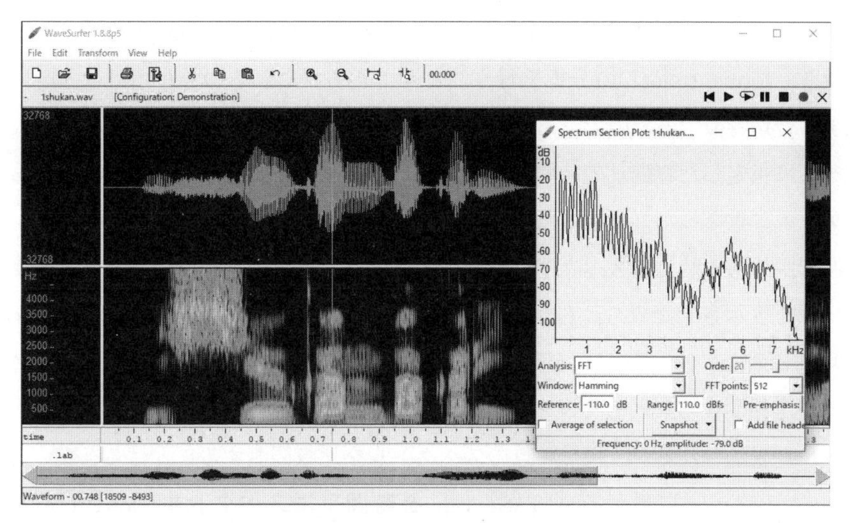

図 4.6 WaveSurfer で分析結果を表示する

4.7.3 WaveSurfer の音声編集／変換機能

WaveSurfer のメインウィンドウに表示されている音声波形は，その一部を，切取り（Cut），写取り（Copy），することができ，それをほかの部分，あるいは別のメインウィンドウに波形 Waveform として，貼付ける（Paste）ことができる（メニューには，ミクシング貼付け（Mix Paste）も表示されるが，うまく機能しないようである）。メニュー項目の［Edit|Zero Cross Adjust］は，選択範囲の始終端をゼロ点（時間軸に交わる位置）に自動調整する機能である。そのほかに，以下の機能が［Transform］メニューから起動できる。

・ 標本化周波数，符号化法，チャネル数の変換
・ 音量の増減
・ フェードイン／アウト
・ 反響付加
・ 音量の正規化
・ 位相反転
・ 逆方向再生
・ 無音区間の挿入
・ DC オフセット除去

4.7.4 WaveSurfer の音声分析機能

メインウィンドウに表示された音声波形を右クリックし，現れるテキストボックス（**別図 4.17**）の中から［Create Pane］（pane とは，窓枠といった意味）を選択することにより，

スペクトログラム，ピッチ軌跡（pitch contour），パワー軌跡（power plot），およびフォルマント軌跡（formant plot）の分析を行うことができる。これらの分析項目は，時間とともに変化する音声特徴であるので，ある項目を選択すると，波形表示枠の上下に新たな枠が作られ，そこに指定した特徴量の時間変化が描出される。フォルマント軌跡は（広帯域）スペクトログラムに重なった（異なる色の）折れ線として描かれる。

音声波形中のある時点のスペクトルを分析するには，波形上の着目時点をクリックして赤いカーソルを表示させたのち，右クリックして現れるウィンドウから［Spectrum Section］を指示すれば新しいウィンドウが現れ，そこに表示される（FFT スペクトルのほか，LPC スペクトルを観測することもできる）。波形上の異なる時点をクリックすると，その時点のスペクトルが表示されるが，複数時点のスペクトルを比較観測することはできない。なお，右クリックメニューに現れる［LTAS］は，**長時間平均スペクトル**（long term averaged spectrum）のことである。

4.7.5 文字表記の付加（Transcription）

WaveSurfer では，**ラベリング**のことを **Transcription**（書写しの意）と呼び，いろいろの記号／方法でラベル付加できるようになっている。音声ファイルを開く際に現れる構成 Configuration ウィンドウでは，HTK，IPA，TIMIT，および単なる Transcription を選択できるようになっている。

HTK：音声認識ツールキットの HTK（Hidden Markov model ToolKit）で利用できる形式

IPA：ラベルとして国際音声記号（International Phonetic Alphabet）を用いる形式

TIMIT：アメリカ英語音声のコーパスである TIMIT（Texas Instruments and Massachusetts Institute of Technology）と同様のラベル形式

（単なる）Transcription：通常の英語アルファベットや，日本語を入力できる

音の境界付近に相当する，Transcription のペイン上の位置（赤いカーソルが表示される）で左クリックし，キーボードから文字を入力すると，境界線とその左側にラベルが表示される。あるいは，その位置で右クリックするとテキストボックスが表示されるので，その中から付与するラベルを選択してもよい。テキストボックスの右寄りにはコマンド類が登録されているので，新しい Transcription ペインを作るなど，必要な操作をすることもできる。付与したラベルは，境界の時間位置とともにファイルに格納され，必要に応じて読み出すこともできる。

4.7.6 評　　価

音声研究の老舗だけあって，しっかりした機能の音声分析ソフトを提供している。多時点

でのスペクトルの表示ができないなど，若干の制約があるが，比較的使いやすいソフトに仕上がっている。日本でも大学等の研究機関で使用実績があり，今後日本語のドキュメントも増えることが予想される。

4.8 Speech Analyzer

4.8.1 概　　要

Speech Analyzer は，SIL International（少数民族の言語の発展を援助する，キリスト教信仰に基づく非営利組織）が公開しているフリーソフトである（computer program for acoustic analysis of speech sounds）。最新バージョンである Speech Analyzer 3.1 は，Windows XP/Vista/7 で動作するとされるが，Windows 10 でも正常に動作するようである。しかし，なぜか Windows Defender によってブロックされる。安全を確保するため，Windows 10 での使用には注意を要する。

Speech Analyzer 3.1 のメニュー，ヘルプ，およびマニュアルはすべて英語で記述されている。また，本ソフトを日本語で解説したサイトは見つからない。マニュアルは，Instructor Guide という 22 ページのものに加えて，（自習用を意識した）70 ページの Student Manual があり，詳細な説明がなされている。

Speech Analyzer は，WAV 形式のほか，圧縮形式の MP3，および WMA の形式の音声データを扱うことができる。符号化条件は，標本化周波数 11/22/44 kHz，量子化ビット数 8/16 bit，モノラルという必要最低限のものである。

4.8.2 Speech Analyzer の基本操作

Speech Analyzer を立ち上げると，まず［Start Mode］というウィンドウが現れ，毎回読み出す音声ファイルの指定，表示法（音声用／音楽用）の選択，ただちに録音するかどうかの確認が求められる（**別図 4.18**。次回以降，表示しないように設定することも可能）。このウィンドウを閉じると，上部に簡単なメニューとツールバー，左側に画面分割を指定する大きなボタン列（［task bar］と呼んでいる），その右に灰色の大きな領域（波形表示領域と呼ぼう）が配置されたメインウィンドウが現れる。Speech Analyzer のメインウィンドウはデスクトップ上に複数配置することができる。

［File］メニューから既存の音声ファイルを読み出すと，波形表示領域が上下 2 段に分かれ，上段には波形が，下段にはピッチ軌跡が表示される。左端の（音声用）画面分割ボタンは，上から波形のみ，波形と（自動）ピッチ，波形／（生）ピッチ／音量／（自動）ピッチ，波形とスペクトログラム，波形とスペクトログラムと（時間平均）スペクトル，波形／

スペクトログラム／スペクトル／ F2 - F1 図の 6 通りを選択するように配置されている。波形表示領域に表示された，波形あるいは分析結果の小ウィンドウはそれぞれ独立しており，最小化・リサイズが可能である。波形表示領域には複数の波形ウィンドウを表示することができる（ただし，リソースに依存するようである）。表示波形は，ズームボタン，あるいは波形ウィンドウ右側に配置されたスクロールバーにより簡単に拡大／縮小が可能である。拡大された波形の表示位置を変えるのは，波形ウィンドウ下側のスクロールバーで操作する

4.8.3　Speech Analyzer の音声編集機能

Speech Analyzer で録音するには，マイクロホンのボタンを押して（あるいは，[File|Record New]）新しい波形ウィンドウと，[Recorder] と記された録音ダイアログボックスを開く。[Input] ボタンで録音レベルが適正であることを確認する。また，録音条件が表示されるので，それも確認する。発声終了後 [Play] ボタンを押すことにより受聴して録音済み音声を確認できる。[Done] のボタンを押すと，ダイアログが消え，波形ウィンドウに録音された音声の波形が（ピッチ軌跡などとともに）表示される。波形表示欄の左端に緑縦線で始端が，右端には赤縦線で終端が示されている。マウス左クリックすると，始端がそこに移動する。[Shift] キーを押しながらマウスクリックすると，終端がそこに移動する。始終端の間の音声区間を選択するには，メニューから [Edit|Select Waveform] を指示し，区間を反転表示させる。指定区間は [Edit|Copy] [Edit|Cut] により，写取り／切取りできる。写し取られた音声データは [Edit|Paste As New File] を指示すると，新しい波形ウィンドウに貼付けされる。このあたりの操作法は他のソフトウェアと若干異なるので覚えておく必要がある。ただし，環境によっては，[Edit|Paste] により，指定区間を他の波形のある位置に貼り付けようとすると，Speech Analyzer が停止してしまうことがある。

4.8.4　Speech Analyzer の音声分析機能

Speech Analyzer は音声分析機能として，ピッチ軌跡，スペクトログラム分析，音量軌跡，およびフォルマント軌跡という基本的なものを有している。

ピッチ軌跡においては，分析演算により求められた値そのものである [Raw Pitch]，補間により滑らかな曲線に変換したものである [Smoothed Pitch]，抽出誤りなどを補正したものである [Auto Pitch]，およびユーザが設定した方法である [Custom Pitch] のいずれかを選択できるようにしている。また，ピッチの値を周波数〔Hz〕で表すほか，音楽信号のために半音 [Semitone] の数値でも表現している。

スペクトログラム分析は，デフォルトでモノクロ階調表示であるが，カラー表示に変更することができる。また，平均化する周波数幅は，通常の狭帯域（45 Hz）と広帯域（300 Hz）

に加えて，中帯域（172 Hz）をも備えている。

フォルマント軌跡はスペクトログラムに重ねて表示され，F1 ～ F4 のどれを表示するかを指定できる。なお，フォルマント軌跡は線形予測 LPC で求められたものに補正を加えたものらしい。一方，ある時点（短い区間）のスペクトルに重ねて表示される LPC スペクトルの極大点としてフォルマントが示されている（**図 4.7** 左下）。また，第 1 ～ 第 3 フォルマントの分析結果を，F1：F2，F2：F1，F2－F1：F1，F1：F2：F3 の 4 通りの［Formant Chart］で表示することができる（［Graphs | Graph Type | Custom］で行う）（図右下）。

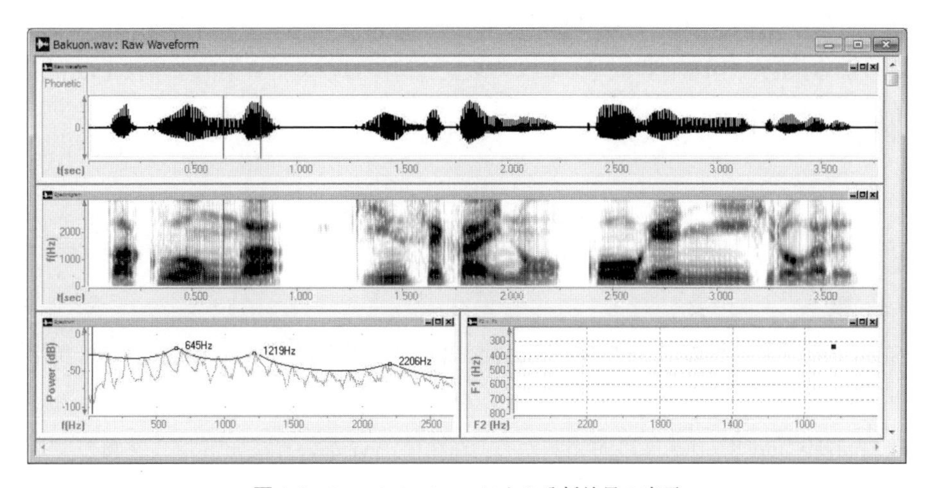

図 4.7 Speech Analyzer による分析結果の表示

4.8.5 Speech Analyzer のラベリング機能

Speech Analyzer において，音声波形に対応するラベル（［Transcription］と記している）は，［Direct Edit］あるいは［Transcription Editor］により記述することができる。前者の方法は，［Edit | Transcription | Direct Edit］を指示した後，指定区間をクリックすると波形の上の行に？マークが出るので，そこに文字を入力する。後者の方法では，［Edit | Transcription | Show Transcription Editor］を指示すると，［Transcription Editor］という名のラベル編集ウィンドウが現れる。区間［Segment］を付け加え［Add］，テキストボックスに文字を入力すると，それがラベル行［Transcription Tier］の？の箇所にラベルとして現れる。

4.8.6 Speech Analyzer の特異な機能

Speech Analyzer には，音楽を分析するためのいろいろの機能が盛り込まれている。音楽データを分析して，以下の特徴量を波形表示領域に表示できる。

・波　形

・半音［Semitone］単位の声の高さ

・メログラム［Melogram］：基本波 fundamental の周波数の時間的推移をグラフ状に示したもの（ピッチ軌跡と同じ）
・五線譜［Staff］
・TWC［Tonal Weighting Chart］：メロディーにおけるピッチのヒストグラム

4.8.7 評　　　価

Speech Analyzer は 2012 年の発表で，それ以降バージョンアップは（バグフィックスも）なされていない模様である。少数民族の言語はさまざまな様相を示しており，それを分析する用途のため，IPA（国際音声記号）による表記だけではなく，音楽的な手法を取り入れているものと思われる。

4.9 SASLab Lite

4.9.1 概　　　要

SASLab Pro はドイツの Avisoft Bioacoustics という会社で開発された動物音声分析用のソフトウェアで，その Lite 版（**SASLab Lite**）をフリーソフトとして公開している（SAS は，Sound Analysis and Synthesis の頭文字から）。名前（avi という接頭辞は「鳥類の」という意味）から類推できるように，本ソフトウェアは鳥類をはじめ各種動物の音声を処理・分析・操作するツールである。SASLab Lite のメニュー，ヘルプ，マニュアル等はすべて英語で記述されている。また，本ソフトを日本語で解説したサイトはまだないが，製品版ソフト（および，生物音響用の機器）は日本の代理店で扱っている。SASLab Lite は，標本化周波数 4 ～ 384 kHz，量子化ビット数 8/16/24 bit で，WAV/AIFF/AU/DAT の形式のデータを扱うことができる。

4.9.2 SASLab Lite の基本操作

Avisoft SASLab Lite を立ち上げると，メニューバー，クイックボタンが並んだツールバー，および鳥の絵が描かれた領域（波形表示領域と呼ぼう）からなる，こじんまりしたウィンドウが現れる（**別図 4.19**）。これをメインウィンドウと呼ぶことにする。このメインウィンドウは，デスクトップ上に複数配置することができる。

既存の音声データをメニュー［File|Open］から読み出すと，波形表示領域に音声波形が表示され，その下には（広帯域）スペクトログラムが表示される。赤い録音ボタンを押すと，［Real Time Spectrogram：Recording］と名前の付いた新しいウィンドウが現れ（録音ウィンドウと呼ぼう），ただちに録音が開始される。このウィンドウの上部には，レベル計

が装備されており，発声音量に従って緑色の領域が左右に広がる。録音ウィンドウの中ほどには，スペクトログラムがある長さでスクロールしながら（circular buffer recording と呼んでいる）表示される。発声をやめて停止ボタンを押すと，取り込まれた音声データがメインウィンドウの中ほどに表示され，下部にはそのスペクトログラムが表示される（**図 4.8** 参照）。なお，録音の条件（標本化周波数，量子化ビット数，チャネル数）は，［File|Sound Card Settings］を指示した現れるダイアログボックスにて行う。設定内容は，次回以降の録音に適用される（メインウィンドウの最下段に表示される）。

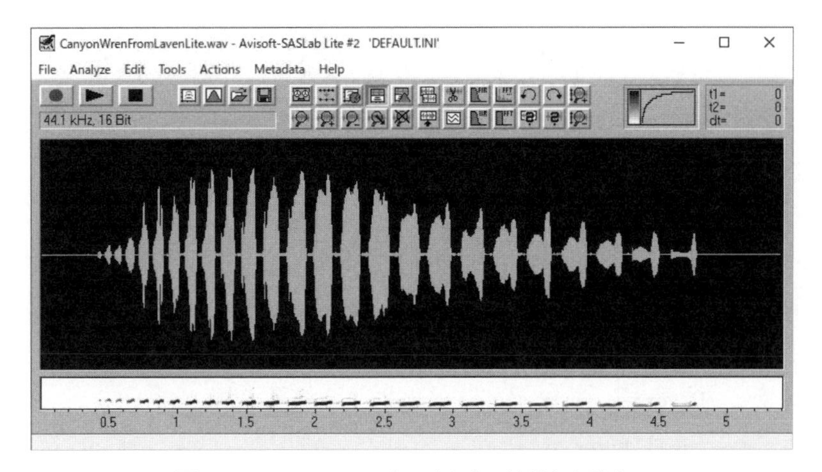

図 4.8 SASLab Lite で鳥の鳴き声の波形を表示する

波形が表示されたメインウィンドウをマウスドラッグして拡大すると，（それまでは隠れて見えなかった）非常に多くのクイックボタンが配置されたことがわかる。これらのクイックボタンは，さまざまの音声編集や音声分析の操作を迅速に開始することができる。それぞれのクイックボタンの機能は，そこにマウスカーソルを置くと，メインウィンドウ最下段に（英語で）説明が現れる。よく使用する機能のアイコンを記憶しておけば，さまざまな処理を迅速に行うことができる。

4.9.3 SASLab Lite の音声編集／変換機能

波形表示領域内のある時点をマウスクリックすると，その上部の枠の上に赤いマークが付される（marker と呼ばれている）。また，波形区間をマウスドラッグすると，両端に縦線カーソルが引かれ，（スペクトログラム表示領域まで広がった）四角い枠が表示される。左上の角にはマーカが付いている。左右のカーソルをマウスドラッグすると，それぞれの位置を変更できる。また，四角の枠の中にマウスカーソルを入れて現れる 4 方向矢印をドラッグすると，四角の枠を左右に移動させることができる。

区間指定した状態（四角の枠の左上に赤いマーカがある）で，再生ボタンを押すと，その区間の音声が再生される。四角の枠は，振幅拡大／縮小のクイックボタン（右端の上下にある）の押下によって見えなくなるが，その前に選択された区間は指定状態になったままであるので注意が必要である。指定区間の枠は，ズームイン（時間軸拡大）により再表示される。指定区間は，別の時点をクリックすることにより，あるいは鋏マークのクイックボタンを押すことにより解除される。

あるメインウィンドウの指定区間を写取り（Copy）／切取り（Cut）した音声データを，別のメインウィンドウに貼付け（Paste），あるいは後部に追加（Append）することができる。その際，両者のファイル形式が一致していなければならない。

SASLab Lite のメニュー［Edit］から，つぎのような編集／変換機能が利用できる。

・音量調整［Change Volume］
・オフセット除去［Remove DC Offset］
・削除［Delete］
・テーパー付き削除［Delete with tapering］
・無音区間付加［Insert Silence］
・ミクシング［Mix］
・時間軸反転［Reverse］

さらに，メニュー［Edit|Filter］には

・無限インパルス応答フィルタ［Time Domain IIR Filter］
・有限インパルス応答フィルタ［Time Domain FIR Filter］
・周波数域の変換［Frequency Domain Transformation］：FFT による低域／高域／帯域通過／帯域阻止のフィルタ
・雑音低減［Noise Reduction］

の機能が盛り込まれている。

また，メニュー［Edit|Format］から

・ステレオ信号のモノラル化
・量子化ビット数の変換
・標本化周波数の変換［Sampling Frequency Conversion］
・発声速度／ピッチの変換［Time/Pitch Conversion］

の機能が利用できる。

4.9.4　SASLab Lite の音声分析機能

スペクトログラムの分析結果は，波形の下の狭い領域に表示するだけでなく，メニュー［Analyze|Create Spectrogram］を指示することにより，新たなウィンドウにやや大きく（拡

大も可能）表示することができる（**別図 4.20**）。このスペクトログラムでは，縦軸の周波数目盛りが描かれており，また十文字カーソルを表示させて，周波数とその周波数成分の勢力を読み出すこともできる（スペクトラムのカラー表示は製品版のみ？）。

一方，SASLab Lite にはメニュー［Analyze|One-dimensional Transformation］の［Function］から選択することにより，一次元の分析機能（**別図 4.21**）として

・パワースペクトル［Power spectrum］
・フィルタバンク分析［Octave Analysis］：Lite 版では不可
・自己相関［Autocorrelation］
・相互相関［Crosscorrelation］
・ケプストラム［Cepstrum］
・周波数応答［Frequency response］
・瞬時振幅のヒストグラム［Histogram］
・零交叉分析［Zero-crossing analysis］
・振幅実効値［Root mean square］
・波形包絡［Envelope］

など，さまざまな方法を実装している。また

・パルス列分析［Pulse Train Analysis］

という方法も可能にしている。この方法の分析結果は，「波形包絡」の分析結果に重ねて表示される。

さらに，複数チャネルで録音した音声に対して到達時間差を分析する

・到達時間差計測［Specials|Time-delay-of-arrival measurement］

も組み込まれており，おもに屋外での録音結果に適用するものと思われる。

4.9.5 SASLab Lite の信号音作成機能

本機能は，メニュー［Edit|Synthesizer］の中に組み込まれており

・振幅変調音 AM
・周波数変調音 FM
・振幅／周波数変調音 AFM
・白雑音
・ピンク雑音
・パルス列

の生成が可能である。

4.9.6 SASLab Lite の特異な機能

本ソフトは，鳥類，哺乳類，両生類など多種多様な動物の音声を分析するために，人声を対象とする通常の音声分析ソフトに見られない特異な機能を有している（有償版 SASLab Pro と特別のハードウェアを必要とする場合がある）。そのいくつかを下記に紹介する。

・ヘテロダイン再生［Heterodyned playback］：ヘテロダインというのは，二つの振動波形を掛け合わせることにより新たな信号を作り出す信号処理の手法である。この方法を利用すれば，超音波周波数帯域で発しているコウモリの声を，可聴域に変換してわれわれの耳で聞くことができるようになる。

・複数チャネルの音声信号：複数（> 2）チャネルの音声を扱うことができ，かつチャネル間の到達時間差を計測する機能を有しているので，例えば講演会場における場所による聞こえ方の分析など，音声の空間的な広がりに関する諸問題を探求するツールとして有用と思われる。

・GPS 信号との連携：移動する動物の音声を分析するために SASLab Lite（Pro）には，GPS により受信した位置情報を，録音した音声ファイルと関連付ける機能がある。本機能と複数チャネル録音機能とを組み合せれば，例えば山岳地帯において発せられた救助要請の叫び声から，発声者の位置を特定するなどの応用も考えられる。

4.9.7 評　　価

空間／時間／周波数の点で多様な動物音声を扱うために種々の機能を備えたソフトウェアとして，朗読／会話音声の域を超えたさまざまな音声を扱う上で一考に値するものと思われる。

4.10 Raven Lite

4.10.1 概　　要

Raven Lite 2.0 は（raven は，ワタリガラスの意），鳥類研究で有名なアメリカのコーネル大学の鳥類学研究所（Cornell Lab of Ornithology）が無償で使用許諾しているソフトウェアである。同研究所のサイトに使用申込すれば，電子メールでシリアル番号が送付されてくるので，それを入力すれば無償で使用できるようになる。Raven Pro 1.5 という有償版もある。

Raven Lite は，Windows 10（以下でも）および Mac OS X で動作する。Rave Lite のメニュー，ヘルプ，およびユーザーズガイドはすべて英語で記述されている（ユーザーズガイドは Ver.1.0 のもののみで，Ver.2.0 の内容と若干異なる）。本ソフトを日本語で解説したサイトは見つからない。

Raven Lite は，WAV のほか，AIFF，MP3，FLAC 等の形式の音声ファイルを扱うことができる。標本化周波数は 8 ～ 96 kHz，量子化ビット数は 8/16/24 bit，チャネル数は 1/2 である。

4.10.2 Raven Lite の基本操作

Raven Lite を立ち上げると，一瞬ロゴの画面が出たのち，大きなウィンドウが現れる（メインウィンドウと呼ぼう）。メインウィンドウはデスクトップ上に複数開くことができる。

上方にはメニューバーと，たくさんのクイックボタン（多くは薄色表示で選択できない）が配置されたツールバー（計 6 本）が配置されており，左方には表示を選択／指示する領域（表示制御領域と呼ぼう。当初は空白）があり，その右に藤色の大きな空間（波形表示領域と呼ぼう）が広がっている（**別図 4.22**）。

既存の音声ファイルを開く（全体／部分を開く選択がある）と，波形表示領域の上段に波形が，下段に（カラー）のスペクトログラムが表示される（**図 4.9** 参照）。この波形表示ウィンドウは，波形表示領域に複数配置することができる。波形表示とともに，いくつかのクイックボタンが濃色表示に変化し，選択できるようになる。また，表示制御領域の多くの項目が表示され，いくつかの項目のチェックボックスにはデフォルトでレ点が付けられ，選択された状態になっている。

波形ウィンドウのある点をマウスクリックすると，その時間位置に赤い縦破線が引かれ，かつその中央に小さな正方形が横に 3 個並んだ印（三正方形と呼ぼう）が表示される。スペ

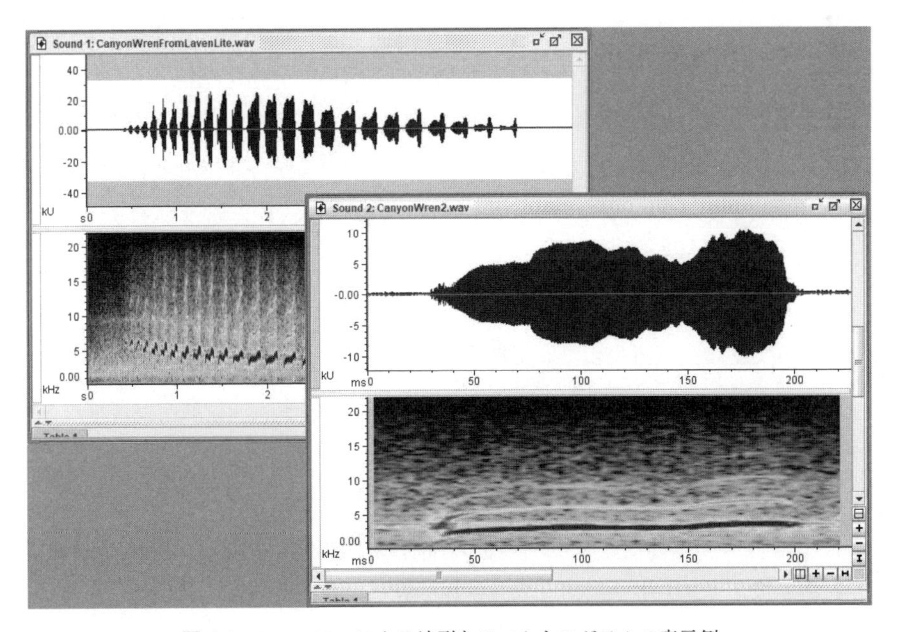

図 4.9 Raven Lite による波形とスペクトログラムの表示例

クトログラムのウィンドウにも同様の印が表示される。この状態で再生のクイックボタン（右向き三角印。［Play］ボタン）を押すと，その位置から画面の右端まで再生される（途中再生)。その右の［Play Visible］とポップアップの出るボタン（右向き三角と区間の印）を押すと，（縦線に無関係に）波形ウィンドウに表示されている波形が再生される（表示部再生)。その右の［Play Scrolling］のボタン（右向き三角と右太矢印）を押すと，（縦線に無関係に）波形が左にスクロールしながら全体が再生される（スクロール再生)。波形のある区間をマウスドラッグすると，その区間の背景が桃色に変化するとともに，始終点に縦破線が引かれ，かつ縦破線の中央に小さな正方形が表示される。スペクトログラムの表示画面にも，破線と正方形が表示される。この状態で再生ボタン（［Play］ボタン）を押すと，選択区間のみが再生される（部分再生)。その右の表示部再生ボタン（［Play Visible］ボタン）を押すと，（縦線に無関係に）波形ウィンドウに表示されている波形が再生される。その右のスクロール再生ボタン（［Play Scrolling］ボタン）を押すと，波形が左にスクロールしながら全体が再生される。

再生ツールバーの右端にある［Rate］という名のテキストボックスは，発声速度（とピッチ）を調整する機能を有しており，1.0より大きな値にすると，元の速度より早く（かつ，高く）なり，小さな値にすると遅く（かつ，低く）なる。

4.10.3 Raven Liteの音声編集機能

Raven Liteで録音するには，マイクアイコンを押下して現れる［Recorder］ウィンドウにて，録音先（メモリ，ファイル）と録音条件を確認した後，波形表示領域左下の右三角印の緑色（！）のボタンを押せばよい。波形およびスペクトログラムが左にスクロールしていくので，発声を開始する。Raven Liteには音量計が設けられていないので，波形の瞬時振幅が上下に適正に振れることを確認しながら発声すること。録音を停止させるには，同じ位置で緑色の正方形に変化したボタン（［Stop Recording to Memory］とポップアップが出る）を押下する。録音ボタンの右側にあるスピーカ印のボタンは，録音入力をモニタするためのもので，発声録音時にはオフにしておく。［Memory］に録音された音声は，そのままでは受聴できない（ようである)。(再生ボタンを押すと，緑縦線のカーソルは右方向に移動するが，音自体は出てこない)。名前を付けてファイルに格納し，改めてその音声ファイルを開けば受聴できる（かなり，面倒である)。

波形ウィンドウに読み出した音声データは，編集ツールバーに組み込まれたクイックボタンを使って，切取り（Cut），写取り（Copy），貼付け（挿入）(Paste)，削除（Delete）の操作を行う。ある波形ウィンドウで切り取り／写し取った音声データは，他の波形ウィンドウの指定位置に貼り付けすることができ，または置き換えることもできる。

編集ツールバーには，いくつかの音声加工機能を実行するボタンが配置されている。
・帯域通過［Filter around］：スペクトログラム上で指定した帯域成分のみを残す
・帯域除去［Filter out］：スペクトログラム上で指定した帯域成分を除去する

なお，これらのフィルタ機能は，指定区間のみ［Active Selection］と，表示波形全体［All］のいずれかを指定できる。このほか，指定区間を［Fade out］，あるいは［Fade In］する機能がある。

4.10.4　Raven Lite の音声分析機能

Raven Lite に組み込まれている音声分析機能は，スペクトログラムとスペクトルのみである。しかし，スペクトログラムの表示法は，8種類の配色［Color Scheme：Cool，Hot，Standard Gamma II，Copper，Bone，Jet，Viridis，NPS］とモノクロの階調表示［Gray scale］，およびそれらの補色表示［Reverse Color Map］というように豊富に備えている（**別図4.23**）。また，輝度［Brightness］，コントラスト［Contrast］を連続的に調整でき，さらに平均化する窓幅［Window Size］を広い範囲で設定することができる。モノクロ階調表示の場合，コントラストスライダを右端に移動させると，白黒の表示になる。その際，白と黒に表示されるしきい値は，輝度スライダで調整できる。また，コントラストスライダを左端に移動させると，200階調の灰色表示になる。このように，Raven Lite は，分析対象の音声，およびユーザの好みによって，スペクトログラムの表示法を多様に設定することができる。

パワースペクトルの分析は，波形上のある区間を指示した後，ツールバーの中の［Selection Spectrum View］と表示の出るボタン（2行目左から4番目）を押すことにより行う。波形ウィンドウの最下段に，その時点のスペクトルが表示される。区間幅が狭い場合には，その旨メッセージが表示されるので，選択区間の幅を広げること。スペクトル分析は，波形上の1時点のみしか表示できず，複数時点のスペクトルを比較することはできない。

4.10.5　Raven Lite の特異な機能

カラースペクトログラムの配色として7種の方法が組み込まれており，鳴き声の特徴に合わせて，使い分けすることができる。なお，商品版の Raven Pro 1.5 では，多くのスペクトログラムの切出し図形を一覧表のようにして並べ，比較・観察する機能が備わっている。

コーネル大学のマッコリー図書館（Macaulay Library）には，数多くの動物（鳥類9 532種，哺乳類570種，両生類930種，など）の電子メディア（写真，音声，動画）が収蔵されており，研究用には無償で利用することができる。なお，音声の録音には Moo0 ボイス録音器（4.11.5項を参照のこと）など，ストリーミング音声を録音するソフトウェアを使用すればよい。

4.10.6 評　　価

（きれいな鳥の鳴き声に対する）カラースペクトログラムがとても美しいソフトである。鳥類の多様な鳴き声を分類・識別するために，スペクトログラムの表示法を工夫したものと思われる。本ソフトの習熟には，やや長い時間が必要であろう。また，フリーソフト版は有料版と同じボタン配置になっており，そのうち薄色表示になっている（選択できない）ものが，設定により選択できるのか，それともフリー版で選択できないのかわかりづらい。

4.11 その他のフリーソフト

4.11.1 音声工房および音声録聞見

両ソフトは，長らく日本の音声研究者／技術者に使用されてきたもので，いまだに多くの利用者がいるものと思われる。**音声録聞見**は，現在フリーウェアとして，ある大学研究者のサイトからダウンロード可能であるが，使用環境は Windows XP までに限られている。一方，**音声工房**は NTT アドバンステクノロジから販売されていたが，2017 年 3 月をもって販売終了となり，同社サイトから音声工房 Pro 試用版もダウンロードできなくなった。しかし，参考文献 1 に付属する CD に試用版が収容されている（Windows 7/10 で動作確認済み）。音声工房は Windows 10 の下で軽快に動作するので，最新のパソコン環境で（有償版を）使用しているユーザは数多くいるものと思われる（**別図 4.24**）。

4.11.2 Sound Analysis Pro 2011

Sound Analysis Pro 2011（SAP2011 と略記される）は，アメリカ・ニューヨークのロックフェラー大学で開発された，動物の会話を解析するためのソフトウェアで，ソースコードも公開されている。SAP2011 のメニュー，ヘルプ，およびマニュアルはすべて英語で記述されている。また，本ソフトを日本語で解説したサイトはまだない。マニュアル（User Manual）は 164 ページと詳細に記述されており，通常のヒトの声と異なる音声を分析しようとする際には，ちょっとした解説書にもなりそうである。SAP2011 は Windows 2000/XP/7 で動作すると記載されているが，Windows 10 でも正常に動作する。SAP2011 は，パソコンに特別なハードウェアを実装して，10 チャネルまでの同時録音，実時間の解析と自動データ取得などもできるようになっている。SAP2011 は，通常のスペクトログラム（sonogram と呼んでいる）を改良した**スペクトル微分量**（**spectral derivatives**）と呼ぶ特徴量で音声を分析表示する方法を実装している。この特徴量は，スペクトル成分の時間的／周波数的変化を強調するものである。また，二つの音声データの類似性を相互相関で調べるなど，人声の分析ではあまり使われない独特の方法も可能である。

〔**SAP2011の基本操作**〕　SAP2011を立ち上げると，上部に鳥の絵が描かれ，中～下部には10枚のタイル状のボタンが配されたメインウィンドウが現れる（**別図4.25**）。このメインウィンドウを複数デスクトップ上に配置することができる。［Explore&Score］のタイルをクリックすると，大きなウィンドウが開かれ，上段にメニューバーとタブ，その下にスペクトログラムを表示させる白紙の領域，中段には分析／表示条件を設定するボタンやスライダ，下部には大きな白紙の領域が広がっている。［Open Sound］の（タイル状の）ボタンを押し，既存の音声ファイルを指定（**別図4.26**）すると，上方の白紙の領域に（背景が灰色になり）白黒模様の（狭帯域）スペクトログラム（sonogram）が表示される。

SAP2011では，（狭帯域）スペクトログラムの表示法に工夫を加え，細線化したような［Frequency contours］と，周波数変化を目立つように表示させた［Spectral derivatives］に切り替えて表示することができる。なお，スペクトル微分量を選択した場合，同じ画面に赤線でパワーパターンが表示される（**図4.10**参照）。

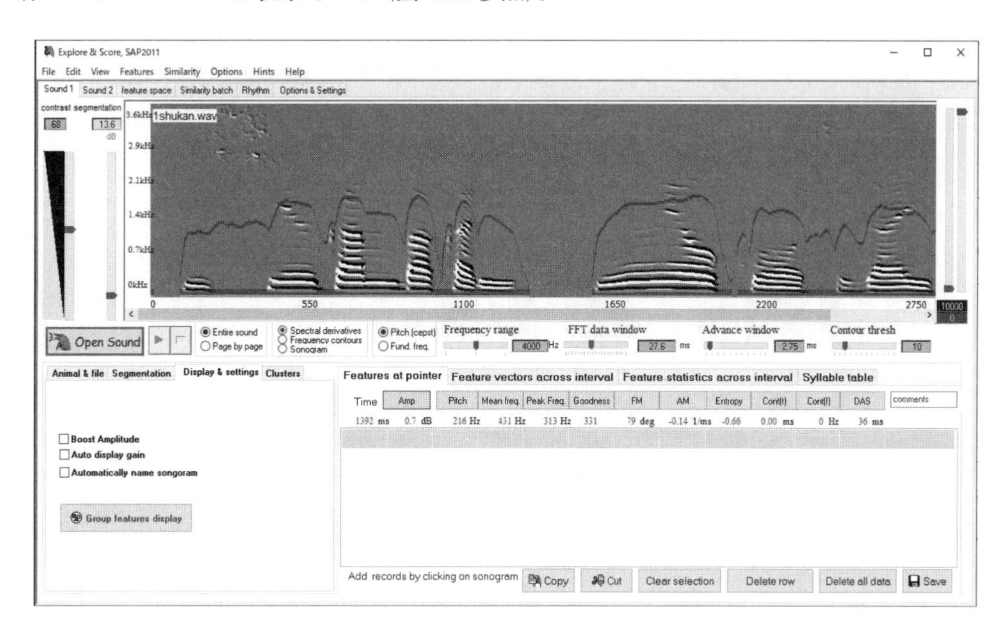

図4.10　Sound Analysis Proでのスペクトル微分量の表示

SAP2011では，音声の録音はRecorder2011という名称の別のプログラムで行うことになっている（筆者の環境では，Recorder2011をインストールできなかったので，別のプログラムで行うこととした）。

4.11.3　Wavosaur（Audio Editor with VST Support）

〔**概要**〕　**Wavosaur**は，Wavosaur Teamという組織が公開しているオーディオ編集フリーソフト（donationwareと称し，寄付を募っている）であって，VST（virtual studio technology）などをサポートするコンピュータミュージック用のソフトウェアである。Wavosaur のメニュー，およびガイド文書（quick start guide）は英語で記述されている（ただし，旧バージョンを解説しており，若干内容が異なる）。また，ヘルプは Support Forum というオンライン形式（英語）のもののみである。本ソフトウェアを日本語で解説したサイトは見つからない。

〔**基本操作**〕　Wavosaur を立ち上げると，上段にメニューバーと多くのクイックボタンが配置されたツールバーが現れ，その下には（入力時の）瞬時波形とスペクトルを表示する領域があり，中段には左端にスライダ，右端に縦長の大きなレベル計，中ほどには大きな灰色の領域（波形表示領域）が広がっている。最下段には，ツールバーと情報表示域がある。波形表示領域には複数の波形ウィンドウを配置することができる（**図 4.11** 参照）。この初期画面全体をメインウィンドウと呼ぶことにする。Wavosaur のメインウィンドウは，デスクトップ上に複数開くことができる。

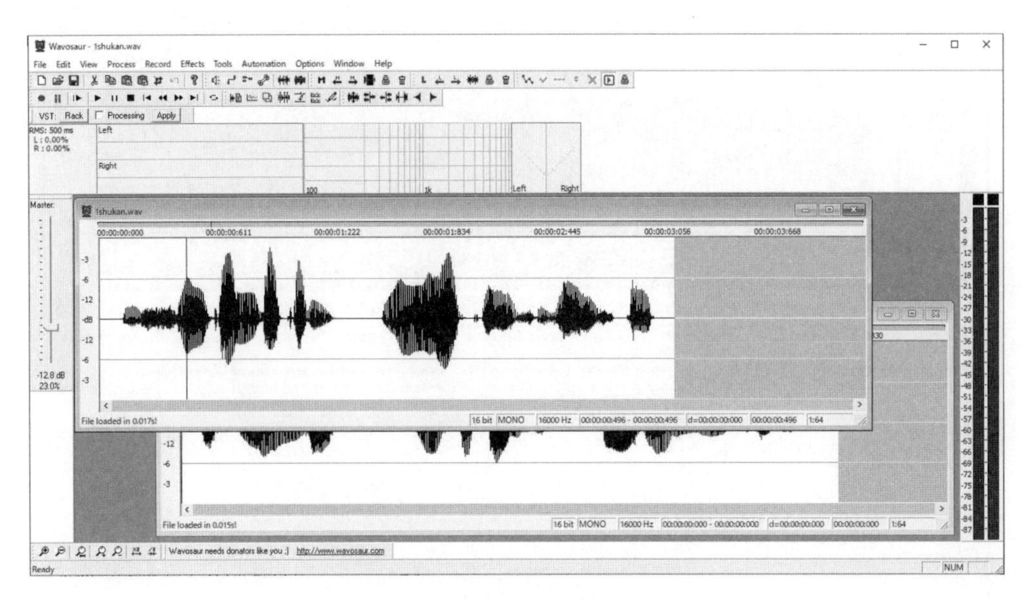

図 4.11　Wavosaur で音声波形の表示

Wavosaur にて録音する操作はつぎのとおり。まず，メニュー［Options|Audio Configuration］を指示して，オーディオ入出力条件を設定する。［Audio Configuration］のダイアログボックスの下側の［Audio in］欄で入力デバイスを選択した後，標本化周波数［Sample rate］として例えば 22 050 と選んでおく（ここに現れる周波数で録音できないこともある）。ついで，録音ボタンの右隣にあるレベル計のボタンを押し込むと，右端にある大形のレベル計の表示が上下に動き，録音準備状態になったことがわかる。この状態で赤丸の録音ボタンを押して発声を開始する（このとき，表示は何も変わらないが，録音は続けられ

ている)。発声を終え，再度録音ボタンを押すと，録音状態が停止し，いま録音された波形が波形ウィンドウに現れる。Wavosaurはデフォルトでステレオ録音するものと思われ，波形ウィンドウには上下２段に（左右チャネルの）録音波形が表示される。再生ボタンを押すと，ツールバーの下にある短区間波形，瞬時パワースペクトル，および左右の広がりを表示しながら，録音した音声が再生される。

〔**編集機能**〕　波形ウィンドウに表示された波形のある区間をマウスドラッグすると，表示が反転し，右クリックのコンテキストメニューが有効になり，切取り（Cut），写取り（Copy），貼付け（Paste），ミクシング（Paste and mix），新規貼付け（Paste in new file）などの操作が可能になる。また，トリミング（Trim crop），マーカ付与（Create Marker），無音化（Mute），振幅調整（Volume）などの機能を利用することもできる。そのほか，メニュー［Process］から，波形逆転（Reverse），上下反転（Invert），チャネル交換（Swap channels），モノラル／ステレオ化，標本化周波数変換（Resample），量子化ビット変換（Bit depth converter），フェードイン（Fade in），フェードアウト（Fade out），人声除去（Vocal remover），レベル正規化（Normalize），無音区間挿入（Insert silence），オフセット除去（DC remover）などの機能を利用することもできる。

〔**分析機能**〕　Wavosaurのメニュー［Tools］には分析機能として，スペクトル分析（spectrum analysis），スペクトログラム（sonogram），三次元スペクトル表示（3D spectrum analysis）の機能が登録されている。なお，これらの分析結果は新たに現れる（大きな）ウィンドウに表示される。

〔**特異な機能**〕　Wavosaurはオーディオ信号用の編集ソフトウェアであるので，特異な機能をいろいろ有している。

・VSTプラグインを組み込むことができる。サイトに，reverb，chorus，vocoderなどのプラグインが用意されている。
・音量包絡線volume envelopeにより音量を調節することができる
・クロスフェードの機能がある
・人声除去Vocal removerの機能は，単に左右チャネルの差を求めるものであろう。

4.11.4 **XMedia Recode（メディアファイル変換ソフト）**

音響装置，あるいは音響ソフトによっては，特定のデータ形式（.mp3，.m4aなど）で音声を録音するものがある。また，ネットなどから入手した音声データが特定のデータ形式であることもある。しかし，使用している音声分析ソフトはそのデータ形式をサポートしていない場合がよく生じる。そこで，特定の音声データの形式をWAV形式など一般的なデータ形式に変換する必要が生じる。XMedia Recodeは，音声（および画像）データのデータ形式を変換するフリーウェアであって，じつにさまざまな入力形式（AudioFile の種類は少ない），および出力形式をサポートしている。（オンライン）ヘルプはドイツ語，もしくは英語であるが，メニューは日本語であり，ほぼ直感的に使用することができよう（**別図 4.27**）。

XMedia Recode で開くことのできるサウンド形式［File Type］は

.aac, .ac3, .mp3, .wav, .ra

のみである（**別図 4.28**）。また，出力できるサウンド形式は，つぎのとおり。

AAC, MP3, WAV, WMA

XMedia Recode では，まず変換したいサウンドファイルを開いて，ツールバーのすぐ下の領域に登録する。ここには，最大 6 個のファイルを登録できる。その後，変換後の［形式］と［保存先］などを指定する。続いて，メニューバーの［リストに追加］のボタンを押し，さらに［エンコード］ボタンを押せばよい。

4.11.5　Moo0 ボイス録音機（ストリーミング音声録音ソフト）

Internet のサイトには，音声や音楽などを（無料で）聴くことができるサービスを提供していることがよくある。動画サイト YouTube などである。そのようなサイトである音声素材を指定して再生ボタンをクリックすると再生が始まるが，音声データそのものはあなたのパソコンに残らず，後ほど使用することはできない。このようにストリーミング再生される音声のデータをパソコンに保存するソフトウェアがストリーミング音声録音ソフトである（**別図 4.29**）。Moo0 ボイス録音機（Moo0 はムーオと読むらしい）は，ストリーミング録音ができるフリーソフト（非営利に限る）であり，データ形式は WAV 形式と MP3 形式をサポートしている。Moo0 の録音精度（標本化周波数，量子化ビット数，チャネル数）は，サウンドドライバからの報告を自動検出して設定しているらしい。WAV 形式の場合，標本化周波数 48 kHz，量子化精度 16 bit のステレオ信号など，十分な精度で録音される（元の音声素材そのものが高い場合）。なお，録音対象として，［すべての PC 音］，［すべての PC 音＋声］，［声のみ］を選択するようになっているが，［声のみ］に設定すると，動物の声などが除外されるようなので注意のこと。

4.11.6　恋　　　声

恋声（こいごえ）は，リアルタイム（若干の時間遅れがあるが）で声の高さ（ピッチ）と声の性質（フォルマント）を同時に変更できるフリーウェアである（**別図 4.30**）。声質の変換に，TD-PSOLA（TD：Time Domain，**PSOLA**：Pitch Synchronous Overlap and Add，時間領域のピッチ同期波形重畳加算）と **Phase Vocoder**（位相ボーコーダ）の二つの方法を選択でき，一人が話す声やソロボーカルの変換にはPSOLAを，多数の音源による楽曲の変換にはPhase Vocoderを使うことを推奨している。WindowsのXP～10で動作し，標本化周波数は44.1 kHzに限られるようだ。恋声は録音機能を備えており，小さなレベル計と，ピッチ分析あるいはスペクトル分析の表示により入力を監視できる。変換された音声は，既定の音声出力系に出力されるとともに，ファイルとして書き出される。ファイルから読み出した音声を変換することも可能である。

PSOLAを選択した場合，ピッチは25％から400％まで，フォルマントは50％から200％までの値を独立に変更できる，代表的な例として，男声を女声に変換する場合はピッチを2倍の，フォルマントを26％増しの周波数に設定する。逆に女声を男声に変換する場合はピッチを半分の，フォルマントを75％の周波数に設定するとしている。

Phase Vocoderを選択した場合，ピッチのみを25％から400％まで変換できる。男声を女声に変換する場合の推奨設定は2倍，女声から男声へは半分の周波数に変換するように設定されている。

4.11.7　SoX（Sound eXchange）

SoXは，DOS窓で実行するコマンドラインプログラムである（**別図4.31**）。本書では，SoXをラベルなし音声ファイルの作成に利用したが，SoXはじつにさまざまな機能を有している。おもな機能はつぎのとおり。

- 録音／再生，時間指定可能
- ファイル形式の変換
- 標本化周波数，チャネル数の変換
- 発声速度の変換
- 低音強調
- バッチファイルの実行，ヘルプの表示

SoXのコマンドはDOS窓で直接タイプインせねばならないので，（ミスタイプすると）やや面倒である。しかし，SoXはバッチファイルを起動できるので，Windowsの［メモ帳］などでコマンド列を記述したバッチファイルを作成しておけば，同じような一連の処理を繰り返す場合に真価を発揮する。

なお，SoXのコマンド形式はバージョンによって異なる場合があるらしく，日本語で解説された（古いバージョンの？）コマンド形式ではエラーが出ることがある。使用するバージョンに付属の（英語の）マニュアル（42ページ）を参照のこと。

5. 音と音声

この章では**音**とはどういうものか，基本に戻って説明する。つぎに，音を**波形**として表現する方法を説明する。ついで，音をディジタル化する際の基本事項として，標本化周波数と**量子化ビット数**について説明し，ディジタル化の際に注意すべき事項を述べる。さらに，ディジタル化に際して標本化周波数と量子化ビット数が，音質にどのような影響を及ぼすかを，簡単な実験を通じて理解してもらう。

5.1 音の基本知識

5.1.1 音

まず初めに，**音**について基本的な事項を整理しておく。「そんなのわかっているよ」というかもしれないが，案外誤解があるようだ。音は空気の振動である。空気はそれ自体を見ることができないから，音も見ることができない。これが，音がどのようなものであるかをわかりにくくしている。

ゴム風船や，自転車の空気入れを思い浮かべればわかるように，空気は弾性体である。ゴム風船を押すと圧力を感じ，急に離すと元に戻ろうとする。なんらかの力で空気が押されたり引っ張られたりして，疎(まば)らなところと密なところができると，周りの空気もそれに影響され，それがしだいに周りに伝わっていく（このような波を**疎密波**という）。

図 5.1 は，理想的な点状の音源（例えば，人間の口，ラウドスピーカ，などの音源の大きさを無限小にしたもの）から音が広がっていく様子を（二次元で）示したものである。暗い灰色の箇所が空気の密度が高いところ，白い個所が空気の密度の低いところである。図のように，音は音源を中心にして，球状（図では，円状）に外側に広がっていく。なお，このように球状に音が広がる波を**球面波**，そのような音源を**点音源**と呼んでいる。

図 5.1 は，ある瞬間の音の様子を示したものであり，つぎの瞬間には，音源の状態が変化（密から疎，疎から密の状態へ）し，音の様子も変化してしまう。この様子を，平面波を用いて説明しよう。

図 5.2 は，音が平面状（進行方向と同じ方向）に広がる場合の，疎密波の伝搬の状況を示している。このような波を**平面波**と呼んでいる。最上段は，時刻 t における音波の状況を示しており，中段は，その Δt 後の状況である。最下段は，さらに Δt 後の状況である。密な箇

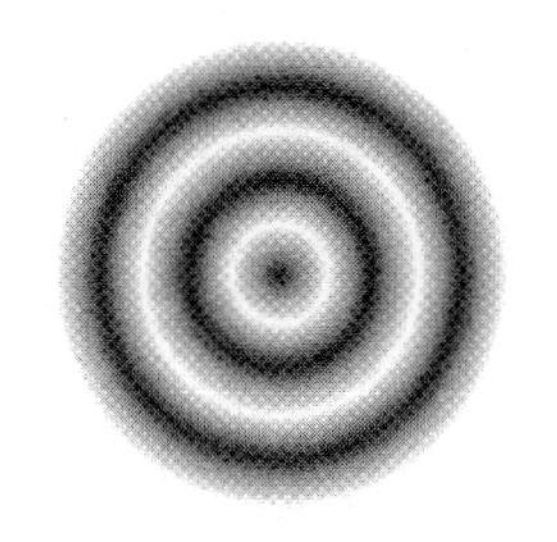

図 5.1　点音源からの疎密波の広がり

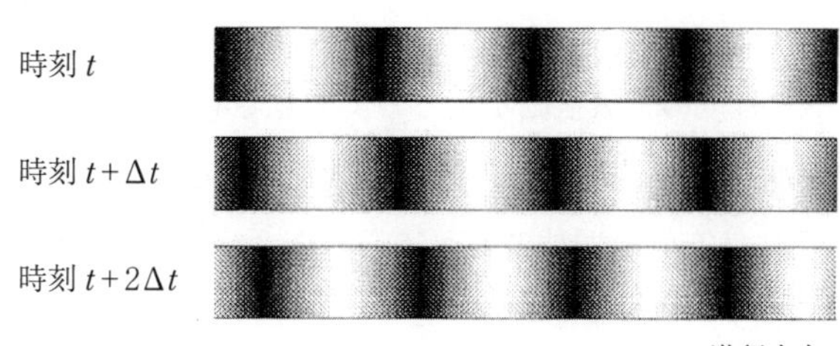

図 5.2　平面波の伝播の様子

所（図で色の濃い箇所）が時間とともに，右方向（伝播方向）に移動していることがわかる。

実際には，点音源も，平面波音源も存在しないが，音の波長（1 kHz で 34 cm）に比べて十分小さい音源は点音源，波長よりきわめて大きいバッフルに組み込まれた平板状の音源は平面波音源とみなすことができる。実際の音源（ラウドスピーカや口）は点音源と平面波音源の間のような特性を示し，かつ発生させる周波数によって，伝播する方向が異なる（**指向性**という）。さらに，音が伝播する経路上にはいろいろな妨害物があったり（妨害物がなにもない空間を，音響学の世界では**自由空間**と呼んでいる），音を吸収する物があったりして，球面波状，あるいは平面波状の音は反射，回折，屈折，減衰しながら複雑に伝播していく。

音を特徴付ける因子として，「大きさ」，「高さ」，「音色」があり，これをあわせて**音の三要素**と呼ばれている。まず，音の大きさ（正確には強さ）について考えよう。音は，空気の圧力が高いところと低いところが時間的に変化するものということができる。平常時の大気圧は 1 気圧（ = 1 013 ヘクトパスカル〔hPa〕 = 1 013 ミリバール〔mb〕）だが，音の大きさ（正確には，音圧）は，それよりはるかに小さなマイクロパスカル，あるいはマイクロバール単位で表現される。例えば，普通の人が聴くことのできる最小の音圧（最少可聴音圧）は 20 マイクロパスカル〔μPa〕である（これを，音圧レベルで 0 dB とする）。すなわち，音というのは約 1 気圧という直流分に重畳した交流分の圧力変動というわけである（電気関係の知識のある方には，この説明のほうがわかりやすいであろう）。その交流分の実効値（二乗平均平方根）が音圧というわけである。空気振動の大きさがある限度（120 dB）以上に大きくなると，人間には音ではなく，痛みとして感じられるようになる（音響兵器では 153 dB に達する）。

音の大きさ（ラウドネス，聴覚的な音の強さ）は，最少可聴音圧である 20 μPa に対する音圧のデシベル（dB）値を，周波数ごとの聞こえの違い（等ラウドネス曲線）を補正したもので，**フォン**という単位で表される。なお，騒音レベルは，到来する音の音圧を周波数により荷重（A 特性）をかけて平均したホン（dBA と同等）という単位で表されていたが，現在はこれを**デシベル**（カタカナ表記し，dB とは記さない）と表記している。

つぎに，**音の高さ**について説明する。空気の疎密の振動の速さがある範囲の値になると，人間には音として聞こえるようになる。具体的には，1秒間に20～2万回（20 Hz～20 kHz）程度の空気振動が音として知覚される。それより速い振動は，**超音波**と呼ばれ，人間には聞こえず，ある種の動物（コウモリなど）は聞くことができる。20 Hzより低い音は，人間には空気の振動のように感じる（ハト類は，**超低周波音**を聞くことができる）。音の高さに関する感覚量を**ピッチ**という。しかし，ピッチという語は，ピッチ周波数（基本周波数のこと）やピッチパターンというように，音声生成の際の特性に対しても用いられる（むしろ，こちらのほうが多い）。ピッチ（感覚）は，提示された音に含まれる周波数成分の多寡によって決まるもので，物理量である周波数と単純な関係にはならない。

音色（ねいろ，おんしょく）は，大きさと高さが同じ二つの音が異なる感じに聞こえる場合に，その違いに対応する属性とされている（JISによる）。音色の違いは，二つの音に含まれる周波数成分の相違によるものであるが，それを定量的に説明することは難しい（例えば，ピアノの音を録音し，時間的に反転させた音を作ると，周波数成分は同一のはずだが，まったく異なる音に聞こえる。本書で取り上げたフリーソフトのうち，Audacity，WavePad，WaveSurfer，音声工房などには逆方向再生の機能が具備されているので，各自試されたい）。さらに，定常的でない音や，時間的に急激に変化する音に対しては，音色を表現することはきわめて難しい。音楽の分野では，時間的に変化する準定常的な音に対して，クレッシェンド（だんだん強く），アッチェレランド（だんだん速く），などさまざまな表現を用いている。

5.1.2 音 の 波 形

前項で述べたように，音は疎密波であって，波の振動方向が伝播方向と一致する（このような波を**縦波**と呼ぶ）ので，模式的に表現するのはきわめて難しい。そこで，音の振動の状況をわかりやすく表現する工夫（横波のように描く）がなされた。これが**波形**である。音は音響電気変換器（空気振動である音響信号を電気信号に変換する器械。マイクロホンなど）により電気信号に変換され，増幅，伝送，記録（録音）などの処理を施される。したがって，電気信号をオシロスコープで波形表示するのと同じように，音を波形表示するのが普通である。つまり，音の伝搬方向に対して直角に振動方向を取って表現する。具体的には，横軸に時間を取り，縦軸には音の圧力を取る。縦軸の中央線は，静圧すなわち大気圧に相当する。

図5.3は，（正弦波的に変化する）疎密波に対して，密なところを波の山に，疎なところを谷に対応させて波形を描いたものである。図の例では，一定周波数の音（これを，**純音**という）を正弦状の波に対応させている。電気信号に変換された音は，パソコンのサウンドデバイスに取り込まれて，ディジタル的な数値の並びに変換される。この数値の並びをパソコン画面で表現するのに，数値そのものではなく，（アナログ的な）波形として表現するのが普通である。具体的には，一定時間ごとの音圧（厳密には，時々刻々の音の圧力。**瞬時音圧**

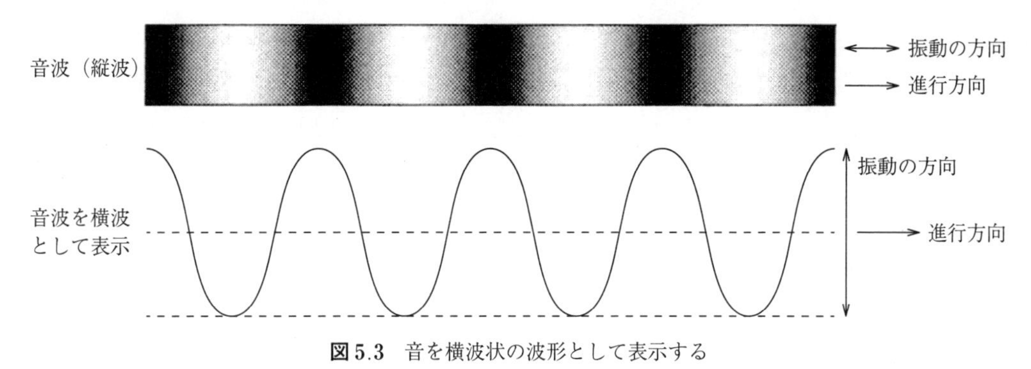

図 5.3 音を横波状の波形として表示する

という）に相当する数値を折れ線で結んで表示する（一部サウンドソフトでは，折れ線でなく点，あるいは縦棒として表すものもある）。このようにして，純音（一定周波数の音）の波形は，正弦波のように描かれるわけである。

実際には，人間が発声している音声，あるいはマイクで収音された音に対して，実時間でその波形を表示しても（オシロスコープという機械がこの役目を果たす。最近のコンピュータは性能が向上したので，オシロスコープの機能を搭載したものもある），変化が激しすぎて，細かいところまで観測することはできない。そこで，ある長さの音をいったんパソコンの記憶装置に取り込み，のちほど波形を静止させて観測するという方法を採っている。

5.1.3 サウンドソフトにおける波形の表示

サウンドソフトでは，いったんある長さ（5 秒とか 5 分とか）の音をパソコンに取り込み，取込みを終えてから，取り込まれたデータをある大きさの窓の中に波形として表示している。中には，ある長さの録音済みの音に加えて，それに続く波形をオシロスコープ状に表示する機能を有するものもある。パソコンの横軸の表示点数は多くて 4 000 程度（4 K と呼ばれるモニタ）であり，音の数値データは，例えば 16 000 個／秒（標本化周波数 16 kHz）であるので，すべての時間点ごとの標本値を表示するわけにはいかない。そこで，長い音声データの場合は，時間点を間引いて表示している。具体的には，1 秒 16 000 個のデータを 1 000 点に表示する場合は，16 個中の 1 個を表示し，16 秒のデータなら 160 個に 1 個を表示するようにしている。実際には，単純に間引くわけではなく，対象区間における最大値，あるいは最小値を取り出す場合もある。縦軸方向についても事情は同じである。モニタの縦方向の解像度は，高くて 2 200 程度（4 K モニタの場合）であるが，5.3.3 項で説明するように，音の標本値は 65 536 種（16 ビット量子化の場合）とそれよりずっと大きい。よって，窓の縦方向のドット数に応じて，振幅値を丸めて表示点としている。このような結果，音声データが長くなるにつれ，あるいは表示する窓が小さくなるにつれ，音声波形というより波形包絡（波形の外形をなぞっていったような図形）が表示されるようになる。

そこで，サウンドソフトでは，横（時間）方向，および縦（振幅）方向にズーム（拡大表示）したり，波形の一部を表示したりする機能を備えている。さらに，全体の音声データの中で表示する部分を移動させる（スクロール表示）機能を付け加えている。各サウンドソフトにおける波形表示の詳細については，6.1 節で詳述することとして，ここでは波形表示法を概観することとする。

〔1〕標本点の表示

各標本点は，その時間および振幅位置に（●や■の）印を配置するするソフト（Audacity，Wavosaur，Raven Lite など）もあるが，多くのソフトでは特に印を付さず，前後の標本点との折れ線の曲り点として認識できるものが多い。中には，横線で表示して，前後の標本点と結んで階段状に表示するソフトもある（WaveSurfer，SASLab Lite）。

〔2〕基　　線

標本値 0 の標本点を結んだ横線である基線を表示するソフトが多いが，中には表示しないソフトもある（SoundEngine，SFS/WASP，SFSWin，SASLab Lite）。音声編集において，できるだけ振幅の小さな標本点を見つけるために，基線が表示されているほうが望ましいが，派手な色や太い基線は目立ってしまい使いにくい。なお，基線は上下枠の中間に配置するのではなく，音声データに含まれる最大／最小標本値により変化するソフトもある（Pratt。設定により変更可）。

〔3〕縦軸の座標値

音の（瞬時）振幅に相当する縦軸の座標値を表示する方法は，各ソフトでいろいろ異なる。すべてのソフトが，縦軸を線形で表現しており，オプションにより対数軸に変更できるものもある（Audacity）。中には，線形軸でありながら，座標目盛りを dB 単位に付しているソフトもある（SoundEngine，WavePad）。

波形表示域の上下の枠は，最大／最小の瞬時振幅に対応し，そこに座標値として ± 1.0（Audacity，Praat，Wavosaur），± 0.0 dB（SoundEngine，WavePad），± 32 768（SFS/WASP，SFSWin，WaveSurfer，音声工房）などと記している。なお，基線には，上記に対応して，0.0，－inf dB（マイナス無限大のこと），0 と記している。ソフトによって，± 100，± 50，± 100 %，と記しているものもある。

〔4〕座標値と音圧レベルとの対応

上述のように，サウンドソフトの波形表示域の縦軸がさまざまな座標値で表記されているのは，絶対的な音量（音の強さ，音圧レベル）を示すことができないという理由による。つまり，サウンドソフトに与えられる音のデータは，（感度が未知の）マイクロホンからの信号が，ある割合（増幅度）増幅されて AD 変換器に入力されてディジタル化されたものであって，AD 変換器の変換特性（入力電圧と出力符号値との関係）もサウンドソフトには知らされていない。

ここでは，音声波形の座標値が，実際にはどの程度の音量に相当するか求める方法を紹介する。使用するパソコン，マイクロホンを含む音響系，およびサウンドソフト（録音編集ソフトなど大形のレベル計を備えたものが望ましい）を用意し，通常使う位置にマイクを配置し，適当な単語（「あかさか」，「わかやま」など，開母音からなる単語が適する）を通常の大きさの声で発声して，適正レベル（例えば，−6 dB）までレベル計が振れるよう音響系などを設定する。その際，音響系の設定レベルを記録しておくこと。

ついで，上記マイクのすぐそばに騒音計（騒音計がない場合の対処法は後述する）を配置し，同じように単語を発声し，騒音計の指示値（x dB とする）を読み取る。騒音計は（設定した聴感補正特性の）絶対的な**音圧レベル**（sound pressure level）を表示するから，パソコン音響系の −6 dB が音圧レベルの x dB SPL に相当することがわかった。音響系の設定レベル，および口からマイクまでの距離が同じであるなら，それ以降発声した音声の音圧レベルの概略値を表示波形（あるいは，その実効値）から読み取ることが可能になる。例えば，表示波形の実効値が 0.5（上枠が 1.0 の場合），あるいは −6 dB（上枠が 0.0 dB の場合）であれば，入力音声の音圧レベルは x dB であり，表示波形の実効値が 0.25，あるいは −12 dB であれば，入力音声の音圧レベルは（x −6）dB である。

上では，騒音計を併置することによりパソコン音響系を較正する方法を示したが，一般的には騒音計を手軽に入手できない。スマートホンのアプリに，「騒音測定器」，「Sound Meter」などと記されたものがあるが，筆者の実験では（較正しないと）ほとんど使い物にならない結果になった。その実験では，発声者の口，あるいはスピーカから 30 cm の位置に騒音計（リオン SA-20）と Android スマホ（アプリは，3 種）を設置して，音声あるいは雑音（Brownian noise）を送出して，それぞれが示す音圧レベルを測定した。音声に対する結果では，スマホの騒音計アプリは，実際の騒音計より 10 ～ 20 dB 低く，ブラウン雑音を音源とした場合は，スマホは 18 ～ 30 dB 低い値を示した。なお，iPhone（＋騒音計アプリ）を用いた場合の正式な測定は実施していないが，Android より誤差は小さいようである。ここでは，スマホの騒音計アプリを使うよりは精度が高い，簡易な較正法を紹介しよう。

人間の発する声の大きさは，個人差，性別差，年齢差があり，かつ発声する内容や環境によっても変わってくる。しかし，朗読を意識した発声では，音量の差はかなり小さくなり，発声者の前方 30 cm で 70 ～ 75 dB 程度である（筆者は 75 dB であった）。前述のパソコン音響系において，30 cm の距離のマイクロホンに向かって開母音の単語を発声し，サウンドソフトに録音された音声データの実効値が，自分の声がやや小さめなら 70 dB，大きめなら 75 dB であるとみなすのである。乱暴な仮定のように思えるが，上述の騒音計アプリと騒音計との誤差に比べれば，かなり小さいのである。

5.2 音声の特徴

本書では，哺乳類に限らずいろいろの動物が発する音を**音声**と呼んでいるが，ヒトが発する音声を想定する場合にも音声という語を使用している。ここでは，ヒトが発する音声に限定して話を進める。ヒトの音声には，言語により若干の違いがあるかもしれないが，時間的構造の点でも周波数構造の点でもじつにさまざまな音が含まれている。かつ，そのさまざまな音が時間的に激しく変化して，われわれの音声を形作っている。その多様性と時間変化性が豊かな言語を支えているともいえる。

いろいろな動物の音声と比較して，ヒトの音声に倍音が多く含まれるのは，声門における音源波を口腔（および鼻腔）という共鳴管でさまざまな特性に変調しているからであり，人間の発声器官が著しく進化したことの結果である。逆にいえば，音声合成とか音声認識という人間の機能を精度高くまねることが，それだけ難しくなっている。

音声は発声器官と聴覚器官を橋渡しするものであり，両器官はたがいに関連を有している。音声知覚の分野で**モータセオリー**という仮説があり，音声の知覚は単に音響的な情報だけでなく，音声がどのようにして生成されたかを考慮してなされているとされている。例えば，日本人が英語の“l”と“r”を識別できないのは，自分でそれらを区別して発声できないからだといわれている。また，単に（ラジオなどから）音声だけを聴くよりも，発声者の口元を見ながら聞くと了解性が上がるのも，モータセオリーが関係しているのであろう。

われわれが聴く音声は発声者から直接到達するものだけでなく，各種の通信機器を経由して届くものもある。さらに，音源からわれわれの聴覚器官（耳）に到達する際に，途中の空間（**音場**，「おんじょう」と読む）の影響を受ける。また，到来する音をマイクロホンで収音する場合は，音場の情報が失われ（両耳で聴くという頭部内の信号処理が不可能になり），かつ録音系の特性が付け加わったものになる。

本書では，なんらかの方法で「録音」された音声（かつ，モノラルで）を扱うが，われわれの周りには生の多様な音声が充満していることに注意してほしい。例えば，**カクテルパーティー現象**（多人数が談笑していて雑音レベルがかなり高いのにもかかわらず，自分の相手の声はきちんと聞き取れる現象）を実行する器械の実現には，音場，聴覚，心理など多方面の分野の研究が必要であろう。

5.3 音のディジタル化

5.3.1 ディジタル化とは

マイクロホンで収音された音は電気信号に変換され，パソコンのサウンドカードでアナログ信号からディジタル信号に変換（アナログ－ディジタル変換，**A－D 変換**）される。なお，パソコン内のディジタルの音声データを可聴信号のアナログ信号に変換する（ディジタル－アナログ変換，**D－A 変換**）のも，サウンドカードで行われる。

アナログ信号をディジタル変換するという処理には，時間的なディジタル化である**標本化**（サンプリング）と，振幅値のディジタル化である**量子化**の処理が含まれる。

従来，アナログ信号である音をマイクロホンで音響電気変換した後，アナログ信号のまま磁気信号に変換したり（磁気録音），瞬時振幅に対応する幅の溝として記録（アナログレコード）していた。ディジタル技術の進展に伴い，音声をディジタル信号に変換した後，蓄積するディジタル録音が，性能的にも価格的にも有利になってきた。一次元のアナログ信号をディジタル化するには，標本化（サンプリング）と量子化という二つの操作が必要になる。

5.3.2 標本化（サンプリング）

標本化というのは，アナログ信号のときどきの瞬時振幅を時系列的に抽出することであり，標本を取得する時点を一定間隔とする均等間隔標本化と，標本化する時点の間隔が一定でない不均等間隔標本化の方法がある。音声信号（の波形）は，変化が極度に激しい部分があったり，ほとんど変化しない部分があったりするので，変化が大きい箇所は短い間隔で，変化が小さい箇所は長い間隔で標本化するなど，不均等間隔で標本化することにはメリットがある。この不均等間隔標本化と原理的に酷似しているのが，スーパーオーディオ CD で採用されている **DSD**（direct stream digital）という符号化法で，2.8/5.6/11.2 MHz という超高速で標本化し，音の変化を 1 bit で表す方法である。なお，原理的には DSD は古くからある **PDM**（**パルス密度変調**：pulse density modulation）方式と同一である。

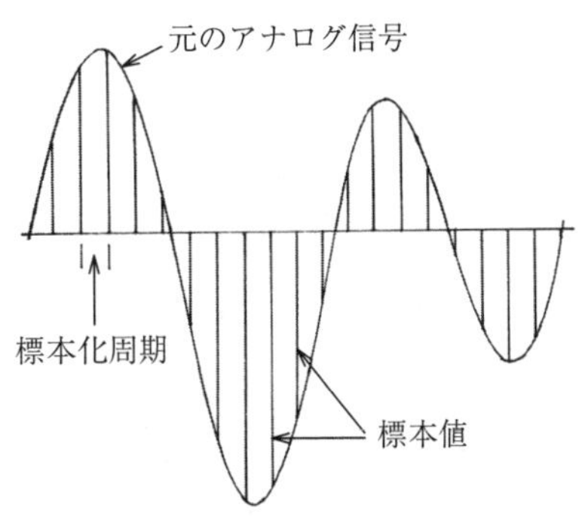

図 5.4　均等間隔の標本化

DSD を除いては，均等間隔で標本化する方法が一般的である。**図 5.4** に，元のアナログ信号から一定時間ごとに標本値を取り出す様子を示す。この一定時間のことを標本化周期（サンプリングレート）といい，その逆数である，1 秒間に何回標本化するかの値を**標**

本化周波数という。標本化周波数は，対象とする信号に含まれる最高周波数成分の 2 倍（以上）の値にする必要がある。音楽信号の周波数帯域はほぼ 20 kHz なので，CD（コンパクトディスク）ではその 2 倍強の 44.1 kHz で標本化されている。電話の場合は，帯域幅の狭い音声を対象としているので，3.4 kHz で低域ろ波（濾波）し（3.4 kHz 以下の成分のみを通す）8 kHz で標本化している。

音楽信号を高音質で蓄積・再現するために，96 kHz，あるいは 192 kHz という高い周波数で標本化する場合がある。**ハイレゾリューション音源**などと呼ばれているのが，それにあたる。

5.3.3 量　子　化

一方，量子化というのは，標本化された瞬時振幅値を，あらかじめ設定した複数の値のうちの最も近いものに割り当てる処理をいう。等間隔で標本化し，振幅をこの方法で量子化する符号化法が **PCM**（**パルス符号変調**：pulse code modulation）と呼ばれる符号化法である。あらかじめ設定する複数の値が，一定間隔（例えば，電圧で）の場合と，そうでなく不均一にする場合とがある。前者を**線形量子化**，後者を**非線形量子化**という（**別図 5.1**）。

パソコンのサウンドカードの場合は，通常線形量子化（リニア PCM と表記される）の方法が使われている。電話の場合は，（情報圧縮するために）非線形量子化の方法が使われている。非線形量子化の場合，量子化の非線形特性として，μ（ミュー）法則（ギリシャ文字の μ は ASCII コード表に定義されていないので，その形に似た “U” が代わりに使われることがある），A 法則などと呼ばれる特性が使われている。非線形量子化では，信号の振幅が小さい箇所ほど，量子化ステップを小さくするのが通例である（これは，音声の瞬時振幅値の頻度分布が，小さい振幅値に集中していることに基づく）。

量子化において，あらかじめ設定した複数の値の数のことを**量子化精度**，あるいは**分解能**と呼ぶ。この数（あるいは，量子化精度）が多いほど，精度よく量子化することになる。量子化精度は，8 bit，16 bit，24 bit というように，通常ビット数で表現される。

最近のサウンドデバイスの量子化精度は，ほとんどが線形の 16 bit（あるいは，24 bit）になっている。つまり，瞬時振幅を 65 536（2 の 16 乗）種の値のうちのどれかの値に割り当てるのである。音信号は，平均値からプラスマイナスに振れる交流信号であるから，65 536 種の値は，通常 −32 768 ～ 0 ～ 32 767 の範囲の値を割り当てている（符号値を 2 の補数形式で表現するために，10 進ではこのような値になる）。

また，高音質の音楽信号に対しては，24 bit，あるいは 32 bit という高い分解能で量子化する場合がある。これは，ハイレゾリューション音源などと呼ばれている。

5.3.4 ディジタル化に際しての注意

ここで，音信号をディジタル化する場合の注意事項について述べる。

〔1〕**オーバフロー（過大入力）**

入力許容レベル以上のレベルの信号を入力すると，絶対値が許容レベル以上の部分が切り取られた状態で取り込まれる。そのようにして取り込まれた音信号は，ひずみが加わり，品質が劣化する。

オーバフローを生じさせないで取り込むには，サウンドソフトの録音レベル表示，あるいはディジタル録音機のレベル計において，黄色の表示がたまに点灯する程度にボリュームを合わせればよい。赤色の表示（あるいは，OVERの表示箇所）が出ると，オーバフローしている（**図5.5**参照）。従来のDATデッキでは，通常－12 dBの箇所にマークが付いていた。（変動の大きい）音声信号を入力する場合，レベルの大きな音声部分でこの－12 dB程度まで振れるように設定していた。

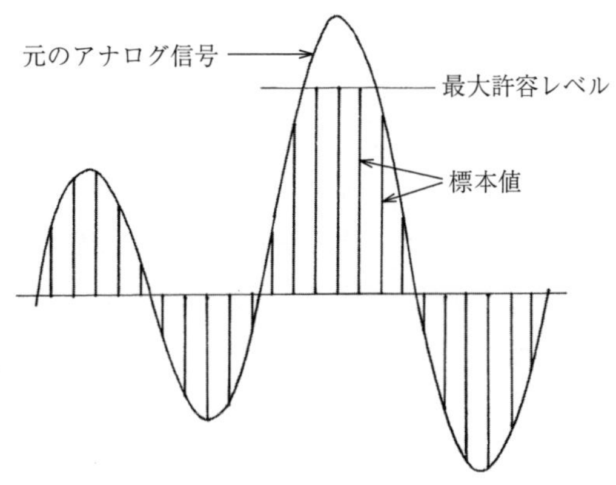

図5.5　オーバフローした波形

以前のパソコンではCPUの処理能力が低いので，処理負荷をかけないように簡単なレベル計しか備えられていなかったが，最近は処理能力の高いCPUを備えたパソコンが用いられるので，カラー表示の大きなレベル計を備えたソフトウェアが増えている。例えば，SoundEngine Free（4.2節参照）には，巨大なレベル計が付いている（**別図5.2**）。サウンド信号が入力されていない状態では，0.0～－3 dBの範囲はえんじ色，－3～－6 dBの範囲に緑がかった茶色，－6 dB以下は薄緑～濃緑色になっている。配色からわかるように，－6 dB以下の緑の部分に収まるように入力することを指示している。信号入力時は，その瞬時レベルに応じてレベル計の色が変化し，－6 dBを超すとその部分が黄色に，さらに－3 dBを超すと赤色に変化する。ここで，0 dBというのは，（実効値ではなく）瞬時振幅が最大許容値（16 bitの場合，32 767あるいは，－32 768）に達したということである。

昔のテープデッキなどの録音器のレベル計（あるいはVU計）では，0 dBというレベルは，それ以上ではひずみが大きくなるという要注意レベルであり，＋6 dB程度までは許容された。しかし，上述のようにディジタル録音系では，0 dB以上の入力信号は波形がクリップされ，きわめて大きなひずみをもたらすことになる。

オーバフローは，パソコンのサウンド入力系の入り口だけで生じるものではない。マイクロホンの出力を複数のアンプで増幅してパソコンに入れる場合，ときにはその中段で生じることもある。例えば，頭がクリップされたような波形が観測されたら注意が必要である（**別図 5.3**。サウンドソフトによっては，オーバフローしていることを示す機能を具備したものもある）。

〔2〕**低域ろ波器（ローパスフィルタ）**

5.3.2 項で述べたように，標本化周波数は含まれる最高周波数成分の 2 倍以上の周波数でなければならない。いまディジタル化しようとしている信号に標本化周波数／2（これを**ナイキスト周波数**という）以上の周波数の成分が含まれている場合には，ナイキスト周波数以上の成分をあらかじめ**低域ろ波器**で除去しておく必要がある。

通常のサウンドソフトでは，標本化周波数を設定すると，適切な**ローパスフィルタ**（ディジタル演算によりフィルタを実現するもので，**ディジタルフィルタ**と呼ばれる）が働くように自動設定されるので，上述のような問題は生じない。プロ用の機材で，低域ろ波器と A-D 変換器を個別に接続する系では，十分注意する必要がある。

標本化に際し，ナイキスト周波数以上の成分が含まれる場合，**折返しひずみ**（**エイリアシングひずみ**）というひずみが生じ，ナイキスト周波数以上の成分が，帯域内に混入するという雑音が加わることになる。このような観点から，上で説明した低域ろ波器のことを，**アンチエイリアシングフィルタ**とも呼ばれている。

〔3〕**オフセット**

A-D 変換に際して，入力の電気信号の 0 レベル（グラウンド）が，正しく数値 0 に変換されず，プラスあるいはマイナス側にずれている現象を，**オフセット**（あるいは，DC オフセット）という。オフセットがあると，波形が上下どちらかにずれて表示される（Pratt では，オフセット量を明示している）。それほど大きなオフセットでなければ，聴感上はあまり問題にならないが，音声分析などの処理を行う場合には問題になることがある。例えば，発声の開始点を検出するのに，信号のパワー（瞬時振幅の自乗和）を用いることがよくあるが，オフセットがあると無音区間でもパワーの値が大きくなり，パワーの小さい音声の開始点を検出できないことになる。

オフセットは，サウンドカードの特性によって生じるもので，ユーザが調整するわけにはいかない。そのようなわけで，オフセットはサウンドカードの性能を評価する重要なポイントになっている（その他の性能評価点としては，非直線性，ドリフト，残留雑音，などがあるが，詳しいことは専門書を参照してほしい）。オフセット除去の機能は，ソフトウェアに組み込まれている（ファイル全体，あるいはある長さの区間の瞬時振幅の平均値を，各瞬時振幅から差し引く）場合が多いので利用するとよい。

5.3.5 アナログ信号に復元する際の注意

ディジタル化された音声信号をアナログ信号に復元する際にもいくつかの注意事項がある。

〔1〕復標本化周波数

ある標本化周波数でディジタル化した信号は，同じ周波数（この周波数を**復標本化周波数**という）でアナログ信号に復元する必要がある。復標本化周波数が標本化周波数より大きいと，原音よりも発声速度が早く，音の高さが高くなる（録音テープの早回し状態）。逆に，復標本化周波数が標本化周波数より低いと，発声速度が遅く，音の高さが低くなる（テープの遅回し状態）。

WAV ファイルの場合は，データ前方のラベル部分に標本化周波数が記されており，それと異なる周波数で復元することはまずない。しかし，ラベル領域がなく，標本値データのみからなるファイル（.dat，.raw，.pcm などの拡張子が付された形式のファイル）では，そのデータだけから標本化周波数などのディジタル化条件がわからない。したがって，上記のような問題が生じる可能性がある。ラベルなし形式のサウンドファイルを扱う場合は，標本化周波数を記したフォルダに格納するなど，ユーザ自身が管理する必要がある。

〔2〕低域ろ波器（ローパスフィルタ）

ディジタル化された音声信号をアナログ信号に復元する際にも，D-A 変換された信号を低域ろ波器に通す必要がある。遮断周波数として，ナイキスト周波数（復標本化周波数／2）に設定する。この**低域ろ波器**（これを，**スムージングフィルタ**という）を入れないと，帯域内に高域成分が折り返したような信号が再生され，高周波域に雑音が加わった音になる。通常のサウンドカードの場合は，復標本化周波数を設定すると，適切なローパスフィルタが働くように自動設定されるので，このような問題は生じない。

5.4 音声ディジタル化と音質

ここでは，最も基本的な PCM（パルス符号変調）方式で音声をディジタル化する場合に，ディジタル化条件が音質にどのような影響を及ぼすかを，簡単な実験をしながら調べてみよう。なお，本実験に用いる元の音声データおよび実験結果の音声データは，サンプル音声データ集†に収録されている。音声サンプル集には WAV 形式の音声データが格納されており，各音声データの属性情報（標本化周波数，量子化ビット数，チャネル数，音声長など）は，（エクスプローラの［プロパティ］表示では十分ではなく）SoundEngine などの音声録音編集ソフトで表示することができる。

---

† コロナ社ホームページ http://www.coronasha.co.jp/np/isbn/9784339009163 の関連資料にて公開。zip 圧縮の解凍用パスワードは D9S1P6T。

5.4.1　標本化周波数と音質

音声をディジタル化する際の標本化周波数による音質差を確かめる実験を行う。ある女性の声優 FYE（女性を表す F に，イニシャル YE を付して発声者を記す。以下，同じ）が「1 週間ばかりニューヨークを取材した」という短文を発声したデータを用いる。DAT（ディジタルオーディオテープ）に録音した。元の広帯域音声（48 kHz，16 bit）を繰返し再生しながら，いろいろの標本化周波数で録音し，その結果をサンプル音声データ集の［SamplgF］という名前のディレクトリに収めてある（**表 5.1**）。

表 5.1　種々の標本化周波数でディジタル化した音声データ

標本化周波数〔kHz〕	ファイル名
44.1	1shukan.44k.wav
32	1shukan.32k.wav
22.05	1shukan.22k.wav
16	1shukan.16k.wav
14	1shukan.14k.wav
12	1shukan.12k.wav
11.025	1shukan.11k.wav
10	1shukan.10k.wav
8	1shukan.08k.wav
6.4	1shukan.064k.wav
5	1shukan.05k.wav
4.8	1shukan.048k.wav

各音声データを受聴することにより，標本化周波数（よって，再生帯域）を下げていくに従って，音質がどのように変化（劣化）するかがわかるだろう。16 kHz までは原音とほとんど変わらない音質であるが，それ以下では了解性は保たれているものの，自然らしさ（肉声らしさ）が徐々に損なわれてくる。8 kHz 以下では，了解性も低下するであろう。

5.4.2　量子化ビット数と音質

音声のディジタル化に際して（最大の）量子化ビット数を指定することはできるが，実際に何 bit 使用するかまでは指定できない。サウンドカードの許容入力レベルに比して小さいレベルの音声信号を入力すると，少ない量子化ビットでディジタル化されてしまう。ここでは，パソコンの処理により，少ない量子化ビットでディジタル化された場合の音声を作成し，比較受聴して，ディジタル化におけるレベル設定の重要性を実感する実験をする。

サンプル音声中にある MNI 発声の 1shukan.wav（［MNI］のディレクトリ）を使うことに

する。まず，この音声ファイルをハードディスクの適当なディレクトリ（例えば，ドキュメント¥ビット数）にコピーしておく。サウンドソフトとして，SoundEngine を使うこととする。SoundEngine で，まずこのデータを開く。［拡大］ボタンを 3 度押して，波形全体を大きく表示させる。

ここで，SoundEngine における縦座標の意味を説明する。最上部と最下部の縦座標値は 0 dB になっており，ちょうど真ん中は －Inf dB とある（－∞ dB のこと）。すなわち，16 bit の音声ファイルの場合，正の最大瞬時振幅値 32 767 を最上部の 0 dB に対応させ，負の最大振幅値 －32 768 を最下部の 0 dB に対応させているので，基線の瞬時振幅値 0 は，dB 表示すると －∞になる。基線と最上部（最下部）との間は，線形に目盛りを振っており，中間の －6 dB は瞬時振幅にして 16 384 にあたる。

この音声データは，ある時間点で縦座標値 －6 dB より上下に広がっているので，量子化精度は 16 bit をフルに使っていることがわかる（16 384 ～ 32 767 の間の瞬時振幅値を持つ標本があるから）。ここでは，このデータから，14，12，10，8，6 bit で量子化したデータを作成することとしよう（作成結果は，サンプル音声集の［QBit］ディレクトリに収容してある）。

SoundEngine に読み出した 1shukan.wav に対して，メニューから［音量｜ボリューム（音量調整)］を指示し，［ボリューム（音量調整)］のダイアログを表示させる。中ほどにある［音量］のボックスに［－12.0 dB］（各瞬時振幅を 1/4 にすること）を入れて［OK］ボタンを押す。そうすると，波形表示ウィンドウに表示されていた波形の上下幅がほぼ 1/4 になり，上下 －12 dB の枠に収まるようになった。ついで［ボリューム（音量調整)］のダイアログを表示させ，今度は音量を［12.0 dB］にする。これで，ほぼ元の波形と同じように表示され，これを 1shu_14b.wav という名前で書き出す。

ここで，元の音声データ 1shukan.wav と処理後の音声データ 1shu_14b.wav を試聴しよう。違いが聞き取れたであろうか。ほとんどの人は（きわめて聴覚の鋭い方を除いて）同じように聞こえたであろう。12 dB 減衰させて，12 dB 増幅させたのだから，一見，元の信号に戻ったふうに思えるかも知れない。アナログ信号の場合はほぼ元に戻る（じつは，SN 比が劣化する）が，ディジタルの場合は元に戻らない。12 dB 減衰させた時点で，下位 2 bit の情報が失われ，12 dB 増幅しても失われた情報は復元しないからである。

これを目で確かめよう。この音声データの中ほど（約 1.4 秒の時間点から）に，基線のみ表示されている，約 200 msec ほどの長さの無音区間がある。二つの SoundEngine を起動し，両方のデータを表示させた状態で，この無音区間を選択して反転表示しておく。そして，波形ウィンドウ右下の［振幅拡大／縮小スライダ］(とは表記されていないが）の左＋ボタンを 9 回クリックする。両方の（無音区間の）波形を仔細に観測すると，わずかに違いがあることが見て取れる。1shukan.wav の波形にはいろいろの高さの山があるのに対して，

1shu_14b.wav には山の高さが周りと揃えられているのだ。もしも，この無音区間だけを切り出して，両者を（増幅の後）聴き比べたら，両者に違いがあることが聞き分けられるであろう（各自やってみてほしい）。

上記は，16 bit の元データを 14 bit に削減するという実験であったが，同様にして，12，10，8，6 bit に削減するという処理をやってみてほしい。12 bit に削減する場合は，元データを 4 bit 分の 24 dB（瞬時時振幅で 1/16）減衰後，振幅を元通りにするわけである。お急ぎの方のために，サンプル音声集の［QBit］ディレクトリに 16 〜 6 bit で量子化した 1shukan の音声データが格納されている（**表 5.2**）。

表 5.2　種々の量子化ビットでディジタル化した音声

量子化ビット数〔bit〕	ファイル名
6	1shu_06b.wav
8	1shu_08b.wav
10	1shu_10b.wav
12	1shu_12b.wav
14	1shu_14b.wav
16	1shukan.wav

ここで，16 bit の元データと 14 〜 6 bit に変換されたデータを聞き比べてみよう。おそらく 14 〜 10 ビット量子化の音声は，16 bit の原音と区別がつかなかったのではないかと思う。6 ビット量子化の音は，有音部に雑音が重畳しているのが聞こえたであろう。この雑音が**量子化雑音**と呼ばれるものである。8 ビット量子化の音声は，静かな環境でヘッドホンを用いて受聴すると，量子化雑音に気がつく。鋭い耳をもっている方は，10 bit 以上の音でも量子化雑音に気がつくかもしれない。この実験から，音声のディジタル化においては，（線形量子化の場合）最低でも 10 bit の量子化が必要なことが理解できたことだろう。

ここで，最近のオーディオ界で**ハイレゾ音源**という名称で，音楽情報を 24 bit で量子化している理由を説明しておこう。音楽の場合は，フルオーケストラが力一杯演奏する最大音量と，ソロの楽器が小さな音で演奏する最小音量との差（比率）がきわめて大きく，例えば 60 dB にも達する（「ダイナミックレンジが大きい」と表現される）。これは，ビット数に直すと 10 bit に相当する。そうすると，最大音量に合わせて，例えば 16 bit で量子化すると，最小音量の音は数ビットで量子化することになってしまう。逆に，最小音量を 16 bit で量子化すると，最大音量の音は後述の過負荷雑音を伴って量子化されてひずみが発生する。最大音量から最小音量までを忠実度よく（例えば，12 bit 以上）ディジタル化するには，16 bit

では不足であり，つぎに切りのいい数字の 24 bit（=3バイト）で量子化することが必要なのである。

5.4.3 過負荷雑音

つぎに，音をディジタル化する際にオーバフロー（過大入力）させた場合，どのような音になるかを実験する。再び，SoundEngine で 1shukan.wav のデータを読み出す。この音声データは，時刻約 1.0 秒の時点で最も瞬時振幅が大きく，その値は約 −1.1dB である（右端のレベル計上部に表示されている）。ここで，メニュー［音量|ノーマライズ（正規化)］を指示すると，波形は上下に広がり，約 1.0 秒あたりの最大瞬時振幅点が上枠に接するように表示が変更される。すなわち，SoundEngine の［ノーマライズ（正規化)］という機能は，音声ファイル内の絶対値として最大のサンプル値を，そのビット幅が許す最大値になる比率で，ファイル内の各サンプル値を正規化する操作である。このデータを，［ドキュメント¥音声入門演習¥過負荷］ディレクトリに 1shu_k0b.wav の名前で格納しておこう。

このようにして作成した音声にオーバフローの処理を施そう。まず，メニュー［音量|ボリューム（音量調整)］を選択し，現れたダイアログの［音量］欄を 6 dB にして［OK］ボタンを押す。そうすると，波形中のいくつかの箇所が上下の枠に接するように表示が変わる。枠から出た部分は，標本値として最大値（最小値）に抑えられる（これを，クリップされるという)。この結果を 1shu_k1b.wav の名前で格納しよう。これをさらに 6 dB 増幅し 1shu_k2b.wav の名前で，さらに 6 dB 増幅し 1shu_k3b.wav で格納する。なお，これらのオーバフローさせた音声データは，サンプル音声集の［Overload］ディレクトリに格納してある（**表 5.3** 参照)。

表 5.3　オーバフローした音声データとそのひずみ

過大レベル〔dB〕	ファイル名	平均音量〔dB〕	ひずみ率〔%〕
0	1shu_k0b.wav	−20.48	0.47
6	1shu_k1b.wav	−14.81	0.85
12	1shu_k2b.wav	−10.98	4.12
18	1shu_k3b.wav	− 8.51	8.98

これら 4 種の音を聞き比べてみよう。6 dB 過大入力（相当）になった 1shu_k1b.wav でも，一部分が，がさついた音に聞こえるはずだ。それが，12 dB，あるいは 18 dB 過大になった二つのファイルでは，ほぼ全体にわたり，がさついた音になっていることがわかるだろう。このがさついた雑音が，**過負荷雑音**である。

なお，SoundEngine の解析機能（波形を表示させた状態で［解析］のタブを押す）を利用して，オーバフローさせた四つの音声ファイルに対して［平均音量］（というより，平均自乗振幅）と［歪み率］（算出法不明）を求めると表5.3のようになる。

本実験と先ほどの量子化ビット数の実験からつぎのことがわかる。音声のディジタル化に際し，オーバフローさせるとすぐに（6 dBで）検知できる雑音が生じるが，少ないビット数（例えば，12 dB低い14 bit）で量子化しても雑音は検知されない。したがって，ディジタル化に際し，オーバフローさせるより，むしろ低めにレベル設定したほうがよい。

5.5　音声伝送容量の削減

音声品質をあまり損ねることなく音声を効率的に伝送・蓄積することは，長らく音声研究の中心的課題であった。現代においても，周波数帯が制限されている無線通信（携帯電話など）の分野や，大量の音声（あるいは，音）データを伝送・蓄積する分野では，重要であることに変わりはない。

アナログの時代には，音声の周波数帯域を制限する方法しかなかったが，ディジタル技術の進展に伴い音声の伝送容量を削減するさまざまな方法が開発され，そのいくつかがわれわれの日常生活におけるいろいろの場面で適用されている。

本節では，おもに音声信号を対象にして，伝送（符号化容量）を削減する方法を紹介する。

5.5.1　モノラル化，狭帯域化

パソコンで音（オーディオ）信号を扱う場合，デフォルトの設定では

　　ステレオ（2チャネル），44.1 kHz標本化，16ビット量子化（伝送速度1 411 kbit/s）

というディジタル化条件のPCM符号化法が適用される。しかし，その音が音声に限られている場合には

　　モノラル，22.05（あるいは，16）kHz標本化，16ビット量子化

という条件でディジタル化すれば，伝送速度は256～352.8 kbit/sと上記の1/5～1/4に削減される。このような条件でディジタル化しても音質の変化は気がつかないことは，前節の実験でもわかる。

5.5.2　片方向通信用の音響符号化

放送や蓄積など片方向通信の分野でいろいろの音響符号化方式が提案されたが，そのうち**MP3**（MPEG-1 Audio Layer-3の略称）という圧縮法が携帯音楽プレーヤなど幅広い分野で使われている。MP3は，Fraunhofer研究所が人間の聴覚特性を考慮して，可聴周波数域外を削除する，マスキングを考慮して近傍の周波数の音を削る，などいろいろの方法を取り入れ，幅広い伝送速度で音響信号を圧縮している。MP3は，当初から（符号化法のみライセ

ンス料を取り）復号化法をライセンスフリーにするというビジネス戦略が当たり，急速に普及した。なお，MP3の特許は，2017年4月に特許保護期間が終了した。

信号の中身が音声に限られる場合，前記のようにモノラル化・狭帯域化したPCMとMP3で伝送容量に大差はない。

5.5.3 高能率波形符号化法

（固定）電話系のディジタル化条件は

モノラル，標本化周波数8 kHz（帯域3.4 kHz），8ビット非線形量子化

のPCM符号化であり，伝送速度は64 kbit/sとなる。この伝送速度より低い値で音声を符号化する技術を**高能率符号化**という。その中で，音声波形を効率的に符号化・復元することに工夫を凝らした方法を，**波形符号化法**と呼んでいる。**高能率波形符号化法**には，差分PCM（**DPCM**：前の標本値との差分に着目する方法），**適応差分PCM**（**ADPCM**：量子化の幅を可変にする適応符号化の技術をDPCMに適用した方法）などがある。これらの方法では，32 kbit/sの伝送速度で64 kbit/sのPCM符号化とほぼ同等の品質を達成している。

これらの符号化法は，特定の音声通信分野で使用されているほか，民生品の分野ではボイスレコーダにも使われている。つぎに述べるように，あなたのWindowsパソコンにもその符号化法を実行するソフトが入っている可能性がある。

5.5.4 Windowsのオーディオ CODEC

Windowsは，音声用および音響用の符号化法がソフトウェアとして組み込まれている。下記の操作により組み込まれている**CODEC**（**符号復号器**，COder-DECoder）ソフトを調べることができる。

Windows10では，スタートボタンから［Windows管理ツール|システム情報］を開き，［コンポーネント|マルチメディア|オーディオ CODEC］を指示すると，組み込まれているCODECの一覧がつぎのように表示される。

・imaadp32.acm：IMAという組織のADPCM
・l3codeca.acm：Fraunhofer研究所作成のMP3用。56 kbpsが上限らしい。
・msadp32.acm：MS社のADPCM
・msg711.acm：MS作成で，CCITTのG.711（電話用）準拠
・msgsm32.acm：MS作成で，CCITTのG6.10（携帯電話用）準拠

Windows 7/8では，Windows Media Player ver.12をインストールすると，各種CODECが組み込まれる。組み込まれたCODECは，［ヘルプ|バージョン情報］の画面から［テクニカルサポート情報］を指示すると，（ネット経由で）［オーディオ コーデック］の欄に一覧

表が表示される。

これらのCODECは，対応する方式で符号化された音声データをWindows Media Playerで再生する際に使用される。なお，DMOが付加されたソフトウェアは，ストリーミング形式の音声データを復号化する際に使用される。

5.5.5　高度の音声符号化方式

双方向音声通信のための符号化法としては，低ビットレートで品質が良好で，かつ遅延時間も短いことが要求される（演算量が少ないことも望ましい）。この要求に応えるために，8章で詳述する**線形予測**（linear prediction，LP）という音声分析手法がさまざまな形で発展し，PARCOR，LSP，CELP，ACELP，AMR（adaptive multi-rate）など幾多の方式が開発されて，その時代の携帯電話，IP電話，秘密通信などに適用された。さらに，最近では高速パケット網に音声信号を載せるシステム**VoLTE**（ボルテ，voice over long term evolution）に適用する符号化法AMR-WBも使われ始めている。

5.5.6　音声音響符号化技術

音響符号化の技術は，MP3の後継方式として，**AAC**（advanced audio coding）が使われ始めている（拡張子は，.m4a）。一方，やや帯域の広い音声信号（16 kHz標本化）を圧縮するAMR-WBという技術を，音声と音響とを統合化して符号化するAMR-WB+という方法に発展させている。ただし，遅延の大きい音響符号化に音声符号化を統合している。これに対し，**EVS**（enhanced voice service）では，双方向通信に使える遅延の短い音声符号化に音響符号化を統合して，低遅延音声音響統合符号化を実現しており，VoLTEにも適用されている。

5.5.7　ロスレス圧縮（可逆圧縮）

上記の符号化法は，符号化処理の際に，すべて**ひずみ**が加わり，完全には元に戻すことのできない圧縮符号化技術であった。これに対して，ひずみがなく（**ロスレス**），完全に元の信号に戻すことのできる**ロスレス符号化法**（**可逆圧縮法**）が着目を浴びてきた。MPEG-4 ALS（audio lossless coding）という規格も制定された。これらの技術は，ひずみを許さないという制約があるので，圧縮率は1/2程度にしかならない。

よく知られている可逆圧縮法としては，**FLAC**（free lossless audio codec），Apple Lossless（最新のiPodで再生可能），Windows Media Audio Losslessなどがある。これらはいずれも，高い標本化周波数，精度の高い量子化ビット数，多いチャネル数をサポートしており，普及が進みつつある。

6. サウンド波形の編集

この章では，サウンドソフトでサウンド波形がどのように表示され，座標値を読み取るにはどうすればよいか，波形を振幅方向，あるいは時間方向に拡大して表示するにはどうするかなど，基本的な事項について学ぶ。ついで，あるサウンドデータの一部を切り取ったり，写し取ったりして，別の部分に貼り付けたり，重ね合わせたりする波形編集の操作を説明する。その後には，発声速度や声の高さを変更したり，フィルタによって音質を変えたりする方法を紹介する。

6.1 サウンド波形の表示・観測

ここでは，サンプル音声集に含まれている音声データについて，いろいろのサウンドソフトを用いて，その波形を観測する方法について説明する。なお，サウンド波形に変更を加える操作（編集）については6.2節で，特に言語音声に限った波形および特徴量の観測については8章で説明する。

サウンドソフトである長さの音声データを読み出すと，その音声データ全体の波形（波形包絡）が波形ウィンドウに表示される。波形ウィンドウに表示できる音声の長さ（継続時間）が制限されており，一部の音声データだけを表示するソフトもある。波形の詳細を観測するために，横軸（時間軸）を拡大して表示するには

・ 部分表示：元の波形から詳細表示したい部分を選択し，新しい波形ウィンドウ一杯に貼り付ける方法

・ ズーム表示：元の波形の時間軸を2倍ずつ拡大表示し（ズームイン），あるいは1/2倍ずつ縮小表示（ズームアウト）する方法

があるが，サウンドソフトによっては，片方の機能だけしか備えていないものもある。ズーム表示した場合は，波形表示領域のすぐ下にスクロールバーを配置し，いま表示している波形が全体波形のどこにあたるかをスライダ（ノブともいう）の長さで示すことが多い。スクロールバーの両端に配置されたボタン（アローという）の押下，あるいはスライダのドラッグにより，全体中の表示箇所を変更することができる。サウンドソフトの多くには，同じ音声データを複数のウィンドウに表示できる機能が備えられているので，それぞれに全体波形と詳細波形を表示すると便利である。

6.1.1　Audacity による波形表示

Audacity では，波形表示領域に複数の波形（トラックと称している）を表示することを考慮して，それぞれの波形ウィンドウの縦幅は狭くなっている（拡大することも可能）。縦軸の振幅には，最大の箇所に［1.0］，最小の箇所に［－1.0］，基線に［0.0］という座標値が付され，縦枠の幅に応じて，その間にも線形で目盛りが付けられている。波形表示領域の左側における情報表示欄にある▼印を押し，［波形（dB）］を指示すると，**図 6.1** のように，縦軸の表示は 0 ～ －60 dB の対数表示に変わる。

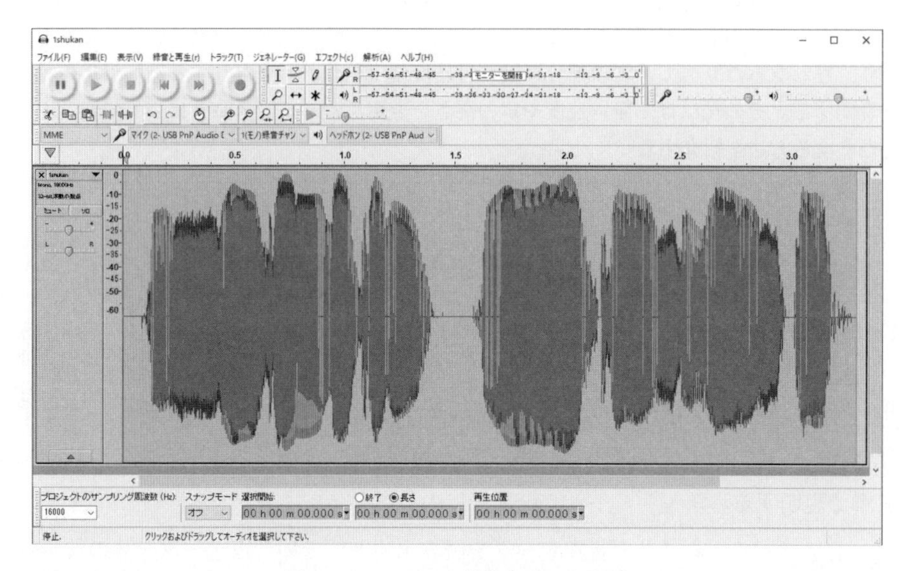

図 6.1　Audacity で対数表示した波形

横軸の時間座標は，波形表示ウィンドウのすぐ上に秒単位の目盛りで示されている。新たに音声ファイルを開くと，その音声データ全体が表示されるよう，時間目盛りが調整される。ツールバーにある［拡大］ボタン（＋虫メガネ）を押すたびに，時間軸を倍に拡大した（部分）波形が表示され，かつその下にあるスクロールバーが，全体中の表示位置を示すようになる。このように，時間軸を拡大する操作を［ズームイン］と呼び，逆に時間軸を縮小する操作を［ズームアウト］と呼んでいる。なお，この操作は，［表示|拡大］，あるいは［表示|縮小］を指示して行うこともできる。また，マウスドラッグして選択（背景が変化する）した部分を，横枠一杯まで時間軸を拡大するには，［表示|選択範囲を拡大］を指示するか，左から 3 番目の虫眼鏡をクリックする。

上述の時間軸の［拡大］，［縮小］の操作は，元の音声データになんら変更を加えておらず，単に表示の仕方を変更したにすぎない。したがって，拡大表示したままファイルを閉じても，音声データにはなんら影響はない。

6.1.2　SoundEngine による波形表示

SoundEngine で音声ファイルを読み出すと，波形表示領域の左端に波形（の横幅）が小さく表示される。縦座標は最上部と最下部が 0 dB で，基線は $-\infty$ dB である。虫眼鏡マークの［拡大］ボタンを押すことにより（あるいは，波形左下のスライダを左に動かす，あるいは［+］ボタンを押すことにより）波形の時間軸を拡大して表示できる（ズームイン）。ズームイン，あるいはズームアウトのボタンは，それぞれ 2 倍，あるいは 1/2 倍に時間軸を調整するものであり，初期状態からそれぞれ 9 回しか操作できない。したがって，長い音声データに対しては，細かい部分まで波形を拡大表示できないことになる。波形の一部をマウスドラッグして区間指定する（波形色が変わり，かつ背景が黒く表示される）と，ツールバーの下に配された［始］，［終］，［間］の右側の各テキストボックスに始点，終点の時間位置，および間隔が示される。部分波形の時間軸を拡大し続けると，全体波形を波形表示領域に表示できなくなる。その場合，波形表示領域下部にあるスクロールバーに白い部分（ノブと呼ぶ）が現れ，このノブをドラッグすることにより部分波形を左右に動かすことができる。

SoundEngine には，振幅軸を拡大・縮小するという便利な機能がある。この機能は，波形表示領域右下に配置されたスライダ，およびその左右の［+］と［−］のボタンにより実行される。左ボタンをクリックするたびに，波形の振幅が上下方向に 2 倍に広がり，枠より大きくなった部分はクリップされる。時間軸と振幅軸を迅速に拡大表示することができるので，継続時間が短く，かつ振幅が小さい音声（例えば，閉鎖音）の波形を克明に観測するのにきわめて有用である（**図 6.2** 参照）。なお，波形の各標本値を求める機能はない。

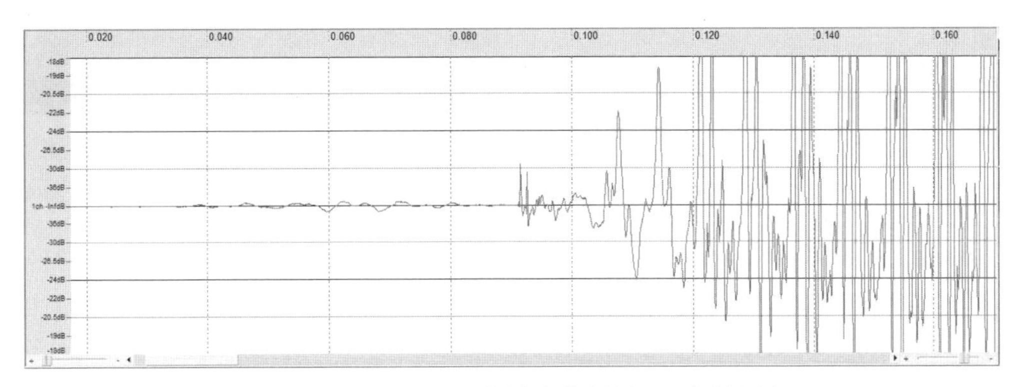

図 6.2　SoundEngine で時間軸と振幅軸を拡大して波形観測する（図は，「ば」の開始時点の波形）

上述の時間軸および振幅軸の［拡大］，［縮小］の操作は，元の音声データになんら変更を加えておらず，単に表示の仕方を変更したにすぎない。したがって，拡大表示したままファイルを閉じても，音声データにはなんら影響はない。

6.1.3　Wavosaurによる波形表示

Wavosaurで音声データを読み出すと，波形表示領域にかなり大きい波形ウィンドウが現れ，そこに波形が表示される（**図6.3**参照）。縦軸は，上下の枠を0 dBとし，基線を－∞ dB（－dBと表示されている）とする線形表示である。横軸の時間軸は，上方に［時間：分：秒：000］という座標値が表示されているが，座標線がないので目安にしかならない。マウスドラッグして区間選択すると，右下に［開始位置－終了位置］，および［d = 区間長］が表示される。選択区間の境界付近にマウスカーソルを移動させると両方向矢印が現れるので，マウスドラッグにより境界を移動することができる。

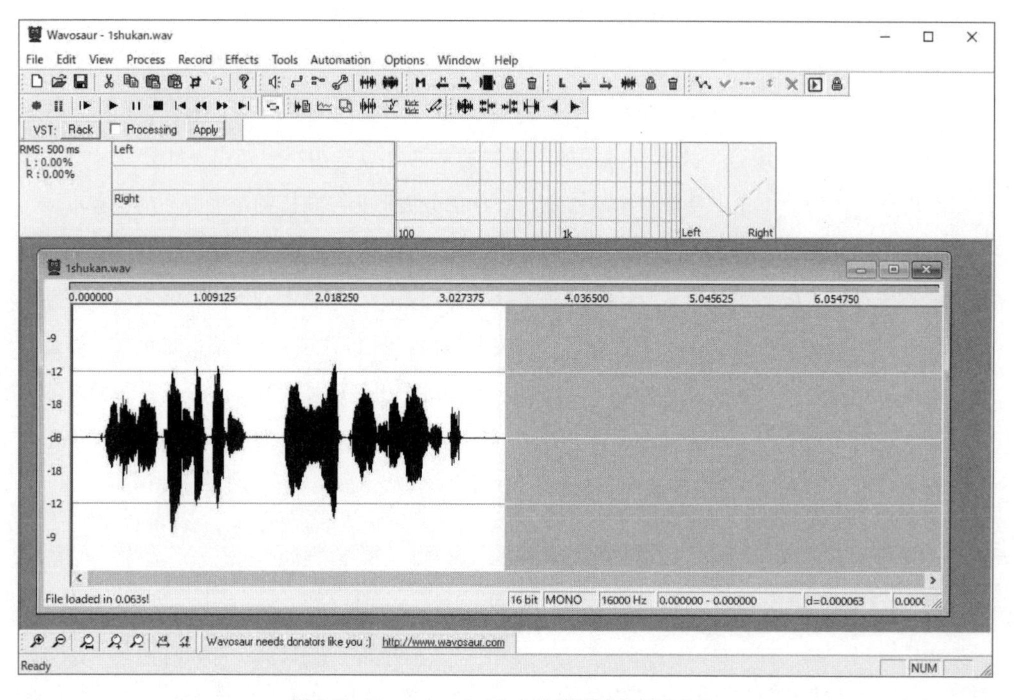

図6.3　Wavosaurで，ある波形区間を表示する

波形表示領域の外の左下に，時間方向の拡大と縮小，指定区間の拡大，振幅方向の拡大と縮小のボタンが配置されている。メニューの［File|Properties］を押すと，開いた音声ファイルの属性情報が表示される。また，［Tools|Statistics］を押すと，開いた音声データの各種統計量（RMSパワー，DCオフセット，最大／最小標本値，など）が表示される。なお，Wavosaurには標本点の値を求める機能は備わっていない。

Wavosaurにおいてある区間を選択した状態で，右向き三角の再生ボタン［Play］を押すと，その区間のみを再生する（部分再生）。その左の縦棒がついた三角ボタン［Play from start］を押すと，全体再生することができる。なお，［Loop］のクイックボタンを押下した状態で部分再生ボタンを押すと，指定区間を繰り返し再生することができる。

6.1.4　WavePad による波形表示

WavePad で音声データを読み出すと，波形表示領域一杯に波形ウィンドウが現れ，そこに同じ波形が狭い縦幅と，広い縦幅の 2 段にわたって表示される。上段には波形全体を表示し，下段には拡大した部分波形を表示することができる。下段の縦軸は，上下の枠を 0 dB とし，−6 dB，−12 dB，および −18 dB に罫線が引かれ，基線には座標値が付されていない。波形表示領域の右下には，時間軸をズームするスライダとつまみ，および左右に ± の虫眼鏡が配置されている。ズームインボタンを押すごとに，波形は横方向に 2 倍に拡大される。上段の全体波形表示には，下段の拡大波形に相当する部分が異なる背景色で区別されて表示される。また，波形表示領域の右下には，振幅軸をズームするスライダとつまみ，および上下に ± の虫眼鏡が配置されている。時間軸と振幅軸を迅速に拡大表示することができるので，継続時間が短く，かつ振幅が小さい音声（例えば，閉鎖音）の波形を克明に観測するのにきわめて有用である（**図 6.4** 参照）。

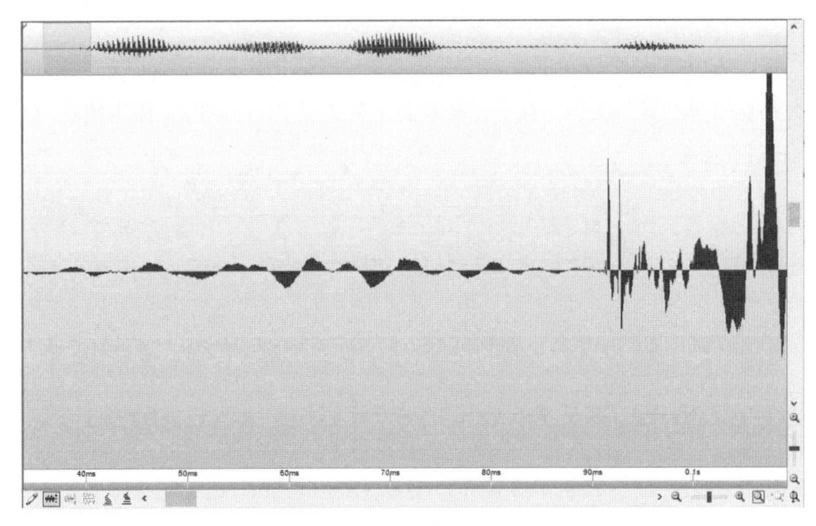

図 6.4　WavePad で時間軸と振幅軸を拡大して波形観測する
（図は，「ば」の開始時点の波形）

なお，図に見るように WavePad では波形の表示法が独特であり，他のソフトが標本点を折れ線で結ぶのに対し，その高さの棒グラフで表している。

6.1.5　SFS/WASP による波形表示

SFS/WASP において，メニュー［File|Open］から既存の音声ファイルを指定すると，**図 6.5** のように大きな波形表示ウィンドウ一杯に読み出した音声データの波形が表示される（スペクトログラムとピッチ軌跡のボタンが押下されているとそれらも表示される）。読み出した音声データ中の（正の）最大値が上枠（から，パス＋ファイル名を表示した 1 行下）に

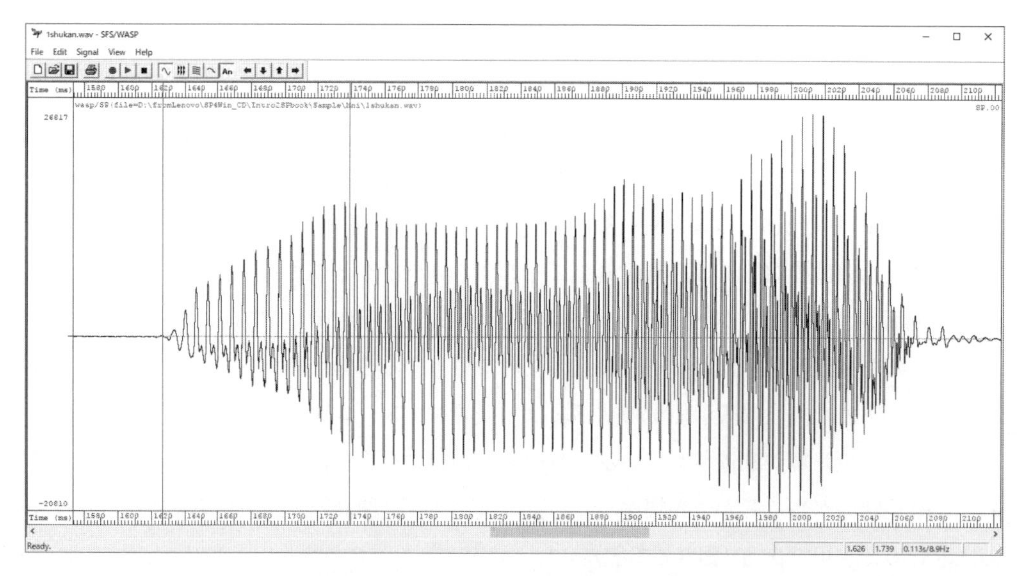

図 6.5　SFS/WASP による詳細波形の表示

接するように，（負の）最小値が下枠に接するように調整された波形表示される。縦軸には，最大値と最小値の標本値が表示される。このような表示では，基線（標本値 0）は上下の中央には表示されない。

マウスの左クリックで始端（青の縦線が現れる）を指定し，右クリックで終端（緑の縦線が現れる）を指定して（最下段右側に両者の時間位置が表示される），ツールバーに配置された下向き矢印［Zoom in］を押すと，指定区間が横方向一杯に表示される。波形表示ウィンドウの下のスクロールバーには，全体波形中の表示箇所が灰色のノブとして示される。この操作を繰り返すと，詳細な音声波形を観測することができる。ツールバーの左向き矢印をクリックすると，同じ時間幅で前の波形の左側を表示し［Scroll left］，右向き矢印をクリックすると前の波形の右側を表示するようになる［Scroll right］。上向きの矢印を押すと，1 段階前の波形を表示する。このように，SFS/WASP のズーム機能は，部分波形をズームする働きをするものである。

6.1.6　SFSWin による波形表示

SFSWin で音声データの波形を表示するには，［File|Open］のクイックボタンを押して音声ファイルを指定した後，現れる［Open Audio File］というウィンドウでファイルの開き方を指定する。［Loading Options］における［Link to File］というのは，元の音声ファイルそのものを編集しても構わない場合に指定し，［Copy Contents］は元の音声ファイルは残しておき，そのコピーに対して編集する場合に指定する。どちらかの方法で音声ファイルを指定すると，SFS ウィンドウにその音声ファイルが［SPEECH］の［Type］のデータとして登

録される。この状態で，ツールバーにある［波形］マークのボタン（「停止」ボタンの右で，［Display checked item］とポップアップが出るボタン）を押下すると，新しく波形表示ウィンドウが現れる。このウィンドウは，ほぼSFS/WASPのものと同じで，操作法もほぼ同じである。

6.1.7 Praatによる波形表示

音声分析ソフトであるPraatを用いると，音声特徴量を参照しながら音声波形を観測できる（音声特徴量を表示しないように設定することもできる）。Praatにより音声特徴量を表示しながら波形を詳細に観測するのは8章で行うこととし，ここでは単に波形のみを観測する方法について説明する。

Praatのメニュー［Open|Read from file］から，MNI発声の1shukan.wavというファイルを指示しよう。対象ウィンドウで［1. Sound 1shukan］が選択された状態で，右側のメニューから［View & Edit］を指示する。大きな波形表示ウィンドウが現れ，上段に波形が表示され，下段にはいくつかの音声分析結果が表示される（設定により異なる）。ここでは，波形表示ウィンドウのメニュー［Intensity|Show intensity］にチェックを入れ，［Spectrum|Show spectrogram］，［Pitch|Show pitch］，［Formant|Show formants］，［Pulses|Show pulses］にはチェックを入れない状態にしておこう。**図6.6**のように，上側に音声波形が，下側に対応するパワー変化曲線が表示されている（両者の表示高は同じで，変更できない）。下方の数値表示部中段に示されるように，横軸は時間であり，右が正の方向である。この音声データは3.297 750秒の長さである。Praatでは，全体波形の中間の時間点に赤い縦線を表示させるのみで，時間目盛りは付いていない。

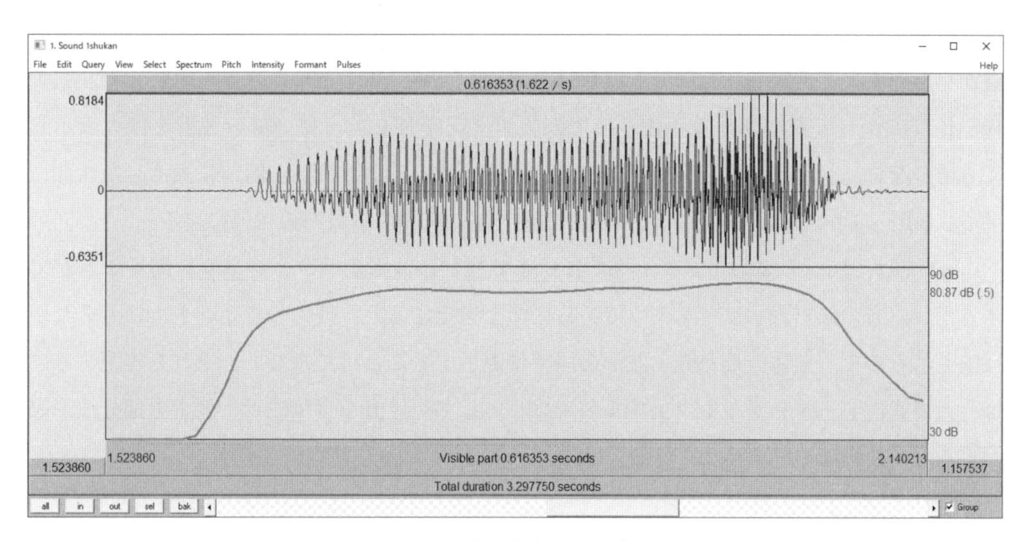

図6.6 Praatで選択区間を拡大表示する（下側はパワー軌跡）

いま，16 bit で量子化した音声データを想定すると，瞬時振幅は＋32 767 〜 0 〜 −32 768 の間の数値をとり，それを 1.0 〜 −1.0 に正規化して縦軸の目盛りにしている。Praat の場合，指定した音声ファイル中の最大の瞬時振幅を持つ標本点と最小の瞬時振幅を持つ標本点が，それぞれ上枠と下枠に接するように（線形に）調整されて各標本値が表示される。したがって，瞬時振幅 0 の基線は図の中央の高さにはならない場合がある。図において，プラス側の最大目盛り 0.885 2 は標本値 27 235（＝ 30 767 × 0.885 2），マイナス側の最大目盛り −0.635 1 は標本値 −19 541（＝ −30 768 × 0.635 1）に該当する。初期状態では中間の時間点（1.648 875s）に赤い縦線を表示し，その位置の標本（青●）の相対瞬時振幅が縦軸の −0.047 51（瞬時振幅は，−32 768 × 0.047 51 ＝ −1 557）である。

机上でマウスを動かすと，矢印のカーソル（マウスカーソルという）が対応する方向に動く。マウスカーソルを波形ウィンドウの中に入れ，左クリックすると，その位置に赤い縦線が移動し，波形との交点には青い標本点が現れる。マウスドラッグしてある波形区間を選択すると，その区間の背景が桃色に変化するとともに，波形上部の枠外に，開始点と終了点の時間位置が赤字で，その間の区間長が黒字で表示される（区間長の後ろに表示される数字は，区間長の逆数の周波数である）。また，始端 〜 開始点，開始点 〜 終了点，終了点 〜 終端，それぞれの時間長は，数値表示部の一段目に示されている。

Praat において時間軸を拡大するには，ズームの機能を用いる方法と，部分表示する方法の二つがある。両者とも，波形表示ウィンドウ下部の左端に配置された五つのボタン［all, in, out, sel, bak］にて行う。［in］のボタンはズームインを実行するもので，1 回押すたびに波形は中央点を維持したまま，2 倍の精度で表示される。［out］のボタンはズームアウトを実行するもので，［in］の逆の処理を行い，半分の表示精度になる。表示波形の一部をマウスドラッグにより選択すると，背景が桃色に変わる。この状態で［sel］(select：選択の意か）を押すと，選択された部分の波形（および，下側に表示されたパワー軌跡）が左右の枠一杯に広がって表示される。さらに［sel］ボタンを押して，狭い部分波形を拡大表示しても構わない。［bak］(back：元へ戻すの意か）のボタンを押すと，1 回前に表示した状態に戻る。［all］のボタンを押すと，元の波形を横一杯に表示する最初の状態に戻る。

Praat では，同一の波形オブジェクトに対して複数の波形表示ウィンドウを開くことができるが，片方の波形表示ウィンドウである区間を指定すると，他方のウィンドウにもそれが反映されるので，全体波形と表示波形を同時に表示することはできない。それを実現するには，元の音声データを異なるファイル名でコピーして，片方を全体波形，他方を部分波形表示するしかない。

6.1.8 WaveSurfer による波形表示

WaveSurfer にてメニュー［File|Open］から既存の音声ファイルを指定すると，ツールバーの下にその波形全体が，狭い縦幅で表示される。同時に［Choose Configuration］のウィンドウが現れる。ここで［Waveform］を選択すると，メインウィンドウが下に広がり，**図 6.7** のように，指定の音声データの波形（の一部）が，広い縦幅で表示される（この波形を詳細波形と呼ぶことにする）。縦幅の狭い全体波形は，メインウィンドウ下部に移動する。

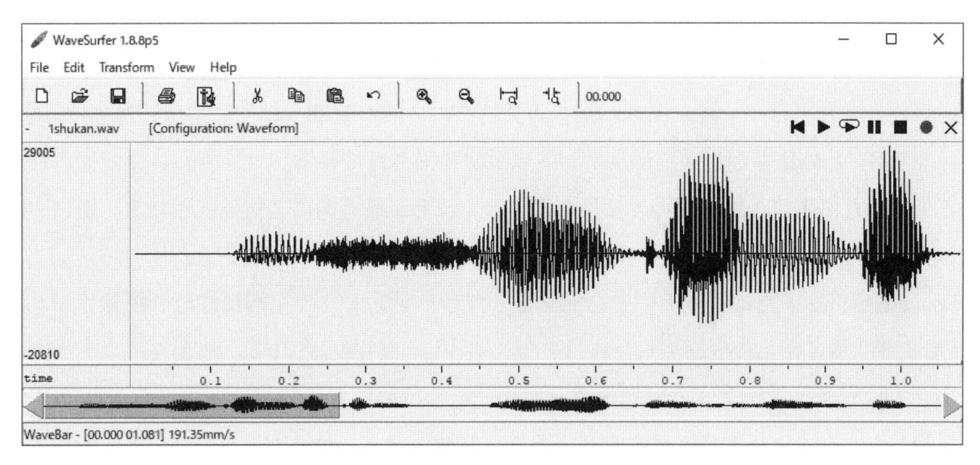

図 6.7 WaveSurfer による詳細波形の表示

音声データがある程度以上長いと詳細波形として表示されるのは全体波形の一部のみであり，全体波形に灰色の背景が加わった部分である。WaveSurfer では，読み出した音声データ中の絶対値が最大の標本値が上下どちらかの枠に接するように波形表示が調整される。すなわち，基線（標本値 0）は，上下枠の中間に位置する。詳細波形表示欄の左側には，（正の）最大標本値と（負の）最小標本値が座標値のように表示されている。ただし，絶対値として最大でないほうの値は，上下枠の座標値でないことに注意を要する。

ツールバーに配置された［ズームイン］(＋印付き虫眼鏡）を押すと，波形が横方向に約 3 倍拡大表示され，［ズームアウト］(－印付き虫眼鏡）を押すと，約 0.6 倍に縮小表示される。この波形表示ウィンドウ（＝メインウィンドウ）をマウスドラッグで拡大すると，波形表示の倍率は変化せずに，全体波形中で表示する領域が広がるだけである。また，WaveSurfer には，振幅軸を拡大して表示する機能は備わっていない。

マウスドラッグによりある区間を選択すると，背景がクリーム色に変わる。この状態でメニュー［View|Zoom to Selection］(あるいは，Alt + F12，もしくは右端の虫眼鏡ボタン）を指示すると，選択波形が横一杯に表示するようになる。［View|Zoom Out Full］(あるいは，Alt + F11，右端から 2 番目の虫眼鏡）を指示すると，全体波形を表示するようになる。なお，WaveSurfer はデスクトップ上に複数開くことができるので，同じ音声データの（大き

な）全体波形と複数の詳細波形を表示することも可能である。

6.1.9 **Speech Analyzer による波形表示**

Speech Analyzer で音声データを開くと，波形表示領域に波形ウィンドウが現れ，（設定状況により異なるが）波形ウィンドウの上段に音声波形が，下段に音声特徴量が表示される。左端の［Phonetic］欄で［Waveform］を指定すれば，波形のみを表示するようになる。Speech Analyzer では，読み出した音声データが波形ウィンドウの横方向一杯に表示され，それに合わせて時間軸の座標値が記される。縦軸の座標値は，上下枠が± 100 %になるように線形に付されており，読み出された音声データの各標本値は，最大標本値（16 bit の場合は，32 768）との比率として波形ウィンドウ上に描画されている。ツールバーに配置されている＋印付き虫眼鏡［Zoom Step In］を押すと，波形が横方向に 2 倍拡大される。逆に－印付き虫眼鏡［Zoom Step Out］を押すと半分に縮小表示される。

Speech Analyzer では音声データを開くと，波形ウィンドウの左端に緑色の縦線カーソル（始端）と右端に赤色の縦線カーソル（終端）カーソルが表示される。波形ウィンドウ内のある点でマウスクリックすると始端カーソルはその時間位置に移動する。また，Shift ボタンを押しながらマウスクリックすると，そこに終端カーソルが移動する。かつ，波形ウィンドウの下右方に，始端の時間位置と区間長が表示される（**図 6.8** 参照）。波形ウィンドウの右側に配置されたスクロールバーは，連続的なズームを働かせるものであり，そのノブを下方に下げると，選択区間を中央に保ちながら波形をズームしてくれる。なお，Speech Analyzer には，振幅軸を拡大して表示する機能は備わっていない。

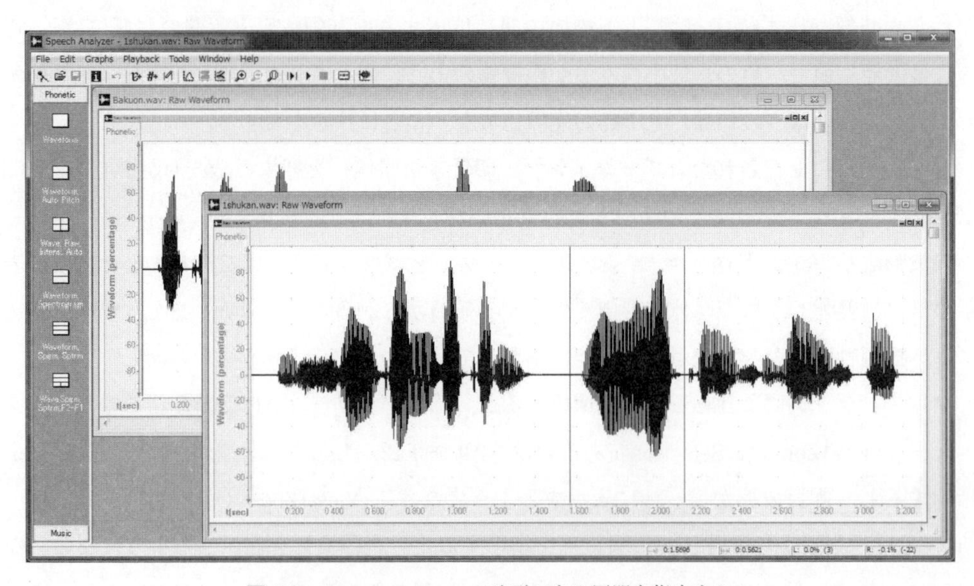

図 6.8 Speech Analyzer で波形のある区間を指定する

Speech Analyzer の波形表示法として，（他のサウンドソフトにあまり見られない）標本値の描画法を3通りの中から指定できるようにしている。多くのサウンドソフトは，標本値を折れ線で結んで波形を表示しているが，Speech Analyzer では，そのほかに（標本値の高さで，標本点間の幅の）棒グラフ状に描いたり，標本値を点として表示する方法を選択できるようにしている。メニュー［Graphs|Drawing Style］を指示する，［Line ／ Solid ／ Samples］のいずれかを選択することが求められるが，これが三つの表示法である。同じデータ（「ば」の開始時点）の波形をこの3通りで表示したのが，**図 6.9** である。

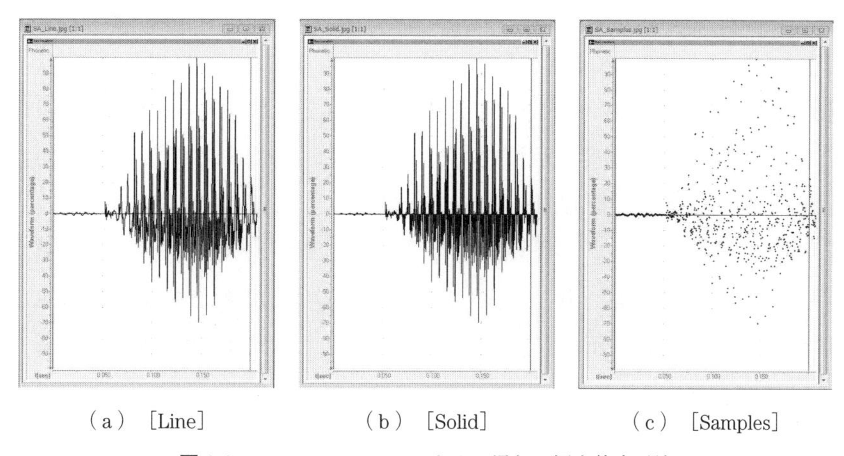

（a）［Line］　（b）［Solid］　（c）［Samples］

図 6.9　Speech Analyzer による3通りの標本値表示法

左側の折れ線表示［Line］と真ん中の棒グラフ表示［Solid］とは（この解像度では）よく似ているが，時間軸を拡大すると両者の違いが鮮明になる。右側の点表示［Samples］は一種独特の様相を示している。

6.2 サウンド波形の操作・編集

この節では，録音したサウンドデータ，あるいはディスクから読み出したサウンドデータに対して，積極的に変更を加えて，元のサウンドデータと異なる形にする操作について説明する。なお，特に言語音声に限った波形および特徴量の観測については8章で説明する。

6.2.1 振幅を変える

まず始めに，蓄積されている音声データの振幅を変えることを学ぶことにする。振幅を変更したデータを表示すると，波形の縦方向の幅が変わり，そのデータを再生すると，再生音量が変わる。振幅の変更は，単に音量調節のためではなく，小さな振幅の波形を詳細に観測するためや，音声特徴量を正しく観測するためにも重要な基本的な処理である。例えば二つの類似した音の（特に，カラーの）スペクトログラムを比較する場合，両者の音量を合わせておくことが重要である。なお，サウンドソフトによっては，単に再生音量を変更する機能を備えていることがあるが，この場合は蓄積データの振幅は変えることはない。

また，サウンドソフトによっては元の音声データに変更を加えないよう，音声ファイルを開く際に，そのコピーを使用するよう案内するものもある（Audacity，SFSWin など。**別図 6.1**，**別図 6.2**）。

Audacity では，振幅軸の拡大はメニュー［エフェクト|増幅］を指示して現れる［Amplify］ダイアログにて行う（**別図 6.3**）。このダイアログを表示させると［増幅（dB）］欄にある数値（x としよう）が表示されており，［新しい最大振幅］欄には 0.0 と記されているはずだ。x の値は，表示（選択）中の音声データの最大瞬時振幅を上下の枠に接する最大振幅 0.0 dB まで増幅するのに必要な増幅度を示している（クリッピングされるギリギリの値）。語頭の振幅の小さい箇所の詳細波形を観測するなど，波形を上下に拡大して表示するには［クリッピングを可能にする］のチェックボックスに印を入れ，青いスライダを右方向に移動させて（もしくは，［増幅］あるいは［新しい最大振幅］のボックスに数値を入れる），［OK］ボタンを押すと増幅後の波形が表示される（オーバフローした区間は赤色で表示される）。

I 印のマウスカーソルを波形ウィンドウ内に置き，マウスクリックすると，下段の［選択開始］および［再生位置］欄にマウスカーソルの時間位置が表示される。ただし，縦軸の値（標本値）は表示されない。マウスドラッグして波形のある区間を選択すると，［選択開始］点と選択区間の［長さ］（もしくは，［終了］点）が表示される。区間を選択した状態で，先ほどの［増幅］の処理を行うと，指定した区間の音声データに対してのみ振幅の変更が実行される。

ここで **dB**（デシベルと読む）という単位についておさらいしておこう。二つの音圧（電圧でもよい）X と Y があったとき，その大小を次式のように比で表す。

$$Z = 20 \log_{10} (X / Y)$$

これが dB 値である。X が Y の 2 倍である場合，$\log_{10} 2 = 0.301$ であるので，$Z = 6$ dB になるのである。なお，音圧ではなく，エネルギー量の音響パワー（電力でもよい）の場合には

$$R = 10 \log_{10} (P / Q)$$

のように 10 倍になる。

上記のように，dB という単位は相対的な量であるが，音の大きさの単位として「デシベル」という絶対的な単位がある（からややこしい）。これは，人間が聞き取り得る最小の音圧である 20 μPa（マイクロパスカル）と比較した音圧の単位である。例えば，音圧 80 mPa（ミリパスカル）は，80 デシベル（渋谷駅前の騒音レベル）になるのである。

SoundEngine で音声データの振幅を変えるには，まず対象とする音声データを開き，そ

の波形を表示させる。ついで，振幅を変更したい領域をマウスドラッグで指定する。表示波形全体の振幅を変更したい場合は，領域を指定しなくてよい（[編集|すべて選択] を指示してもよい)。ついで，メニュー［音量|ボリューム（音量調整)］を指示し，現れたダイアログにて［音量］欄に変更量を dB 単位で記入して，［OK］ボタンを押す。振幅を小さくするには。マイナスの dB 値を設定する。なお，［選択範囲のみ］のチェックボックスにチェックを入れておいた場合，選択範囲の振幅のみが変更され，チェックを外しておくと表示波形全体の振幅が変更される。この振幅変更の操作により，表示されている波形の振幅も変化する。変更する値を大きく設定すると，波形が上下の枠の 0 dB に到達し，それを越えた部分が切り取られる（クリップされる）ので注意が必要だ。振幅変更された音声データは，主記憶上にあるものだけが変更されており，表示データを［上書き保存］または［名前を付けて保存］して初めて，蓄積データそのものの振幅を変更したことになる。

SoundEngine のメニューにある［音量|ノーマライズ（正規化)］は，音声データ中の（絶対値で）最大瞬時振幅の標本点が最大標本値（16 bit の場合は，32 767 あるいは－32 768）になるように，各標本値を変更する機能である。

6.2.2 音のレベルを合わせる

上述した音声データの振幅を変更する方法を利用して，二つ（あるいは，それ以上）の音のパワーを同一にする方法について説明する。二つの音のパワーを合わせても，厳密には受聴音量を同一にすることはできないが，近似的には音量を合わせることができる。例として，MNI 発声の離散発声の 5 母音のデータ a_e_i_o_u.wav を用い，各母音の音声パワーが同じ値になるようにしよう。

このような処理を（近似的であるが）比較的簡単に実施できる Wavosaur を使うことにしよう。Wavosaur で上記音声データを開き，まず，最も振幅の大きい「あ」と発声している 0.146 ～ 0.384 s の区間を選択する。メニューから［Process|Normalize|－6 dB］と指定する。ついで,「え」と発声している 1.323 ～ 1.612 s の区間を選択し，［Process|Normalize|－6 dB］と指定し，同じく正規化振幅を－6 dB にする。同様に,「い」,「お」,「う」の区間に対しても同じ処理を施す。処理後のデータを，例えば a_e_i_o_u-Normalize.wav という名前で格納しておこう。なお，音声工房では自乗平均の音声パワーを指定値に合わせる処理を簡単に実行できる。

処理後の波形を観測すると，5 母音それぞれの瞬時振幅最大点が－6 dB の線に接するように正規化されたことが見て取れる（**別図 6.4**)。処理後の音声データと元の a_e_i_o_u.wav を聴き比べてみよ。「い」という閉母音（口をあまり開かずに発声する母音）を，開母音（口を開いて発声する母音）の「あ」と同じ最大振幅に正規化したので,「い」のほうがむしろ大きな音になったよう聞こえる。二つの音が聞こえる大きさは，それらに含まれる周波数成分の違い，および時間的な変化模様が複雑に絡み合い，さらに心理的な要因も関係するので，それを合わせることはきわめて難しい。

6.2.3　音の分割／切貼り／切出し

音声データを二つに分割する例として，MNI 発声の 1shukan.wav というファイルを取り上げ，サウンドソフトとして Audacity を用いることにする。まず，このデータを読み出し，[部分再生] の機能を使って，波形と音声内容の対応を調べる。いま，「1 週間ばかり」と「ニューヨークを取材した」の二つの部分に分割することを考える。1.50 s から後ろが「ニューヨークを取材した」の部分であるから，1.50 s から後ろをマウスドラッグで選択する。[編集|切り取り] を指定すると，「1 週間ばかり」の部分の波形だけが残るとともに，(目には見えないが)「ニューヨークを取材した」の部分の音声がクリップボードと呼ばれるパソコン内部の記憶領域に取り込まれる。ここで，[ファイル|新規] を指示して新しい Audacity を起動し，[編集|ペースト] を指定すると，クリップボードの内容が新しい窓に書き込まれる。

新しい窓は，[Audacity] という仮の名前が付けられているから，これを [ファイル|選択したオーディオの書き出し] を指定し，例えば，NewYork.wav というファイル名で格納する。1shukan.wav というファイルは変更しているから，[ファイル|名前を付けて保存] により新しい名前，例えば 1shukanb.wav で保存する。[ファイル|上書き保存] を指定してしまうと，元の「1 週間ばかりニューヨークを取材した」と発声していたファイルが壊されてしまう。なお，Audacity では，WAV ファイルに演奏者名などのメタデータを添付することができ (**別図 6.5**)，WAV ファイルを格納する際には [メタデータタグを編集] というウィンドウが現れるが，不要ならそのまま [OK] を押せばよい。

上記の例では，無音区間を境として，音声データを二つに分割するのであったから容易であった。しかし，音声が連続している区間内のある点を境にして分割する場合は，詳細波形を観察して，波形が基線を横切る点（**ゼロクロス**点）を分割点とする必要がある。サウンドソフトによっては自分でその点を探す機能がある優れものがある。Audacity では，つぎのように操作する。分割したい時点の近傍でマウスクリックし，縦線カーソルを表示する。区間を指定する場合は，所望の位置近くに始点および終点を定めて選択しておく。そして，メニューから [編集|ゼロとの交差点を見つける] を指定する。そうすると，その近くでマイナスからプラスに横切るゼロクロス点に最も近い標本点にカーソルが移動する (**別図 6.6**)。ただし，この標本点の標本値が 0 でないかもしれないので，必ずしも最適の場所でないこともある。この処理は，クリック音を出さない編集のためにきわめて有用である。

つぎに，音の切貼りの方法を説明しよう。例として，「あ え い お う」と離散発声しているa_e_i_o_u.wav のデータを加工して，「あ い う え お」の順序に変えてみよう。まず，MNI 発声のa_e_i_o_u.wav のデータから，1.680 ～ 3.008 s までの「い」の区間を［編集|コピー］して，0.448 s の位置に［編集|貼付け（ペースト)］する。つぎに，5.656 ～ 7.072 s までの「う」の区間を［コピー］して，1.760 s の位置に［貼付け］する。ついで，5.760 ～ 7.072 s の「お」の区間を［コピー］して，4.416 s の位置に［貼付け］する。最後に，0.0 ～ 5.84 s の区間を［編集|コピー］して，［ファイル|新規］に［編集|貼付け］する。カーソルを先頭に移して，全体を受聴する。これで，「あ い う え お」という音声データが作成できた。これを，例えばa_i_u_e_o.wav という名前で格納［ファイル|オーディオの書出し］する（**別図 6.7**）。

これを受聴すると，音の間隔や，高さの変化（イントネーション）はやや不自然だが，5 母音を所望の順に並べ替えることができたことが確認できた。

このように，離散発声した語を入れ換えて新しい文を作ることを**単語編集**と呼んでいる。単語編集の方法は，NTT による時報サービスを皮切りに，駅での案内放送などで広範囲に使用されている。この方法では，つぎの語に滑らかに接続するように，元の語の発声時に平板で発声するなどの注意を払っている。

ここでは，一つの音声データの中で，音の切貼りを行った。二つ（以上）のデータ間でも，音の切貼りは可能である。例えば，1 番目のファイルのある部分を［切り取り］(あるいは，［コピー］し)，2 番目のファイルのある点を始点として，［貼付け］する（あるいは，［ペースト］する）ことができる。この際，二つのファイルの属性（ビット数，標本化周波数，チャネル数，など）が同じであることを確認のこと。両者の属性が異なる場合，どのような結果になるが保証されないか，もしくは処理そのものが拒否される（サウンドソフトにより異なる)。

単語や短文の音声をつぎつぎに発声したデータから，それぞれの単語や短文の音声を切り出し，個別にファイルに格納する処理はしばしば必要となる。例えば，前述した単語編集の方法で，音声応答装置を構成するための準備作業である。こうした場合は，前後に無音区間を付けずに，音声区間のみを取り出す必要がある。ただし，閉鎖音（破裂音とも）から始まる単語の場合は，（口をつぐむに要する時間に相当する）短い無音区間を語頭に付けておいたほうがよい。

6.2.4 音のミキシング

つぎに，二つ（あるいは，それ以上の個数）の音を足し合わせる**ミキシング**の操作について説明する。ミキシングの処理は，数学的には，二つの音の各サンプルの瞬時振幅を加算することに相当する。ここでは，FJI 発声の 1shukan.wav と MNI 発声の 1shukan.wav とをミキシングしよう。二つの SoundEngine を立ち上げ，それぞれに FJI と MNI の音声データを読み出す。ここで，二つの音声データの属性が一致していることを確認しておこう。

両方の波形を眺めると，FNI 発声のデータは前後にやや長い無音区間が付いているので，始端の 0.16 s，および終端の 0.18 s を削除しておこう。また，MNI 発声のデータは振幅が大きいので，8 dB 減衰させておこう。MNI の音声を表示しているウィンドウで［波形|すべて選択］（波形ウィンドウの色が反転する）を指示し，さらに［編集|コピー］して全区間をクリップボードに取り込む。

FJI の音声データを表示した画面で［編集|すべて選択］を指示したのち，［編集|コピー］する。ついで MNI の音声データが表示されている SoundEngine に移り，その先頭部分をクリックして縦線のカーソル（先頭に移動させるにはキーボードの左向き矢印を押す）を表示させる。続いて，［編集|ミックス］を指示すると，表示波形が変化し，二つの音声データがミックスされた波形になる。再生ボタンを押して，ミキシングの結果を確認しよう。

ミキシングの処理を行った場合，処理結果は長いほうの音声ファイルの長さになる。また，ミキシングの結果，ある時点の加算された標本値が最大値（16 bit の場合，32 767）を超すと，その値でクリップされる。したがって，ミキシングによりオーバフローする可能性がある場合，元のデータの振幅をあらかじめ小さくするなどの措置が必要である。

6.2.5　ステレオ（2 チャネル）信号の操作

サウンドソフトでステレオ（2 チャネル）信号を扱うことのできる範囲は，サウンド録音・編集ソフトも音声分析ソフトもかなり狭い。

音声をステレオ信号として扱うのは，両耳効果や空間的聴覚機能の検討などやや専門的な分野に限られ，一般的にはモノラル信号で十分である。しかし，2 チャネルのサウンドを扱うことができれば，例えば，教師音声と生徒音声を別々のチャネルに収容するとか，発声合図音と音声を各チャネルに収容するなどの使い方ができる。しかし，ステレオ信号を扱うことができるサウンドソフトでも，チャンネルごとの操作をできるものはそれほど多くない。

ステレオ信号の操作としては

① 片チャネルの取出し

② 両チャネルの音量調整

③ 片チャネルの一部を除去

④ 片チャネルに遅延を与える

⑤ 二つのモノラル信号からステレオ信号を作成

などがある。これらすべてを実行できるのは音声工房だけで，Audacity と Wavosaur では ①

が可能（**別図 6.8**），Audacity のメニュー項目に⑤は存在するが機能しない，SoX では②と④と⑤が可能，SoundEngine ではすべて不可である。

6.2.6 反響（エコー）と残響（リバーブ）

波形操作の実例として，反響（エコー）と残響（リバーブ）の実験をしてみよう。反響というのは，音源からの直接音に，ある時間遅れた反射音が加わった音である。異なる時間遅れで複数の反射音が到達することもある。SoundEngine で MNI 発声の 1shukan.wav というサンプル音声を開き，［編集|すべて選択］を指示し，［編集|コピー］して全波形をコピーしておく。ついで，［始］点 0.1 s の位置に縦線カーソルを置き，［編集|ミックス］を指示する。すなわち，100 ms（ミリ秒）遅延した反射音（音量と音質は原音と同じ）と原音が混じり合った音を作成した。この反響が加わった音を聴いてみよう。

［編集|もとに戻す］を指示して，反響音追加の処理を元に戻し，異なる遅延時間でミックスする。40 ms 遅延した反響音を原音に加えた場合，おそらく（音量の点を除けば）原音と区別できなかったであろう。すなわち，二つの音が分離して聞こえる時間差は 50 ms といわれており（**検知限**と呼ばれる），それ以下の時間差で到達した音は一つの音のように聞こえるからである。ただし，両耳で聴く場合はこの時間差は音源の方向を探知するための重要な因子になっている。

この実験では，反射音の音量と音質は原音と同じとしたが，実際の反響では，原音の音質が変わり，かつ音量がかなり減衰した音が生じている。SoundEngine には，複雑な反響音を生成する機能が備わっており（**別図 6.9**），メニュー［空間|ディレイ（エコー）］を指示して現れるダイアログに示される多くのパラメータを指定するようになっている（**別図 6.10**）。

一方，残響（リバーバレイション）というのは，数多くの反射音が短い時間間隔で到来して，それぞれの反射音を区別できず，渾然一体となったものである。残響は大きな教会などで経験することができ，われわれが耳にするのは，直接音と残響音である。簡単な波形操作だけで，残響を実現することはできない。SoundEngine では［空間|リバーブ（残響）］を指示して現れるダイアログに種々のパラメータを設定して残響音を生成する機能が備わっている（**別図 6.11**）。

6.3 フ ィ ル タ

信号の周波数特性に変更を与える電気回路は**フィルタ**と呼ばれている。この電気回路の特性を数値演算で実現する方法は**ディジタルフィルタ**と呼ばれている。コンピュータの処理能力の向上に伴い，パソコンのプログラムにより実現したディジタルフィルタが盛んに使用されるようになった。サウンドソフトにも，いろいろのフィルタが実装されている。
単純なフィルタとして，以下のものがある。

・**低域通過（ローパス）フィルタ**：指定の周波数以下の成分のみを残すフィルタ
・**高域通過（ハイパス）フィルタ**：指定の周波数以上の成分のみを残すフィルタ
・**帯域通過（バンドパス）フィルタ**：指定の周波数帯域の成分のみを残すフィルタ
・**帯域阻止（バンドストップ）フィルタ**：指定の周波数帯域の成分を除去するフィルタ
・**低域強調フィルタ**：可聴周波数帯の低域を強調するフィルタ
・**高域強調フィルタ**：可聴周波数帯の高域を強調するフィルタ
・**ノッチフィルタ**：ある周波数（狭い帯域）成分を除去するフィルタ

これらのほか，周波数特性を変更・調整するためのフィルタがあり，**イコライザ**と呼ばれており，それにもいくつかの種類がある。

・**1ポイントイコライザ**：1周波数をブースト（強調），またはカット（減衰）する
・**3バンドイコライザ**：高／中／低域を，それぞれ独立に強調／減衰させる
・**グラフィックイコライザ**：オクターブ間隔で9バンドを強調／減衰させる
・**パラグラフィックイコライザ**：設定周波数より低域／高域を強調／減衰させる
・**ダイナミックイコライザ**：入力音量に追随して特定の周波数帯域の成分を抑制する

サウンドソフトにはこれらのフィルタのいくつかが実装されているが，その種類と特性（明示されていない場合が多い）はソフトにより異なる。なお，ノイズ除去，人声除去（Vocal Remover）という機能も一種の特殊なフィルタであるが，これらについては次節で説明する。

6.4 雑　音　除　去

ここでいう雑音とは，音声データに含まれていて，希望する音声部分以外の成分を指す。雑音としては，音声収録時に加わった外界からの音や声のほか，音声収録系で発生する電磁的なノイズ（これも雑音と呼ばれる），あるいは発声者自身が発生させたもの（マイクロホンやコードの振動，直気流によるマイクの異常な応答，など）もある。一般に音声データに加わった雑音を除去することは困難であり，収録時に雑音を混入させないことが基本である。放送，音楽業界などに従事する音響エンジニアは，そのために細心の注意を払っている。

6.4.1 雑音区間の除去

録音した音声データのある箇所に雑音が存在しており，その雑音と音声区間が時間的に分

離している場合には，その雑音を簡単に除去することができる。例として，MNI 発声の Gaikokujin.wav というファイルを取り上げる。この例では，1.25 s あたりのところに，発声時に生じたやや大きめの雑音が存在している（**別図 6.12**）。

このような雑音を除去する方法として

① 雑音の区間を切り取る。

② 雑音区間の振幅を減衰させ，聞こえないレベルにする。

③ 雑音区間に，雑音のない信号をかぶせる（上書きする）。

の方法がある。

① の方法は簡単だが，切り取ることにより，音声データ全体の長さが変わってしまう。よって，区間の長さが変わってもよい場合にしか，この方法は適用できない。なお，切取り区間の始点と終点は，前と同様に，注意して設定すること。雑音が生じている区間の音の振幅を 0 にしてもよい場合は，② の方法が簡単である。Gaikokujin.wav というファイルを例に，この方法を説明する。このデータを表示させておいて，1.25 s から 1.41 s の部分を選択し，反転表示させる。

SoundEngine においてメニュー［音量|ボリューム（音量調整）］を選択し，現れるダイアログで［選択範囲のみ］にチェックが付けられていることを確認し，［音量］の値を，例えば［−100 dB］として［OK］ボタンを押す。そうすると，この区間の振幅は 0 になり，基線だけが表示されるようになった。100 dB 減衰させるということは，瞬時振幅を 10 万分の 1 にすることだから，この区間内の標本点すべてが瞬時振幅 0 になった。波形ウィンドウ右下の振幅拡大のスクロールバーにある＋のボタンを 2 度ほど押すと，波形全体が振幅拡大表示され，この部分の振幅が 0 で，左右は小さな振幅になっていることがわかる。

上記の方法ではクリック性の雑音を除去しようとして，指定した区間の定常的な雑音まで除去してしまった。定常的な雑音にクリック性の雑音が重畳しており，クリック性の雑音のみを除去したい場合には，③ の方法を用いたほうがよい。クリック性雑音を挟む適当な長さの区間に，同じ長さで定常的な雑音の区間をどこかから［コピー］してきて，クリック性雑音の区間に［上書き］すればよいのである（音声工房の場合）。しかし，残念ながら SoundEngine には［上書き］（置換え）の機能がないので，この雑音区間を削除（［切取り］）し，別の背景雑音のみの区間から同じ長さの区間を写し取り（［コピー］），それを元の雑音区間の始点から挿入（［貼付け］）すればよい。

雑音の周波数帯域が，音声の帯域と異なっている場合は前節で述べたフィルタを通すことにより，雑音を軽減することができる。雑音と音声が時間的および周波数的に重なっている場合，一般的には両者の分離はきわめて難しい。しかし，雑音が特別な特性を有していることがわかっていれば，それを利用して雑音を除去，あるいは軽減することができる可能性がある。ここでは，サウンドソフトに組み込まれている，そのような雑音除去フィルタを紹介しよう。

6.4.2 ノッチフィルタ

6.3節で紹介したノッチフィルタは，特定の周波数成分を除去するもので，例えばハム（ハム音，ハム雑音，ハムノイズ，などとも）という交流電源（50 Hz，または60 Hz）に由来する雑音の除去に有効な場合がある。パソコンのマイク端子からの入力信号も，パソコン内部を通過する間にハム雑音が加わる。心電計からの信号にもハムが加わりやすいので，それを防護し，あるいは除去して正確な心電図を計測することが重要とされている。

実際には，ハム雑音は50 Hz（または60 Hz）のきれいな正弦波であることは少なく，基本波よりその高調波成分（100 Hzとか150 Hzなど）のほうが大きい場合や，20 msごとに生起するパルス状の雑音であったりするので，基本波と高調波を合わせて除去することが望まれる。

サンプル音声集の［NewSounds］ディレクトリにある1shukan_ST.wavという音声ファイルは，1shukan.wavに（疑似）ハム雑音を加えたものである（50 Hzの三角波）。このファイルを開いて波形を表示させれば，定常的なハム雑音が重畳していることがわかる（低周波のハム雑音は，イヤホンなどの低域が出ない機器ではあまり聞こえないかもしれない）。いま，SoundEngineで［音質|1ポイントイコライザ］を選択し，現れたダイアログで［周波数］として50 Hz，［レベル］として−24 dBの値を設定して［OK］ボタンを押す。そうすると，表示波形のハム雑音部分がほぼ除去され，音声部分だけが残った波形が得られる。右下の振幅拡大ボタンを押すとハム雑音が現れ，完全には除去できていないことが確認される（基本波の3倍の150 Hzの成分など）。処理前後の波形を**図6.10**に示す。処理後のファイルは，1shukan_ST_1pEQ.wavの名前で格納しておく。

Audacityには，メニューに［エフェクト|Notch Filter］という機能が搭載されている。そのダイアログを開き，［Frequency］として50 Hz，［Q］値として3.0を設定して［OK］ボタンを押す。そうすると，ハム雑音がかなり除去された音声波形が得られる。処理後のファイルは，1shukan_ST_NF.wavの名前で格納しておく。この機能を十分に働かせるためのパラメータの設定法がわからないが，SoundEngineの1ポイントイコライザほどはうまくハム雑音を除去してはいない。

Wavosaurにも同様の機能が備えられている。メニューから［Effects|Filter|Band pass, reject］を指示し，現れるダイアログで［Properties］の［Frequncy］として50 Hzを，［Bandwidth］として1 %を設定し，［Filter type］として［Band reject (notch)］を選択して［OK］ボタンを押す。そうすると，ハム雑音がかなり除去された音声波形が得られる。処理

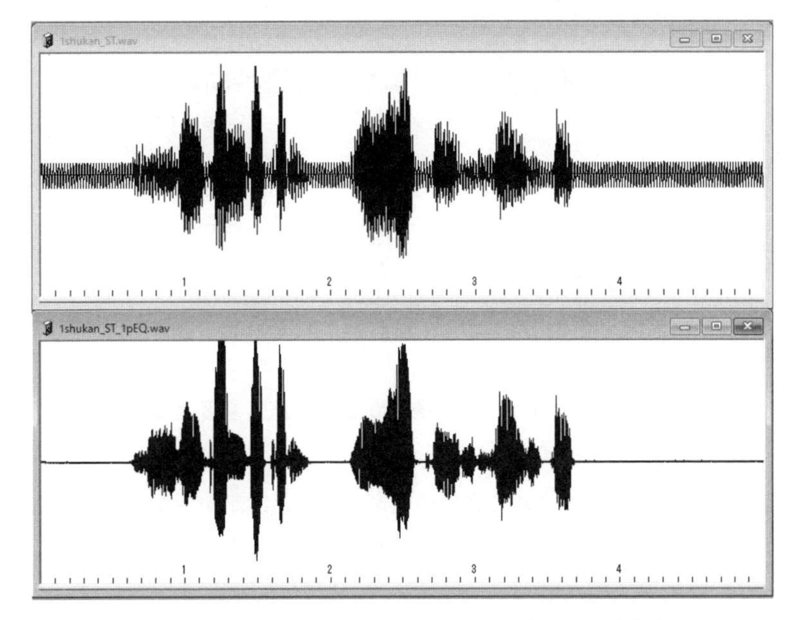

図6.10　SoundEngineのワンポイントイコライザでハムを除去する

後のファイルは，1shukan_ST_BR.wavの名前で格納しておく。

6.4.3　残響・反響の除去・軽減

SoundEngineのメニューに［その他|リバーブカット］がある。1shukan_1sRev.wavに対して試みたところ，マニュアルを参照してパラメータを設定しても，あまり効果がない。原理的に難しいからである。

エコーキャンセラという機能が，ハウリングを防ぐためにテレビ会議システムなどに組み込まれている。室内の伝達特性を模擬し，その影響を受けた信号に適応フィルタをかけるものである。すでに反響が含まれた信号から反響除去するのは難しい。

6.4.4　人声の除去（Vocal Remover）

サウンドソフトにVocal Removerと称した機能が具備されていることがある。通常，伴奏を伴った歌声（ボーカル）の録音では，センターの位置で歌声が録音され，伴奏はステレオの状態で録音される。このように録音された音データに対して，左チャネルの信号から右チャネルの信号を差し引くと，うまく振幅と位相が合っていれば，歌声が消えてしまう。すなわち，Vocal Removerというのは，ステレオ信号に対して両チャネルの差を求める機能をいう。TVドラマでは，録音した電話音声中から，人間の声を除去して背景音を取り出す場面が出てくるが，そのような機能を（高い精度で）実現する技術はまだ存在しないものと思われる。

6.5　発声速度，声の高さ，継続時間の変更

録音済みの音声データの発声速度，声の高さ，あるいは継続時間を人為的に変更したいという要望が，さまざまな分野で挙げられる。この際，変更の割合が小さいが，できるだけ音質は保ちたいという場合から，ある程度了解性が保たれれば，変更できる割合を高くしたい（早聞きの場合）場合まで，要望はさまざまである。

6.5.1　音声波形の一部を変更する — 継続時間と発声速度を変える —

まず，音声データの一部に変更を加えて，継続時間を変える処理を説明しよう。この処理により，結果的に発声速度を変えることにつながる。同じ字句からなる文を，速い速度（継続時間が短い）と遅い速度（継続時間が長い）で発声した音声データを比較すると，後者のほうが

・ 語と語の間の無音区間の長さが長い

・ 無音区間の数が多い

・ 定常的な音（母音や摩擦性の子音）の長さが長い

ことが知られている。したがって，速い速度で発声した音声データに対して，無音区間の長さを長くしたり，母音部を長くすると，発声速度が遅くなったように感じられるようになり，継続時間も長くなる。逆に，無音区間の長さを短くしたり，母音部を短くすると，やや早口で発声する声に近づく。

具体的に，母音定常部の音声波形に変更を加えて，音声データの継続時間を調整する処理を説明する。なお，ここで説明する処理をコンピュータプログラムで自動化したものが**ピッチ同期波形重畳法**（pitch synchronous overlap and add，**PSOLA**：ピーソーラと読む）と呼ばれている方法である。またここでは，（時間軸の座標値をミリ秒の桁までしか表示されない）SoundEngine に，（ミリ秒以下まで読取りが可能で，ピッチ分析もできる）Praat を援用させることにする。

サンプル音声集の中にある MNI 発声の shoojoo.wav（症状）という音声データを取り上げる。このデータの音声区間は，0.128 ～ 0.936 s の 808 ms の長さである。0.331 ～ 0.525 s までの間は基本周波数が 146.8 ～ 146.2 Hz と安定している。この区間で瞬時振幅値は 3 割程度変化があるが，それほど大きくは変わっていない。そこで，0.318 3 ～ 0.487 3 s の 1 690 ms の区間を切り取り，結果を shoojooB.wav の名前で格納する。新しい音声ファイル shoojooB.wav にさらに変更を加える。0.322 ～ 0.364 s の区間を切り取り，shoojooC.wav という名前で格納する。元の shoojoo.wav と shoojooC.wav を聴き比べよう。後者は，ややイ

ントネーションはおかしいが，「書状」に聞こえなかったであろうか。

ここで行った実験は，単語編集の現場で有用な処理である。あらかじめ必要とされる単語や文節をリストにして，ナレータなどに発声してもらい，録音結果を単語編集して応答文を作ろうとすると，一部の単語の音声長が不適で自然に聞こえない，あるいは発声間違いや雑音が重畳して使用できないことが生じる。この際に，（手間・費用のかかる）再発声・収録を避けて，既収録の単語等に変更を加えて，所望の単語等を作り出すのである。

6.5.2 音声データの全体に発声速度と高さを変更 ― リサンプリング ―

つぎに，蓄積してある音声データに対して，その全体の発声速度と声の高さを変える処理について紹介しよう（これは，テープレコーダの早回し，遅回しに相当するが，このような語自体が死語かもしれない）。

ここでは原理を理解し，かつ小さな比率で発声速度を変更するために，WAV ファイルからデータのみを取り出し，そのデータを偽りの標本化周波数を指定して WAV ファイルを作るという方法を紹介する。そのためには，WAV 形式とラベル無しの RAW 形式のデータを変換できるソフトがあればよい。そのような機能を有するソフトとして，Audacity，SoX，音声工房などがある。

ここでは Audacity を使ってみよう。メニュー［ファイル|開く］から，例えば 1shukan.wav（16 kHz，1 ch，16 bit のデータである）を読み出す。このデータを，メニュー［ファイル|オーディオの書き出し］を指示し，現れた［オーディオの書き出し］ダイアログで，［ファイルの種類］として［その他の非圧縮ファイル］を選択し，［フォーマットオプション］の［ヘッダ］として［RAW（header-less)］を，［エンコーディング］として［Signed 16-bit PCM］を選択する。［ファイル名］として 1shukan_16k.raw として保存する（［メタデータタグ］はそのまま）。ついで，［ファイル|取り込み|ロー（Raw）データの取り込み］を指示し，ファイルとして先ほど作成した 1shukan_16k.raw を選択する。現れる［Raw データの取り込み］という名前のダイアログで［サンプリング周波数］を，例えば 15 000 Hz（ほかの条件は，表示のまま）として［取り込み］を選択する。この波形データを，メニュー［ファイル|オーディオの書き出し］ダイアログにて，［ファイルの種類］として［Wave (Microsoft) 16 bit PCM 符号あり］を選択し，［ファイル名］を，例えば 1shukan_16k.wav として保存する。このようにして，元の 16 kHz 標本化の音声を 15 kHz で再生できる音声ファイルが作成できた。厳密には，これを再生する際に 15 kHz を切断周波数とする低域フィルタを通す必要があるが，いまの場合，折返し成分はかなり高い周波数域にあるので，ほとんど気がつかない。

この処理のように，元のディジタルサウンドデータの標本化周波数を変更する（かつ，必要なフィルタ処理の）機能を，最近のサウンドソフトは備えている。その操作は以下のとおりである。

SoundEngineには，ツールバーの中ほどに［再生速度］というスライダがあり，その右の［× 1］と記されたボタンを押すとデフォルトの速度（録音時の発声速度）になる。このスライダのつまみを左右に移動させると，再生速度と高さが同時に変化する。つまり，つまみを右に移動すると，0.1刻みで4まで値が変化する。すなわち，4倍まで発声速度を速め，音の高さが4倍高くなった音声が再生される（内容は聞き取れないが）。逆に，つまみを左に移動させると，0.1刻みで設定値は小さくなり，例えば0.5に設定すると，発声速度が半分で，声の高さも1/2に低くなった音声が再生される。0.1まで小さく設定すると，もうヒトの音声ではなく，猛獣がうなるような声に聞こえる（−4まで設定できるが，その意味は不明）。

Audacityにも［スピードを変えて再生］する機能が用意されている。（デフォルト状態では）［一時停止］のクイックボタンの下にあるスライダで再生速度を設定し，その左の再生ボタンで再生する。スライダのつまみにマウスカーソルを重ねると［再生速度：0.99×］などと設定値が表示される。このスライダのつまみを左右に移動させると，再生速度と高さが同時に変化する。つまみをわずかに移動させることにより，細かく再生速度を調整できる。調整範囲は，0.01 ～ 3.0である。

Wavosaurには，メニュー［Process|Resample］があり，開かれる［Change sample rate］というダイアログで，新しい標本化周波数と，変更時の整形処理の有無をチェックボックス［Change only the sample rate without processing］で指定する。成形する場合には，内挿［Interpolation］の有無とその方法，および折返しひずみ防止フィルタ［anti aliasing filter］の有無とその種類，を指定する。複雑な内挿法と高精度のフィルタを選択すると，処理がやや重たくなる。

6.5.3　声の高さのみを変える ― ピッチシフト ―

録音済みの音声データに対し，声の高さのみを変え，発声速度や継続時間はそのままにしておきたいという要望は，音声素材を扱う現場で頻繁に見られる。これに応えるには，前述した一様変更の方法で，所望の声の高さに変更し，それに伴って変わってしまった発声速度（あるいは，継続時間）を，先に説明した波形の一部変更の方法で元に戻すことが考えられる。

実際このような原理に基づく（であろうと推定される）機能を盛り込んだサウンドソフトが存在する。

Audacityにはメニュー［エフェクト|ピッチの変更］があり，指示すると［Change Pitch］のダイアログボックスが開く。このソフトでは，音声データの開始時点のピッチ（基本周波

数）分析を行い，その周波数，および対応する音階記号（C1など）を表示して，それを新しい周波数値（あるいは，%）もしくは新しい音階（あるいは，音程差）を入力させるようにしている。下のほうにあるスライダのつまみを左右に移動させてもよい（それに伴い，変更率や音程差が表示される）。なお，［Use high quality stretching（slow)］と記されたチェックボックスにチェックを入れると，処理時間が長くなるが高精度で変換するものと思われる。

Wavosaurにはメニュー［Process|Pitch shift］があり，そこには［Simple］と［High precision FFT］のいずれかを選択するようになっている。［Pitch shift|Simple］を選択した場合，現れるダイアログで［semitone］(半音)，あるいは〔cent〕(セント）単位に高さの変更量を指定する（低くする場合は，マイナス値を設定する)。ここに，centというのは，二つの周波数の比であって，（平均律の）半音の間隔は100 centである。すなわち，高さの大きな変更はsemitoneで，100以下の細かな変更はcentの値を入れ，両方で広い範囲を細かく設定できるようにしている。［Apply interpolation］(「内挿を実施する」の意）というチェックボックスは，高さ変更に伴う継続時間調整の処理において，波形の乱れを内挿により平滑化するかどうかを設定するもので，選択しておいたほうがよいであろう。

［Pitch shift|High precision FFT］を選択した場合，現れるダイアログにて［FFT size］(高速フーリエ変換する際の標本数）と［Overlapping］(重畳させる標本）を指定して，変更する高さの比率［Pitch value］をスライダで設定して実行することになる。変更できる高さの比率は，0.5～2.0である。このようにピッチシフトに際してFFT幅と重畳幅をパラメータに指定していることから，WavosaurにおけるピッチシフトにはPSOLAの方法ではなく，信号のスペクトルモデルに基づく方法（phase vocoder）で実現しているものと推定される。

SoundEngineには，ピッチシフトの機能は具備されていないようである。

6.6 変声，声質変換

6.5.3項のピッチシフトの方法で変更の割合を高くすると，声質が変わった感じに聞こえる。この現象を積極的に利用して，声質を変え，元の発声者の個性を弱める，男声と女声の声の変換，特殊環境下（ヘリウムなど）で発声した声の復元，などさまざまな応用が考えられている。なお，この節の内容を理解するには，（音声分析に関する基礎知識が十分でない方は）次章を先に読んだほうがよいのかもしれない。

6.6.1 男声 ⇔ 女声変換

まず，男性の声を女声のように，あるいは逆に女性の声を男声のように変換することを検討しよう。ここでは，「恋声（こいごえ)」というフリーウェアを利用しよう。ソフトウェアの名前はチャラい（失礼！）かもしれないが，このソフトには高度の音声処理技術が組み込まれており，リアルタイム処理という点でも卓越した技術によって実現しているのである。

まず，一人の男性が発声した短文を女声に変換することから始めよう。「恋声」を起動し，［方法の選択］として［TD-PSOLA（単音向け）］を選択する。ウィンドウ中央最下段に［通常 歌声］と表示されているコンボボックス（この付近にマウスカーソルを近づけると［方法選択 特殊効果］とポップアップが表示される）で［通常 話声］を選択する。その上に［G3］(音名で，196 Hz に相当）と表示されているコンボボックスに［C2］(65 Hz に相当）を設定する。

そして，［入力］欄中にある右側のフォルダのボタン（［ファイル入力］）を押し，MNI 発声の 1shukan_44k.wav（1shukan.wav を 44.1 kHz に変換したファイル）を指定する。そうすると，その音声データが普通どおりに再生される（なぜか，末尾の 0.5 秒ほどが無くなるバグ？があるので，0.7 秒の無音を追加した)。再生にあわせて，ウィンドウ右側にある［Pitch Analyzer］と記された背景が黒いグラフ用紙に緑色でピッチパタンが，藍色でパワーパタンが表示される。このグラフの縦軸は周波数に対応するが，目盛りではなくピアノの鍵盤で表示されている。G2 は 98 Hz，C3 は 130.8 Hz，C4 は 260.1 Hz に相当する。

この声を女声に変換してみよう。ウィンドウ中段にある［声の高さと性質の調整］欄で，［Preset］の右方の［M → W］と記されたボタンを押す。そうすると，その上の［Pitch］と記されたスライダつまみが［200 %］の位置に，［Formant］と記されたスライダつまみが［126 %］の位置に移動したはずだ。すなわち，このソフトの設計者は，男声 → 女声変換に際し，ピッチを 2 倍の，フォルマントを 26 % 増しの周波数にするようデフォルト設定している。再度，1shukan_44k.wav のファイルを指定すると，女声のように変換された音声が聞こえたはずだ。スライダのつまみを異なる位置に移動させ，いろいろの値で変換した声を受聴しよう。変換した音声をファイルに保存するには，ウィンドウ右下の［設定］ボタンを押して［恋声の設定］ダイアログを開いて，［出力 WAV，Dump の保存先］のフォルダを右側の参照ボタンで設定し，元のウィンドウの左下にある［出力音声をファイルに保存する］をチェックして，再度音声ファイルを指定すればよい。

同様に，女声を男声に変換する場合は，［Preset］の右にある［W → M］のボタンを押し，FJI 発声の 1shukan_44k.wav を指定すればよい。女声 → 男声の場合の周波数変更の割合は，ピッチが 50 %，フォルマントが 75 % である。一度変換した音声は，再生ボタンを押すことにより再度受聴することができる。なお，変換された音声データは，ファイル名の一部を変更して指定のフォルダに格納される。

ここで，前述の単なる「ピッチシフト」の方法と「恋声」の方法による変換結果を比較してみよう。

フォルマントは口腔における音の共鳴により生じるもので，一般的に女性の口腔は男声より小さいから，フォルマント周波数は男声より2～3割高い。一方，基本周波数は肺からの空気流による声門の振動周波数であり（よって，口腔の大きさは直接的には関係しない），個人差が大きいものの，女性は男声より2倍程度高い。Phase Vocoder を用いてピッチシフトすると，ピッチと同じ割合でフォルマント周波数も変化してしまうので，例えば男声を女声に変換するために2倍にピッチシフトすると，フォルマント周波数が高くなりすぎて不自然な音になるのである。

図6.11 左上は，男性による原発声の「う」の部分のスペクトルと LPC スペクトル（7章で説明する）であり，同図左中は，この原音を2倍にピッチシフトしたもの，同図左下は原音を「恋声」で女声に変換したものである。同図右下は，女性による原発声の「う」の部分のスペクトルと LPC スペクトルであり，同図右中はピッチシフトで半分の周波数に変換したもの，同図右上は「恋声」により男声に変換したものである。図の中段に示したピッチシフトによる方法では，男女性とも中域で不自然なスペクトルを呈している。これに対して「恋声」による変換（左下と右上）結果は，かなり滑らかなスペクトルを示しており，（異性の）

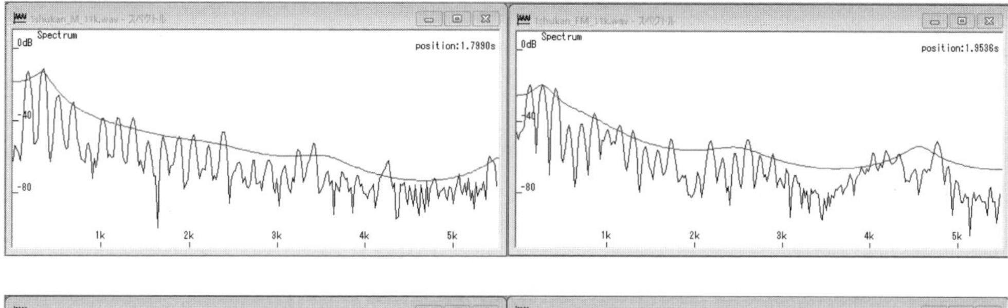

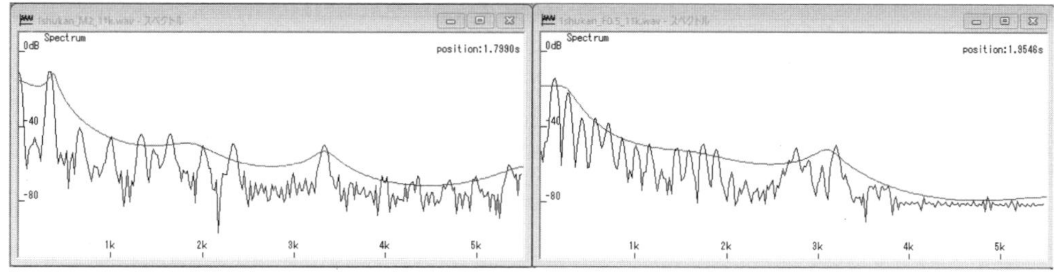

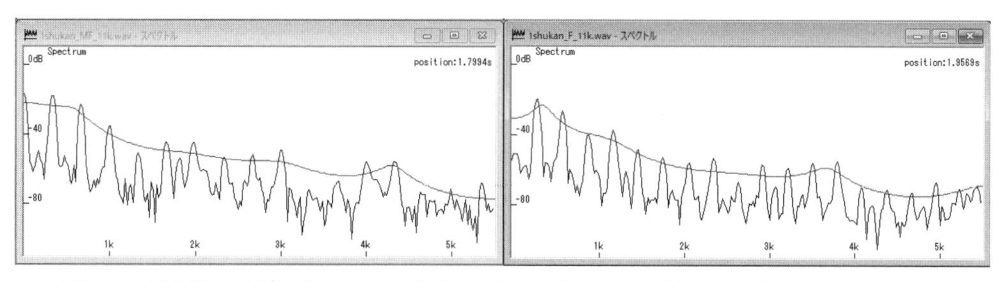

図6.11　男女性の原音をピッチシフトと「恋声」で女声と男声に変換する（帯域5.5 kHz で表示）

原音スペクトルに類似した形を示しており，聴感的にも優れた声質変換を実現している。

6.6.2　ボイスチェンジャ，変声機

スマホアプリとして，**ボイスチェンジャ**，あるいは**変声機**というものがある。また，TV ではときどき，発声者をわかりにくくするために変声した声を流している。次項で述べるヘリウムガスを吸って発声する器械は別として，これらのボイスチェンジャといわれるものは，前述の「恋声」と類似のテクニックを使用しているものと思われる。

変声された声は，その変換比率を推定し，逆の割合で変換し直すことにより，元の音声に（復元されなくとも）近づくものと思われる。TV で放送される変声音声も，ある程度復元できるであろう。

6.6.3　ヘリウムボイス

50 m 以上の深海に潜るダイバは，ヘリウムと酸素の混合ガスを吸っている。この混合ガスの下での音の伝搬速度は，空気環境の下の約 2.7 倍になる。したがって，（空気中のように発声した）ダイバの声はその比率で高くなった声として，潜水指揮所に届く。これが**ヘリウムボイス**，あるいはドナルドダックボイスといわれるものである。このような声を聴きやすくするために，周波数帯域を元に戻すヘリウム音声修正機というものが使われている。高圧力下での発声に対して，発声者による違いはあるものの，ヘリウム音声修正機により 85 % 程度の明瞭度が確保されると報告されている。

6.7　信号音の作成

ここでは，**信号音**と呼ばれる各種の音を，サウンドソフトで生成する方法について説明する。信号音は，区切り音や合図音のように，音声の合間に入れて注意を喚起するために使用するほか，いろいろのスペクトルを有する雑音を生成し，言語音声に対する妨害の実験などに使用される。

6.7.1　作成できる信号音の種類

Audacity の［ジェネレーター］メニューから，以下の信号音を作成できる。

- **DTMF トーン**　　DTMF というのは，Dual Tone Multi-Frequency（多周波の二つの音）の略で，二つの周波数の純音を加え合わせた音であり，電話の（トーン）ダイアル音である。ダイアログの［DTMF シーケンス］欄に生成したい番号を（続けて）設定し，［OK］ボタンを押せば，ダイアル音の波形が波形ウィンドウに表示される。

・**チャープ**　チャープ信号とは，時間とともに周波数が増加，もしくは減少する信号で，**スイープ信号**とも呼ばれる。[Chirp] ダイアログにて，[開始] 時点の [周波数] と [振幅]，および [終了] 時点の [周波数] と [振幅] を設定し，[OK] ボタンを押すと，チャープ信号が波形ウィンドウに表示される。[補完](「補間」の間違い？) の方法として [リニア] と [対数] を選択でき，前者の [リニア] では開始周波数から終了周波数まで直線的に周波数が変化し，後者の [対数] では対数的に変化するようになっている。また，[波形] として [サイン波]，[矩形波]，[のこぎり波]，[エイリアス成分なし] を選べるようになっており，高調波を発生させて複雑なスペクトルの音を生成できるようになっている。

・**トーン**　単一周波数の信号を，ここでは [トーン] と称している。波形として，[サイン波]，[矩形波]，[のこぎり波]，[エイリアス成分なし] を選択でき，高調波を発生させた音を生成できるようになっている。

・**ノイズ**　[ノイズの種類] として，[ホワイト]，[ピンク]，[Brownian] という3種類を選択できるようになっている。[ホワイト] ノイズは，全周波数帯域の成分が一様な雑音でシャーという感じの雑音である。[ピンク] ノイズは，オクターブごとに（周波数が倍になるにつれ）3 dB 減衰（−3 dB/oct）するスペクトルの雑音でジャーという感じの雑音である。[Brownian] ノイズはレッドノイズとも呼ばれ，オクターブごとに 6 dB 減衰（−6 dB/oct）するスペクトルの雑音でザーという柔らかい感じの雑音である（ブラウン運動の Brown であり，茶色ではない）。

・**無音**　指定の長さの無音，すなわち振幅ゼロの信号を生成する。

SoundEngine では，信号音の生成はメニュー [ツール|WaveGenerator] を指定し，現れる DOS 窓に表示される質問に答える形で信号音の特性を規定していく。生成する信号音のタイプは，Silence：無音，Sine：純音（正弦音），Sine Sweep：純音のスイープ，Noise：**ホワイトノイズ**，Pink Noise：**ピンクノイズ**，Impulse：1 秒間隔のパルス，Max：正の最大値，であり，続けて標本化周波数，継続時間，ビット数，チャネル数を指定し，作成した信号音をファイルに格納するようになっている。

6.7.2 信号音の成形

作成した信号音は，通常，開始点から急に（その信号特性が）始まり，終了点で突然終わる。このような信号音を受聴者に提示すると，開始点と終了点でカチッというような音が出て不快感を与えてしまう。そこで，振幅ゼロの開始点から徐々に振幅を大きくするフェードイン，および一定振幅の状態から徐々に振幅を減衰させて振幅ゼロにするフェードアウトという成形の処理がよく行われる。

Audacityのメニューに備えられている［エフェクト|フェードイン］および［エフェクト|フェードアウト］の機能は，指定した区間の振幅を直線的に変更するものである。これに対して，［エフェクト|Adjustable Fade］では，かなり複雑な設定が可能になっている。［Fade Type］として［S-Curve Up］と［S-Curve Down］は，振幅の変化をS字状に増大，あるいは減衰させるものであり，かつ［Mid-fade Adjust］（中間点調整）により，立上りあるいは立下りをなだらかにするか急激にするかを自由に調整することができる。あるいは，［Handy Preset］としてあらかじめ設定されている変化曲線を，［Linear］（直線的），［Exponential］（指数的），［Logarithmic］（対数的），［Rounded］（丸めの曲線），［Cosine］（余弦的），［S-Curve］（S字形）の中から選択することもできる。

6.7.3 合図音の作成

Audacityで，新規に合図音を作ってみよう。まず，［ジェネレーター|無音］を指示し，現れるダイアログで［継続時間］を6秒としよう。ビット数は16，標本化周波数は16 000 Hz，チャネル数はモノラルにしておこう。ついで，1秒の位置にカーソルを置き，［ジェネレーター|トーン］を指定し，現れるダイアログで［波形］サイン波，［周波数］440 Hz，［振幅］0.5，［継続時間］0.5 sを指示して正弦音を作成し，続いて1.0～1.1 sの区間を選択し，［エフェクト|Adjustable Fade］として［Handy Presets］として［S-Curve In］を指定すると，その区間がS字状に立ち上がるようになった。同じように，1.3～1.5 sの区間を［エフェクト|Adjustable Fade|S-Curve Out］させる。つぎに，1.0～1.5 sの区間を［編集|コピー］して，2.0 sと3.0 sの位置に［編集|ペースト］し上書きする。さらに，4.0 sの位置に，周波数880 Hz，振幅0.5，長さ1.0 sの純音を作成する。この波形も，4.0～4.1 sの区間をフェードインし，4.6～5.0 sの区間をフェードアウトさせる（**別図6.13**）。できあがった合図音を試聴せよ。時報音のように聞こえたであろうか。

6.7.4 複合正弦音の作成

複数の純音（正弦波の音）を組み合わせた音を**複合正弦音**という。複合正弦音の例として，二つの純音を組み合わせた**DTFM信号**を取り上げる。Audacityの［ジェネレーター］には［DTMFトーン］を作成する機能があったが，ここではその機能を使わず，独自にその音を作ることにする。まず，［トラック|新しく追加|モノラルトラック］を生成し，そこに［ジェネレーター|無音］により4秒の［無音］を作っておこう。その0.5秒の位置にカーソ

ルを置き（微調整は矢印キーで），［ジェネレーター|トーン］として，697 Hz，振幅0.3，継続時間0.5 sの［サイン波］を［編集|ペースト］する。このサイン波を［編集|コピー］して，1.5 sの位置にカーソルを置き［編集|ペースト］，さらに2.5 sの位置に［編集|ペースト］する。同様に，3.5 s，4.5 s，5.5 sの位置に，770 Hz，振幅0.3，0.5 sのサイン波をペーストする。さらに，6.5 s，7.5 s，8.5 sの位置に，852 Hz，振幅0.3，0.5 sのサイン波を，9.5 s，10.5 s，11.5 sの位置に，941 Hz，振幅0.3，0.5 sのサイン波をペーストする。

つぎに，新たにトラックを作成し，0.5 sの位置に1 209 Hz，振幅0.3，0.5 sのサイン波を，1.5 sの位置に1 336 Hz，2.5 sの位置に1 477 Hz，3.5 sの位置に1 633 Hzのサイン波をペーストする。そして，0.5 s～4.0 sの区間を［編集|コピー］して，4.5 sと8.5 sの位置に［編集|ペースト］する。これで，低群と高群のトーンを作成できた。つぎに，［トラック|ミックスして作成］を指示すると，波形表示ウィンドウが2段に（ステレオ信号になった）分かれ，その両方にミックスした波形が表示される。ついで，［トラック|ステレオからモノラルへ］を指定してモノラル信号にし，例えばDTMFtone.wavの名前でファイルに書き出そう。これがプッシュホンのダイアル音である。

プッシュホンのダイアル音には，**表6.1**のように，低群と高群から一つずつ選択した二つの周波数の複合正弦音が用いられている。この信号がDTMF信号であり，ITU-T（国連の一機関）で標準化されているものである。電話機を発信状態にして，先ほどのような音を流し込むと，その音に対応した番号に電話がかかることになる。

表6.1　プッシュホンのダイアル音の信号構成

		高群〔Hz〕			
		1 209	1 336	1 477	1 633
低群〔Hz〕	697	1	2	3	A
	770	4	5	6	B
	852	7	8	9	C
	941	*	0	#	D

7. 言語音声の特徴と音声分析

ここでは，まず人間の発する言語音声が音として，どのような特徴を有するのかを分析する方法を解説する。まず，ほかのもろもろの音声や音と異なり，言語音声が有する音響学的な特徴を概観する。続いて，そのような音声の特徴を表す諸量として，スペクトル情報と音声生成器官に関する物理量があることを説明する。そして具体的な音声分析の方法として，音声パワー，ピッチ周波数，パワースペクトル，スペクトル包絡，スペクトログラム，フォルマントなどを求める方法を説明し，分析結果を解釈する方法を述べる。

さらに，調波性，ケプストラム，声門パルス分析，点過程分析など，従来とは異なる視点で音声を分析する方法について言及する。本章の最後には，音声分析技術の実用的な成果といえる，音声符号化，音声合成および音声認識の現状について概観する。

7.1 言語音声の特徴

ここでいう**言語音声**とは，会話や朗読など意味のある言葉を人間が発したものを指し，叫び声や歌声などは対象としてはいないという意味である。もちろん，叫び声や歌声は人間が発したものであるから，音響的な特性は言語音声と類似している点が多々あるが，それについては9章で扱うことにする。以下，音声と記すのは，人間の発した言語音声に限るものとし，他の音声は，歌声，動物の音声，などと注記を入れる。

人間が発声した音声が空気中を伝搬し，周りの音場の影響を受け，かつ周囲騒音が混じり合ったものが受聴者の耳に到達する。そのような音声の特性を追求することは，カクテルパーティー現象の解明など，聴覚機能の研究にきわめて重要であろう（「空間音声学？」）が，ここではなんらかの方法で音響電気変換された音声信号に限定することとする。かつ，空間的な特性がそぎ落とされたモノラル（単チャネル）の音声信号を扱うこととする。音響電気変換器（マイクロホン），音声ディジタル符号化技術，ディジタル伝送・蓄積技術，および電気音響変換機（ラウドスピーカ）などの進展により，（しかるべき機器を使用すれば）そのような音声信号でもわれわれの耳に高忠実度で再現されて聞こえる。

音声を音響信号の一つとして捉えると，どのような特性を有したものであるか，ここで整理する。

- **音の高さ**　低い男声の100 Hz以下の音から，会話では数kHzまで，歌声では20 kHzに達する。性別，個人により大きく異なる（ITU-T G.227が，ほぼ平均音声スペクトル)。

・**音の強さ**　ささやき声から，怒鳴り声まで数十 dB の範囲にわたる。

・**音の種類**　非定常的な音と定常的な音（雑音的，概周期的，ほぼ周期的）とがあり，言語により著しく異なる。

・**時間的変化**　上記 3 要素が時間的に変化する，ときには急激に変化する。

この世の中に存在する音源で，それ一つで多様な音を発生させるものは「音声」以外にはなさそうであり，かつこの多様な音が時間的に素早く変化したり持続したりするのも，ほかの音源にない特徴である。通信回路の試験測定用に擬似音声，あるいは擬似音声発声器（ITU-T Rec.P50，ITU-T 勧告 G.227 など）といわれるものがあるが，音声に似たスペクトルを有する雑音に過ぎない。近年，信号処理技術の進展につれ，**ANR**（能動的雑音除去，active noise reduction）機能を備えたヘッドフォンの性能には目を見張るものがあるが，除去できる音は，飛行機内の低いエンジン音などに限られ，近くの乗客の会話はまったく軽減されない。

このような音声の多様さ，複雑さは，さまざまな内容や感情を表現する言葉を形成するために，人間の音声生成機構が進化して可能になったものと考えられる。人間における音声の生成は，肺からの空気が声門を通過する際に生じる規則的な声門波，あるいは声道中の狭窄部で生じる空気流の乱れが音源となり，口腔（および鼻腔）の形状変化により変調されて複雑な音声波を作るという原理に基づいている。このような音声生成原理は，（生成機構の大きさがほぼ同じ）哺乳類でも見られず，人間に独特のものになっている（一部の鳥類が鳴管を操り，人間の音声に類似した鳴声を発するのみである)。次節以下で述べる音声の分析法は，すべてこの音源，および口腔における共鳴特性を明らかにするものである。

7.2 音声分析とは

音声あるいは音の波形は，非常に重要な情報であり，それから得られることが数多くある。しかし，一次元の時間的情報である波形情報を，他の物理的情報に変換して観測するほうがより多くの知見を得られる場合もある。音声分析というのは，音声信号を他の物理的情報（一般的に，**音声特徴量**と呼ばれる）に変換する処理を指しており，大きくは

① 周波数領域上の物理量に変換するもの

② 音声の生成器官に関する物理量に変換するもの

③ 波形レベルで処理するもの

に分けられる。音声信号は，時間的に激しく変化する量であるから，変換された物理的情報も時間変化するものとして解釈される場合が多い。

7.2.1　スペクトル分析

時間的信号を周波数領域上の物理量に変換する分析法は，一般に**スペクトル分析**と呼ばれている。音声信号に対するスペクトル分析法として，以下のものがある。

・ある時点のパワー，およびその時間変化

・ある時点の（パワー）スペクトル，およびその時間変化

・長時間平均のスペクトル

・ある時点のスペクトル包絡，およびその時間変化

・スペクトルの時間的変化の程度（動的尺度）

なお，これらの分析結果を二次元，あるいは三次元表示する際にいろいろの工夫がなされる。例えば，音声分析法として著名な

・ソナグラム（または，**ソノグラム**。一般名称は，サウンドスペクトログラム）

は，スペクトルの時間変化を，カラー，もしくはモノクロの多階調で三次元表示したものである。

7.2.2　音声生成器官に関する物理量の分析

音声信号から，音声生成器官に関する物理量を分析する場合は，音声生成過程に関していろいろな仮定を行い，それに基づいた分析アルゴリズムにより，その物理量を算出している。このような分析として，以下のものがある。

・ある時点の基本周波数，およびその時間変化

・ある時点のフォルマント（周波数，および帯域幅），およびその時間変化

・第 1 フォルマント周波数と第 2 フォルマント周波数の時間的変化

・ある時点の声道断面積，およびその時間変化

・声門の開放時点（声門パルス）

また，音声生成過程に関する新たな仮定に基づく

・点過程分析

などもある。

7.2.3　その他の分析法

これらのほか，音声波形に着目した分析法として

・瞬時振幅値の分布

・波形がゼロレベルを交叉する回数（零交叉数）

などがある。

7.3　音声パワーとその時間変化

パソコンのモニタに表示された音声波形から，（相対的な）音声パワーあるいは音圧レベルを求める方法について説明する。

SoundEngine では，ある音声ファイルを開いてツールバーの下に配されている［解析］タブを押すと，テキストボックスに，［最大音量］，［平均音量］などの欄に数値が表示される。例えば，MNI 発声の 1shukan.wav の［最大音量］は－1.06 dB，［平均音量］は－21.54 dB と表示される。ここでいう［最大音量］というのは，この音声データ中の最大の標本値（絶対値で）を，最大標本値（16 bit の場合は，32 767）を 0 dB として，dB 表示した値である。また，［平均音量］というのは，音声波形の瞬時振幅値の自乗根を音声データ全体（無音区間を含めて）にわたって平均（**RMS**：root mean square）し，それを dB に変換した値だと思われる。SoundEngine に備えられたパワー測定機能はこれのみで，指定した短区間のパワーを求める機能はなさそうである。

Wavosaur では，メニュー［Tools|Statistics］と記された［統計量］を求める機能がある。1shukan.wav の音声データに対して［Statistics］を表示させると，［RMS power］の項に 13.21 %　－17.58 dB という値が，［Max value］の項に 88.52 %　－1.06 dB という値が表示されている。前者は平均音声パワーであり（SoundEngine の［平均音量］となぜ異なるかは不明。Wavosaur の値のほうが正しいと思われる），後者は最大瞬時振幅値である。

Audacity には，パワー測定の機能そのものがない。

音声分析ソフトでは，音声パワーはどのように求められるか調べてみよう。

Praat で 1shukan.wav データを指定して［View & Edit］して波形表示ウィンドウを開き，［Intensity|Show Intensity］のみチェックを付ける。そうすると，上半分に波形が，下半分に（緑色の）**パワーパタン**が表示される。図面（**別図 7.1**）の中でマウスクリックすると，その時点の標本点の時間位置（上方），瞬時振幅（左方），および（瞬時）音声パワー（下段右方）が表示される。パワーの縦軸の座標値は，最大が 100 dB になっているが，これは便宜的な値で変更も可能である。パワーパタンの表示，例えば表示するパワーレンジ［View range］は，［Intensity|Intensity setting］の設定により変更できる。パワーパタンの縦軸は dB 単位になっており，瞬時波形の包絡線とも少し様相を異にしている。このパワーパタンは，音あるいは音声の音色を左右する重要な要素になっているといわれている。波形上のある区間をマウスドラッグにより指定する（その区間がピンク色になる）と，右側の座標軸にその区間の音声パワー値が緑色で表示される（dB 値の後ろの，「μS，μE」の意味は不明）。このように Praat では，任意の長さの音声区間のパワーを測定することができる。

WaveSurfer，SFS/WASP，SFSWin には，パワー測定の機能がなさそうである。

パワーパタンから，その音声データに関するいろいろのことがわかる。音声の始点・終点の位置は，通常の（線形の）波形表示では確定しにくいが，パワーパタンでは dB 表示しているので，確定しやすいという点がある。また，波形表示の場合，－40 dB 程度以下の雑音は細い中心線で表示され，雑音があることに気がつきにくのだが，dB 表示のパワーパタンでは，無音区間でパワー値が大きいことが一見してわかる。例えば，1shukan.wav（SN 比 58 dBV）と 1shukan_sn40.wav（SN 比 40 dBV）の波形およびパワー包絡を見比べるとこの事情がはっきりする（別図 7.1）。

7.4　基本周波数とその時間変化

基本周波数の正確な分析は，音声分析における重要な課題の一つであり，従来から種々の方法が提案されている。また，基本周波数の分析には適切な分析条件の設定が重要であり，誤った分析条件の下では正確な分析はできない。

Praat で基本周波数を分析する様子を見てみよう。MNI 発声の 1shukan.wav を指定し，[View & Edit] を指示する。現れた波形表示ウィンドウで [Pitch|Show pitch] のみにチェックをつけよう。そうすると，上半分に波形が，下半分に**ピッチパタン**が表示される（**別図 7.2**）。ピッチパタンは，ほとんどすべての波形塊で高い周波数から低い周波数に移行する（やや変わった）様相を示している。ピッチ分析の条件は，[Pitch|Pitch settings]，あるいは [Pitch|Advanced pitch settings] を指示して現れるダイアログにて行う。前者を選択した場合（**別図 7.3**），ピッチ分析の方法として自己相関 [autocorrelation] を用いるか，相互相関 [cross-correlation] を用いるかを指示できる。ピッチパタンを表示する場合の縦軸として，線形の周波数 [Hertz]，対数スケールの周波数 [Hertz (logarithmic)]，メル [mel]，周波数値の対数値 [logHz]，半音値 [semitone]，等価矩形バンド幅 [ERB] のいずれかを指定できる。ピッチパタンの描画法としても，[curve]，[speckles]，[auto] のいずれかを指定する。

[Pitch|Advanced pitch settings] を指定した場合（**別図 7.4**）には，分析条件 [Analysis settings] として，候補最大数 [Max. number of candidates]，無音しきい値 [Silence threshold]，有声しきい値 [Voicing threshold]，倍ピッチ設定 [Octave cost]，倍ピッチ跳躍設定 [Octave-jump cost]，有声無声設定 [Voiced/unvoiced cost] を個別に設定して，最も適切なピッチパタンを描画することができる。有声性が確かな箇所をピッチパタンとして描画したい場合は有声しきい値を大きくする，倍ピッチあるいは半ピッチの可能性がある場合は倍ピッチ設定を異なる値に変更する，雑音が重畳している音声に対しては無音しきい値

と有声無声設定を異なる値にするなどの工夫により，より正しいピッチパタンを描画することができる。なお，［Standards］を選択すれば最も適切なしきい値に設定してくれる。

WaveSurfer を用いてピッチ分析する場合の操作を説明しよう。ある音声データを指定すると，その波形包絡が表示されるとともに，［Choose Configuration］のウィンドウが現れる。ここで，［Speech analysis］を選択すると，波形表示ウィンドウが現れ，一番上の段に詳細な波形，その下の段にスペクトログラムにフォルマントを重畳したグラフ，つぎの段に点状にピッチ分析結果を表示したピッチパタンが表示される。このピッチパタンの図面は，縦軸が 0 ～ 400 Hz の範囲と固定されており，マウスドラッグにより縦幅を拡大しても，ピッチ変化状況を仔細に観測するにはやや不十分である。また，ピッチ分析条件をユーザが設定することはできない。

つぎに，SFS/WASP でピッチ分析する方法を説明する。SFS/WASP で，ある音声ファイルを開いたのち，メニューの［View|Pitch track］を指定すれば，波形の下の段にピッチパタンが表示される。縦軸の周波数範囲は，分析結果に応じて変えているようだ。例えば，女声に対しては 170 ～ 500 Hz の範囲が，男声に対しては 30 ～ 250 Hz の範囲にピッチパタンが表示される。SFS/WASP では，語頭などピッチパルスがやや不明確な部分でも，できる限り基本周波数を求めるよう配慮しているようで，その部分がやや不自然なピッチパタンになっている（Praat で，有声しきい値を大きめに設定した場合に相当する）。なお，SFS/WASP ではユーザ自身が細かく分析条件を設定できるようにはなっていない。なお，SFSWin には，ピッチパタン表示の機能は省かれている。

雑音重畳音声の分析

つぎに，雑音が重畳した音声に対してピッチ分析することを試みよう。ここでは，男性 MNI 発声の Bakuon.wav（「爆音が銀世界の高原に広がる」と発声）に，白色雑音を重畳させて作成した各種 SN 比（原音，30 dB，20 dB，10 dB）の音声データに対して，Praat を用いて標準的な分析条件［Standards］でピッチ分析し，その結果を上下に並べた（**図 7.1** 参照）。

最上段は原音に対するピッチ軌跡である（原音の SN 比は 35 dB と，それほど高くない）。2 段目の SN 比は 30 dB であり，抽出されたピッチ軌跡は原音のものとほぼ同じである。これに対し，3 段目の SN 比 20 dB に対するピッチ軌跡は，語頭部などで「取りこぼし」があり，一部の区間でピッチが検出されていないが，全般的には良好な抽出結果である。最下段の SN 比 10 dB に対するピッチ軌跡は，欠落する箇所がかなり多くなっているが，抽出を誤った箇所は存在しない。このような状況から判断すると，Praat のピッチ分析アルゴリズムはかなり優れたものと判断される。

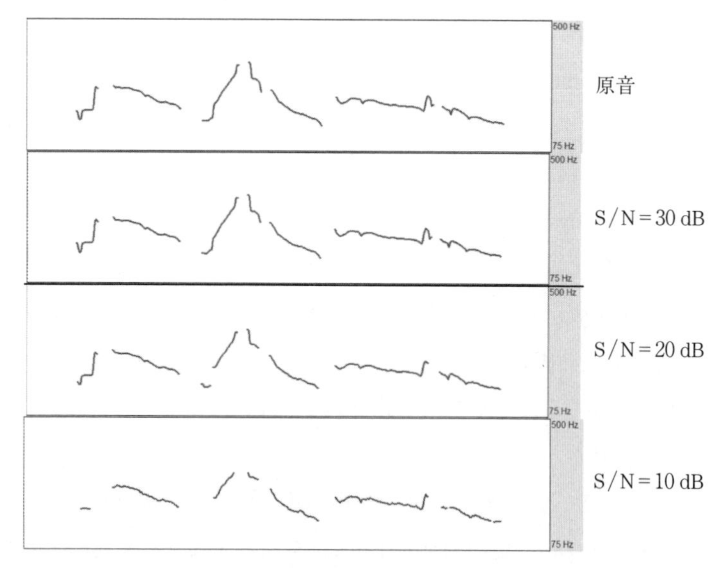

図 7.1　雑音重畳音声のピッチ分析結果

上記の結果は，白雑音という非了解性の雑音が加わった場合のピッチ抽出に対するもので，加わる雑音が有色雑音（物音など），あるいは了解性の雑音（人声など）である場合は，ピッチ抽出はかなり困難になる。一般に，音声分析ソフトに組み込まれているピッチ分析アルゴリズムは，発声者が一人であることを前提としている。複数の発声者の声が入っている場合のそれぞれのピッチの抽出，あるいは特定の発声者の声に同調したピッチ抽出など，今後検討すべき課題は数多く存在する。

7.5　パワースペクトル

日本語でスペクトルというのは，正しくは英語の Spectrum（スペクトラム）のことであるが，慣用のスペクトルという語を本書でも使用する。スペクトルというのは，ある信号が有する周波数成分を分解したもので，**周波数スペクトル**，あるいは**パワースペクトル**と呼ぶこともある。スペクトルは，横軸に周波数を，縦軸に音の強さ（音声パワー）を取る。すなわち，周波数ごとの**スペクトル密度**（spectral density）をつぎつぎに線で結んだグラフをスペクトルという。横軸の周波数を線形目盛りで取る場合と，対数目盛で取る場合とがある。縦軸は，通常 dB 目盛りで表される。音声分析の分野では，音声信号の時々刻々のスペクトルである短区間（パワー）スペクトルと，長い時間にわたって平均化した長時間平均（パワー）スペクトルの両方が使われる。

Praat でスペクトルを表示させる操作はつぎのとおりである。［Open|Read from file］から所望の音声データを［Objects］欄に登録し，右側の Dynamic Menu の中の［Analyse spectrum］のボタンを押し，現れるメニュー項目（**別図 7.5**）の中から［To Spectrum］を指示する。［Sound：To Spectrum］と名前が付けられたウィンドウには，そのまま［OK］を押すと，［Objects］ウィンドウに［Spectrum：ファイル名］というオブジェクトが登録される。右側の Dynamic Menu から［View & Edit］のボタンを押すと，［Spectrum：ファイル名］という名称のウィンドウが開かれ，そこに，音声データ全体に対する長時間平均スペクトルが表示される（**図 7.2** 参照）。

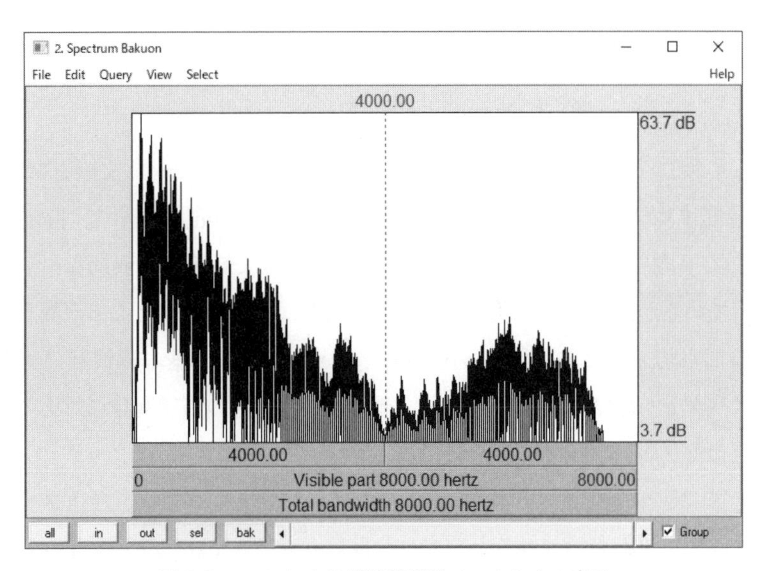

図 7.2　Praat による長時間平均スペクトルの表示

横軸は線形の周波数であり，右端は標本化周波数の半分の周波数である。縦軸は dB 単位のパワー値であり，スペクトル密度の最大値が縦軸の右上方に表示される。マウスカーソルをある周波数に移動させてクリックすると，その周波数の値とスペクトル密度を読み取ることができる。このスペクトル図において，左下のズームボタンは有効であり，ある周波数範囲のパワースペクトルを詳細に観察することもできる。

短区間スペクトルの観測には別の操作が必要である。オブジェクトウィンドウで所望の Sound ファイルを選択し［View & Edit］ボタンを押して波形ウィンドウを開く。観測したい時点をマウスクリックにより指示した後，メニュー［Spectrum|View spectral slice］を指示すると，オブジェクト［番号 ファイル名 時点］が追加され，そのオブジェクト名の新しいウィンドウが現れ，そこに短区間スペクトルが表示される（**図 7.3** 参照）。異なる時点を指示することにより，新しく短区間スペクトルのウィンドウが追加表示されるので，多くの時点のスペクトルを比較するのに便利である。

上述の［Analyze spectrum］のボタンを押した際に現れるサブメニューには，［To Spectrum］の下に，［To Ltas］と［To Ltas（pitch-corrected）］と記された分析法について，

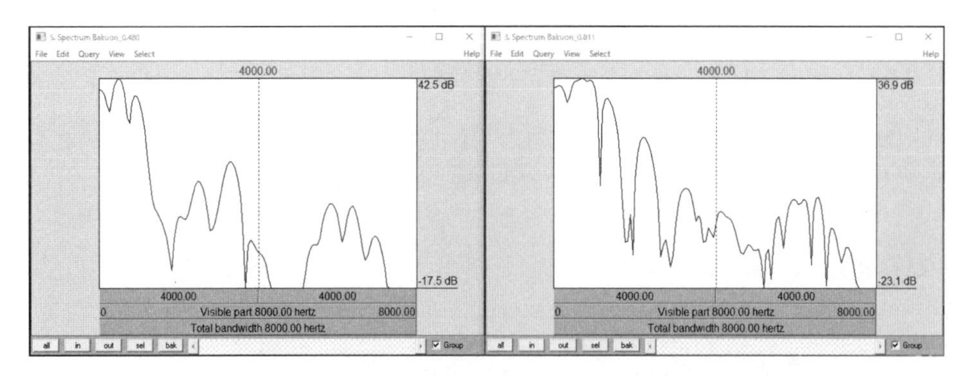

図 7.3　Praat による短区間スペクトルの表示

簡単に説明しておこう（詳しくは，Help およびそこに挙げられている文献を参照のこと）。Ltas は，長時間平均スペクトル［Long-term average spectrum］の略で，指定した帯域幅［Bandwidth］で平均したスペクトルを（Praat では）指している。古典的なフィルタバンク分析と類似しているが，いまの場合，周波数軸は線形になっているところが異なる。ピッチ補正した長時間平均スペクトル［Ltas（pitch-corrected）］は，基本周波数の影響を補正して有声部のスペクトル包絡を求めたもので，その結果，声道の伝達関数に対応するスペクトル包絡を推定したものになっている。

WaveSurfer では，つぎのように操作してスペクトルを観測できる。音声ファイルを開くと，細い幅で波形包絡が表示されるとともに，［Choose Configuration］と記されたダイアログが現れる。ここで［Demonstration］を選択すると，主ウィンドウには波形とスペクトログラムが表示されるとともに，［Spectrum Section Plot：ファイル名］と記された小さなウィンドウが現れる。デフォルトの状態では［FFT points］として 512 に設定されているので，表示されているグラフは，（おそらく，開始点の）短区間パワースペクトルである。マウスカーソルを波形（または，スペクトログラム）のある時点に移動させてクリックすると，その時点（そこから 512 点）の短区間スペクトルが表示される（**図 7.4** 参照）。

［FFT points］の数を大きくすると，長時間スペクトルが表示される。ここで，［FFT ポイント数］というのは，音声波形データを**高速フーリエ変換**（fast fourier transform，**FFT**）してスペクトルを求める際のポイント数のことで，2 のべき乗の値から選択する。例えば，2^9 の 512 点を選択すると，16 000 Hz 標本化の音声データの場合，512/16 000 = 32 ミリ秒の長さの区間を計算対象にすることになる。連続する音声データの一部を切り出す場合，そのまま切り出す（矩形窓（rectangle）という）と両端の不連続点の影響で，計算されるスペクトルにひずみが加わる。そこで，両端の荷重を徐々に小さくした**窓関数**を乗算したのちフーリエ変換の計算をしている。この窓関数［Window］として，WaveSurfer には，［Hamming，Hanning，Bartlett，Blackman］の 4 種を用意しており，通常は Hamming 窓が

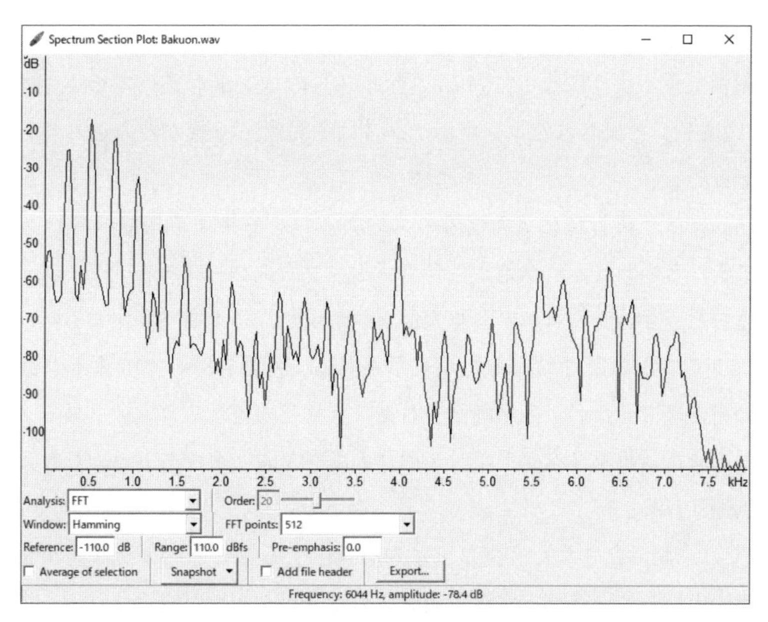

図 7.4　WaveSurfer による短区間スペクトルの表示

よく用いられる。なお，［Average of selection］のチェックボックスは，波形選択した音声区間に対して，（指定 FFT ポイント数の）短区間パワースペクトルを平均化する際に指定する（大きな FFT ポイント数を指定すると，計算時間が長くなるので，こちらを選択したほうがよい）。［Pre-emphasis］（**プリエンファシス**）というのは，（音声）信号の長時間平均スペクトルの特性を考慮して，あらかじめ平坦化した後スペクトル分析することを指定するもので，音声の場合，約 600 Hz 以上を 6 dB/oct で強調するのが通例であるが，ここでの設定の仕方（0.0 の意味）は不明である。また，［Analysis］欄で（FFT ではなく）［LPC］を選択した際に現れる曲線（**別図 7.6**）は，**スペクトル包絡**（あるいは，LPC スペクトル）と呼ばれるもので，スペクトルの山を滑らかになぞったような曲線であるが，スペクトルとはまったく別物である（7.6 節で後述する）。

WaveSurfer では短区間パワースペクトルを［Section］（断面）と呼んでいるが，これはこの曲線がスペクトログラムを縦に切断した場合の断面に相当するからであり，他のソフト（Praat など）では同じ意味でスライスと呼んでいることもある。SFS/WASP，SFSWin には，スペクトル分析機能はない。

サウンドソフトにもスペクトル分析機能を備えているものもある。Audacity では音声ファイルを開き，メニュー［解析|スペクトラム表示］を指示すると，［周波数解析］という名のウィンドウが現れ，そこに音声データ全体に対する長時間平均スペクトルが表示される（**別図 7.7**）。横軸の周波数は，［軸］のコンボボックスで［対数周波数軸］に変更することも可能である。［アルゴリズム］のコンボボックスには，［スペクトラム表示］のほか，［標

準自己相関］，［立方根自己相関］，［強調された自己相関］，［ケプストラム］といった他の音響分析法を選択できるようになっている。［サイズ］のコンボボックスでは，FFT の標本点を選択する。［関数］と記されたコンボボックスは窓関数（10 種が組み込んである）を選択するものである。

SoundEngine には，録音時に入力信号のスペクトルを分析する機能（スペクトルアナライザ（スペアナ）といわれる）が備えられている。ツールバーにある［ヴィジュアル］のボタンを押し込むと，半透明のスペクトル表示画面が現れ，時々刻々変化するパワースペクトル（瞬時スペクトルなどと呼ばれる）が表示される（**別図 7.8**）。FFT 標本点数など，細かな分析条件の指定はできない。表示画面を右クリックして現れるコンテクストメニューにより，表示される分析結果（スペクトル，スペクトログラム，ケプストラムなど）と表示法を選択できる（**別図 7.9**）。

Wavosaur では，読み出された音声ファイルを再生する際にスペアナ機能が働き，波形表示ウィンドウの上にあるスペクトル表示領域に瞬時スペクトルが表示される。また，表示波形のある時間点を指定し，メニューから［Tools|Spectrum analysis］を指定すると大きなスペクトル表示ウィンドウが現れ，パワースペクトルが表示される（**別図 7.10**（a））。スペクトルの分析条件はスペクトル表示ウィンドウのメニュー［Setup|Configuration］を指示して開かれるダイアログにて行う（別図 7.10（b））。スペクトル分析の方法として，高速フーリエ変換と**離散フーリエ変換**（discrete fourier transform, **DFT**）のいずれかを選択するようになっており，同じデータサイズで計算させると若干の違いがあるが，この原因は定かでない（DFT では，Data size と DFT size を指定し，FFT では FFT size のみを指定するようになっている）。Wavosaur では，複数の着目時点のスペクトルをそれぞれのウィンドウに表示できるので，それらの比較に便利である。また，メニューバーの［X Log scale］を押すことにより，周波数軸を線形もしくは対数目盛のスペクトルに変更できる。

特に長い時間にわたって平均したスペクトルは長時間平均スペクトルとも呼ばれ，信号源そのものが有するスペクトルと考えられる。FJI と MNI の男女発声者の，それぞれ 16～17 秒の音声データについて求めた平均スペクトル（**別図 7.11**）を観察した結果は，以下のとおりである。女性 FJI の平均スペクトルでは，250 Hz あたりの基本周波数成分とその第 2 高調波成分が大きな勢力を有しており，以降 1.6 kHz あたりまで急激に減少する（64 Hz あたりに大きな成分があるが，その理由は不明である）。1.6～2 kHz に少し勢力が大きくなり，それより高い周波域にはゆるい勾配で減少していっている。一方，男性 MNI の平均スペクトルは，130 Hz あたりの基本周波数成分が非常に大きく，その第 2，第 3 高調成分はやや大きい程度であり，それ以降周波数が高くなるにつれ，5 kHz あたりまで（女声よりきつい勾配で）減少していく。ところが，5.5 kHz から 7.0 kHz あたりまでの間に，スペクトルの盛り上がりがある。全般的には，男女声の平均スペクトルを比較すると，2.5〜5.5 kHz あたりの周波数帯域で，女声に比し男声のスペクトルが低くなっているといえる。

7.6 スペクトル包絡（LPC スペクトル）

スペクトル包絡という語は，スペクトルの極大点を結んだ折れ線のように聞こえるが，実際にはそれとはかなり異なるものを指すことが通例である。スペクトル包絡は，**LPC スペクトル**とも呼ばれており，音声信号から**線形予測法**（linear prediction coding，**LPC**）という数学的方法により推定された声道（口腔）の周波数特性である。したがって，スペクトル包絡の極大点はフォルマントに相当するわけである。音声分析ソフトを用いてスペクトル包絡を求める方法を説明しよう。

WaveSurfer において音声ファイルを開くと，同時に［Choose Configuration］と記されたダイアログが現れる。ここで，［Demonstration］を選択すると，［Spectrum Section Plot］と記されたウィンドウが現れる。デフォルトの状態ではグラフ領域にパワースペクトルが表示されている。グラフ領域の下に［Analysis］と記されたコンボボックスの下矢印を押して，［LPC］を選択すると，グラフが LPC スペクトル（スペクトル包絡）の表示に変わる（別図 7.6）。このグラフがスペクトル包絡と呼ばれるものである。波形表示ウィンドウにおいてマウスカーソルを異なる時間位置でクリックすると，その時点のスペクトル包絡の表示に切り替わる。グラフ右下方の［Order］（次数）と記されたスライダと（デフォルトでは 20 と書かれている）テキストボックスは，線形予測分析における次数を設定するためのものである。スペクトル包絡には，この次数の半分以下の個数の山が現れ，それらがフォルマントに相当する。比較的低域成分の多い音声を対象とする場合，通常 10〜12 の次数が選ばれる。マウスカーソルをスペクトル包絡の表示領域に移動させると，クロスヘアカーソル（十字カーソル）が現れる。このカーソルをフォルマントの位置に移動させることにより，最下段に表示される［Frequency］の値から，フォルマント周波数を読み取ることができる。［amplitude］の dB 値は，そのフォルマントの優勢さを表している。［Spectrum Section Plot］ウィンドウに配置された，［Window］と［FFT points］と記されたコンボボックスの意味と設定については，前記パワースペクトルの項を参照のこと。

一つの WaveSurfer では，一時点のスペクトル包絡しか表示されず，複数時点のスペクトル包絡を比較・観測することができない。しかし，デスクトップ上に複数の WaveSurfer を立ち上げることができるから，それぞれの WaveSurfer で同じ音声ファイルを開き，異なる時点を指定して，それぞれのスペクトル包絡を表示させる方法で対処するしかない。また，同じ時点のパワースペクトルとスペクトル包絡を同時に観測するのも有意義なことと思う。

7.7 パワースペクトルの時間的変化を表示する方法

パワースペクトルは，音声の特徴量としてきわめて重要なものであり，さらにその時間変化を適切に表現できる方法が望まれ，下記に示すようないくつかの方法が提案されてきた。

① 時間的に変化するパワースペクトル曲線を，少しずつずらしながら描画する

② 上記方法の改良として，パワースペクトル曲線を（疑似）三次元的に描画する

③ 濃淡を持たせた狭い幅の短冊でパワースペクトルを表し，それを時間的に並べる（スペクトログラム）

④ 上記方法の改良として，スペクトル密度の大きさを色の種類に対応させ，色の短冊を並べる

⑤ 上記カラースペクトログラムにおいて，時間的変化を強調させて改良

Wavosaurには，上記②の方法が組み込まれている。音声ファイルを開いたのち，メニュー［Tools|3D Spectrum analysis］を選択すると，大きなウィンドウ［3D spectrum analysis］が現れ，そこに（カラーの）スペクトル曲線が輪切りに重ねられたような図形が現れる（**別図7.12**）。表示領域内にマウスカーソルを配置してドラッグすることにより，このパワースペクトル3D構造体を全方向に回転することができる。

7.8 スペクトログラム

つぎに，**スペクトログラム**，あるいは**ソナグラム**と呼ばれる音声分析法について説明する。じつは，ソナグラム（sonagram）というのは固有名詞であって，あるメーカのソナグラフ（sonagraph）と呼ばれる音声分析装置により分析された結果の図を指している。一般名詞では，サウンドスペクトログラム，あるいは単にスペクトログラムと呼ばれており，外国の文献にはsonogram（**ソノグラム**）と記されていることもある。

この分析法は，横軸に時間，縦軸に周波数を取り，測定対象の音声の，ある時間ある周波数のパワーを，その位置に濃度（あるいは，特定の色）で表示したものである。このスペクトログラムの表示結果を，日本語では（音声に対して）**声紋**，あるいは（音に対して）**音紋**と呼んでいる。あるいは英語で，visible speech（見える音声，可視化された音声）と呼ばれたこともある。

もともとのソナグラフの装置では，音声をいったん磁気ディスクに録音し，それを繰り返し再生しながら，ある帯域幅の周波数分析器に通して，その成分のパワーを放電記録により濃淡として記録していた。その際，平均化する帯域幅として，広帯域（300 Hz）もしくは狭

帯域（45 Hz）のいずれかを選択していた。帯域幅として広帯域を選択した場合，時間分解能が高めであり，フォルマントの帯域幅と同程度であるから，遷移部分（**わたり**と称する）におけるフォルマントの時間的変化を捉えるのに都合がよい。一方，狭帯域を選択すると，周波数の分解能が向上するので，有声音に対する調波構造を鮮明に表示できるが，時間的分解能が劣るのでわたり部分の変化はそれほど明瞭でなくなる。なお，ソナグラフの装置では，ある時点の短区間スペクトルも測定でき，セクションと称していた。

コンピュータおよびディジタル信号処理の技術が進展する中で，ソナグラフの装置もディジタル化されていき，最近ではパソコンが内蔵され，そのソフトウェアにより分析されるようになった。しかし，その分析結果（ソナグラム）は，従来のアナログ型ソナグラフ時代のものと同じものが出力できるように，平均化する帯域幅として 300 Hz と 45 Hz を採用することが多いが，自由にその値を選ぶことができるものもある。また，パソコンの表示性能が向上し，スペクトログラムの分析結果をカラー画像として迅速に処理・表示することが容易になり，カラースペクトログラムもよく見かけるようになった。スペクトル密度の大きさを色との対応は，それぞれのソフトウェアで工夫がなされており，ときにはそのソフト独特のスペクトログラム画像になっている。それでは，各ソフトにおけるスペクトログラムの描画法を見てみよう。

Wavosaur で音声ファイルを開き，メニュー［Tools|Sonogram］を指示すると，大きな［Sonogram］ウィンドウが現れ，（デフォルトでは）背景を黒として黄緑色の（狭帯域）スペクトログラムが表示される（**別図 7.13**）。メニューの［Settings|Display］から，表示を白黒の階調表示に変更することができる。ツールバーの工具マークのクイックボタンを押すと［Configuration］ダイアログ（**別図 7.14**）が開き，窓関数［Windowing］，FFT ポイント数［FFT size］を変更・設定することができる（［Data］の項目が意味するところは不明）。正弦波マークのボタンを押すと，スペクトログラムの下部に，対応する音声波形が表示される。－と＋のボタンは，飽和レベル［saturation level］を［Decrease］あるいは［Increase］するもので，＋ボタンを押すと，分析結果が明るい（黄色い）方向に変化する（処理に少し時間がかかる）。Wavosaur で表示されるスペクトログラムは狭帯域のものと思われるが，その帯域幅など正確な仕様は不明である。

SoundEngine（の Free 版）には，［ヴィジュアル］のクイックボタンを押して現れるグラフ画面で，右クリックで現れるコンテクストメニューには［スペクトログラム］の項があるが，それを指示するとグラフ画面が（縦座標値だけで）真っ黒のままで，再生ボタンを押してもスペクトログラムは表示されない（［スペクトラムアナライザー］その他は動作する。サポータになると使用できるかどうかは不明）。

Audacity には，スペクトログラム分析機能はない。

つぎに，音声分析ソフトのスペクトログラム分析機能を調べてみよう。

Praat では，音声ファイルを［Objects］に登録すると，その右に［Dynamic Menu］が現れる。［Analyse spectrum］のボタンを押すと，分析機能の一覧表が示される（別図7.5）。その中段あたりに，スペクトログラム関連の分析機能として

To Spectrogram

To Cochleagram

To Spectrogram (pitch-dependent)

To BarkSpectrogram

To MelSpectrogram

という五つの項目が並んでいる。簡単にこれらの機能の違いを説明しておこう。詳しくは，Praat の Help を参照のこと。

スペクトログラム［Spectrogram］では，窓形状［Window shape］，窓幅［Window length］，周波数分解能［Frequncy step］，分析時間間隔［Time step］を指定して分析を行う。また，表示するスペクトログラムの最大周波数［Maximum frequency］を指定できるので，高い標本化周波数の音声データの低周波域を詳しく観察したい場合に便利である。

コクリアグラム［Cochleagram］（cochlea：蝸牛）というのは，時間と Bark 尺度の周波数に対して，**基底膜**（basilar membrane）の励振の模様を推定して描いたものである。

ピッチ依存のスペクトログラム［Spectrogram（pitch-dependent）］というのは，通常のスペクトログラムがピッチ（基本周期）に関係なく一定時間間隔で処理しているが，これをピッチに同期した時間間隔で分析することにより，滑らかに変化するスペクトログラムを描画するものである。

バークスペクトログラム［BarkSpectrogram］というのは，Bark 尺度という聴覚フィルタに基づく音高で表したスペクトログラムのことである。コクリアグラムでも音の高さの尺度に Bark 尺度を用いている。

メルスペクトログラム［MelSpectrogram］というのは，メル尺度（人間による音の高さの知覚特性に基づく尺度）という音高で表したスペクトログラムのことである。

つぎに，SFS/WASP でスペクトログラム分析する手順を説明する。音声ファイルを開いたのち，ツールバーの（録音再生ボタンの右）に並べられた［波形］，［広帯域スペクトログラム］，［狭帯域スペクトログラム］，［ピッチパタン］のボタンを押すと，上からこの順に音声特徴量が表示される（**別図 7.15**）。スペクトログラムの分析条件は内部設定に従っており，ユーザが設定することはできない。ただ，［View Properties］を指示して現れるダイアログ（**別図 7.16**）にて，スペクトログラムの最大表示周波数［Set max frequency to］を設定する

機能だけが備えられている。SFSWin は，SFS/WASP と同じスペクトログラム分析機能を有する。

WaveSurfer におけるスペクトログラム分析の手順はつぎのとおりである。音声ファイルを開くと，同時に［Choose Configuration］ダイアログが現れる。ここで，［Demonstration］を指定すると，音声波形の下にカラーの（広帯域）スペクトログラムが表示される。同時に，［Spectrum Section Plot］と記されたウィンドウと，その下に隠れた小さな［Image Controls］（**別図 7.17**。ほかに，［Waveform Amplitude Zoom］**別図 7.18** も）と記されたウィンドウが現れる。縦軸に［Contrast］，横軸に［Brightness］と記され，中央に■印が配された領域は，コントラストと輝度を同時に調節するためのもので，■印をマウスドラッグすることにより表示が変化する。下段に配置された［Analysis window length］と記されたスライダは，分析窓幅を調節するためのもので，左側で広帯域に，右側で狭帯域の分析になる。［Choose Configuration］ダイアログで［Spectrogram］を選択すると，主ウィンドウに白黒の（広帯域）スペクトログラムが表示される。スペクトログラム表示領域内で右クリックしてコンテキストメニュー（**別図 7.19**）を表示させ，［Spectrogram Controls］を選択すると，前述の［Image Controls］が現れ，この場合はモノクロ階調表示のスペクトログラムの階調を調節できる。

7.9　フォルマントとその時間変化

フォルマントというのは，口腔の中での音波の共鳴のことであり，スペクトログラムに見るように，放射された音声のスペクトル密度が大きな箇所（極大値）として求めることができる。ただし，スペクトログラムには，音源，すなわち声門の基本周波数の影響も描画されている。これに対して，線形予測と呼ばれる音声分析法では，ある仮定を施すことにより，音声の標本値から口腔（および鼻腔）における音の伝達特性を求めることができるのである。これが，短区間スペクトルの項で説明したスペクトル包絡である。そのスペクトル包絡の極大箇所（極周波数）を数学的に求めると，これがフォルマントに対応する。音声分析ソフトでは，この原理に基づいて，フォルマント周波数（およびフォルマント帯域幅）を抽出している。多くの音声分析ソフトでは，発声音声の全体的特徴を表す（広帯域の）スペクトログラムと，それにフォルマント周波数を重畳させて表示している。

ヒトが音声を発声する場合，発声の内容に応じて口腔の形（声道形状という）を時間的に変化させている。よって，フォルマントも時間的に変化する。したがって，音声信号から発声内容である言語情報（音韻情報）を推定する場合には，フォルマントおよびその時間変化（**フォルマント軌跡**（formant contour）と呼ばれる）が重要な因子になっているのである。

7.9.1　フォルマント軌跡の分析

それでは各音声分析ソフトを用いて，フォルマントを求める方法を説明しよう。

Praatで音声ファイル（MNI発声の1shukan.wavとしておこう）を指定し，現れる右側のメニューDynamic Menuから［View & Edit］を選択すると，波形表示ウィンドウが現れ，その上段に波形が，下段に分析結果（以前の設定状況により，何が現れるか異なる）が現れる。ここで，皆さんが表示する分析項目を合わせておこう。波形表示ウィンドウのメニュー［Spectrum］を押し，サブメニューから2番目の［Spectrogram settings］を指定し，現れるダイアログボックスにて標準の分析条件［Standards］を指定しておく。再度，メニュー［Spectrum］を押し，サブメニューの最上段［Show spectrogram］にチェックを入れる。ついで，メニュー［Formant］に対しても，標準［Standards］の分析条件を設定［Formant settings］し，フォルマントを表示する［Show Formants］状態にする。なお，メニュー項目の［Pitch］，［Intensity］，［Pulses］は表示しない状態（チェックを外す）にしておく。
上記の操作により，1shukan.wavという音声データに対する広帯域スペクトログラムと赤い点の羅列であるフォルマント軌跡（プロット）が表示されたであろう（**別図7.20**）。このフォルマント軌跡の横軸は時間，縦軸は周波数であり，スペクトログラムと同じである。フォルマント分析結果である赤い点は，各時点で最大5個あり（と設定した），隣の時点の赤点と並んで直線状につながったような箇所と，赤い点が孤立して現れた箇所とが見受けられる。前者は母音あるいは鼻音の部分であり，後者は語頭・語尾・摩擦音などの部分である。フォルマントは，低い周波数から順に番号が付され，第1フォルマント，第2フォルマント，…と呼ばれている。音声学では，日本語5母音に対する第1（F1）と第2フォルマントの周波数（F2）を，F2-F1図に配置して，音の違いを説明している。各言語音声に対するフォルマントの観測は，次章に譲る。

Praatには，最新の音声分析法が数多く実装されており，ユーザがそれを試せるようになっている。Dynamic Menuには［Analyse spectrum］という項目があり，これを選択すると，実行できる線形予測関係の分析項目（下方の一群）の一覧が，つぎのように表示される。

To Formant (burg)

To Formant (hack)　その中に，keep all，sl，robustがある

To LPC (autocorrelation)

To LPC (covariance)

To LPC (burg)

To LPC (marple)

To MFCC

これらの分析法について，簡単に解説しておこう（詳しくは，Helpおよびそこに挙げら

れている文献等を参照のこと）。

Formant（burg）　バーグ法（Burg's method，Burg algorithm）と呼ばれ，最大エントロピーに着目してスペクトル分析を理論的に実行する古典的かつ標準的な方法である。線形予測法を経由して実行するアルゴリズムが考案され標準的な方法になっている。この方法に対し，多くの改良法が提案されている。

Formant（keep all）　バーグ法と類似するが，50 Hz 以下，あるいは最大周波数－50 Hz という（おかしな）値まで出力する。再合成の際には，効果がある。

Formant（sl）　Split Levinson アルゴリズムという方法を実装したもので，必ず指定した個数のフォルマントを抽出する方法

Formant（robust）　最大フォルマント周波数の 2 倍の周波数でダウンサンプリングした後，自己相関法で LPC 係数を求める。フォルマント周波数と帯域幅は，標本値を選択的に荷重掛けするという逐次的過程で精緻化する。

LPC（autocorrelation）　この方法はナイキスト周波数（標本化周波数の半分）をフォルマント最大周波数にして LPC 分析するので，高い標本化周波数の信号に対しては，ダウンサンプリングするか，Formant（burg）を使ったほうがよい。

LPC（covariance）　この方法はナイキスト周波数をフォルマント最大周波数にして共分散法で LPC 分析するので，高い標本化周波数の信号に対しては，ダウンサンプリングするか，Formant（burg）を使ったほうがよい。

LPC（burg）　この方法はナイキスト周波数をフォルマント最大周波数にしてバーグ法で LPC 分析するので，高い標本化周波数の信号に対しては，ダウンサンプリングするか，Formant（burg）を使ったほうがよい。

LPC（marple）　この方法はナイキスト周波数をフォルマント最大周波数にしてマープル法で LPC 分析するので，高い標本化周波数の信号に対しては，ダウンサンプリングするか，Formant（burg）を使ったほうがよい。

MFCC　メル周波数ケプストラム係数（mel-frequency cepstral coefficients）のことである。ヒトが感じる音高の差が同じようになる音高の知覚的尺度は**メル尺度**（mel scale）と呼ばれており，（線形の周波数でなく）メル周波数に対するスペクトログラムがメルスペクトログラムである。メルスペクトログラムから求めたケプストラム係数が MFCC である。MFCC は，ヒトの知覚に適合した音声特徴量とみなされ，音声認識の分野で利用されている。

［Dynamic Menu｜Analyse spectrum］で分析したフォルマントの分析結果は，波形表示ウィンドウには描画されず，［Objects］リストに［Formant ファイル名］の項目が追加されるだけである。［Objects］リストで［Formant］オブジェクトを選択し，現れる［Dynamic

Menu］で［Draw］を選択し，さらに描画法として［Speckle］，［Draw tracks］，［Scatter plot］のいずれかを選択する。そうすると描画法に関するダイアログが開くので，条件を入力して［OK］ボタンを押すと，［Picture］ウィンドウに指定の描画法でフォルマント分析結果が描出される（**別図7.21**）。ここで，［Speckle］は点で，［Draw tracks］は折れ線で，［Scatter plot］はF1–F2平面上の＋点として描画される。なお，［Picture］ウィンドウの描画領域（桃色の枠で囲まれた領域）では，以前に表示された画像の上に新たな画像が重ね書きされるので，あらかじめ新たな描画領域を作成しておくか，もしくは前の画像は［Edit|Copy to clipboard］，［Edit|Erase all］しておくこと。［Dynamic Menu］で［Tabulate］を選択すると，フォルマント周波数と帯域幅の値が時系列として表形式で表示される（**別図7.22**）。［Dynamic Menu］に表示された他の機能については，ここでは省略する。

WaveSurferによりフォルマント分析する手順はつぎのとおり。WaveSurferのメニューからある音声ファイルを開くと，［Choose Configuration］ダイアログが現れるので，［Speech analysis］を選択する。そうすると主ウィンドウが下方に長く伸び，詳細波形の下に，スペクトログラム，およびそれに重ねて表示したフォルマント軌跡，その下に基本周波数軌跡が表示される。フォルマント軌跡は，第1フォルマントを赤線で，第2を緑線，第3を青線，第4を黄線で表示している。WaveSurferによるフォルマント分析では，カーソルをフォルマント位置に置くことによりフォルマント周波数を読み取ることができるが，表示画面を拡大できずフォルマント周波数を読み取る精度が低く，また無音区間や雑音区間にもフォルマントでなさそうな線が表示されているのでやや見づらい（**図7.5**参照）。SFS/WASPとSFSWinには，フォルマント分析機能は搭載されていない。

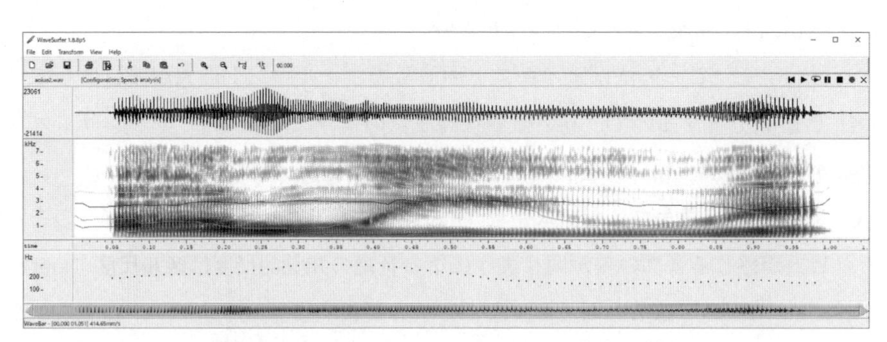

図7.5　WaveSurferによるフォルマント軌跡の分析

7.9.2　フォルマントの表現法

フォルマント分析により求められたフォルマント周波数を表示する方法として，第1と第2のフォルマント周波数に着目して二次元上の点として表示し（一般的に**散布図**と呼ぶ形式。**空間図**とも呼ぶ），各母音の特性の違いを表すように工夫されている。ここでは，MNI

およびFJI発声の5母音音声a_e_i_o_u.wavを例として，各表現法でフォルマントを示そう。Praatで，この音声データを50 msごとにフォルマント分析（burg法）し，その結果を［Tabulate］してテキストファイルに変換する。

ここでは，母音区間のフォルマントをグラフ上にプロットするために，「RINEARN Graph」という名前のグラフ描画用のフリーソフトを使用した。上記テキストファイルはCSV（comma-separated variables）ファイルに整形して，RINEARN Graphに読み取らせた。

① F1－F2図　(ex. 三浦ほか「聴覚と音声」[4] p.364)

横軸右方向に線形目盛りで第1フォルマントの周波数F1を取り，縦軸上方向に対数目盛りで第2フォルマントの周波数F2を取って，分析により求められた各時点のフォルマントを座標位置（F1, F2）の印（例えば，■印）として表示する。日本語5母音に対する男女声のF1－F2図をRINEARN Graphで描画した結果を**図7.6**に示す。

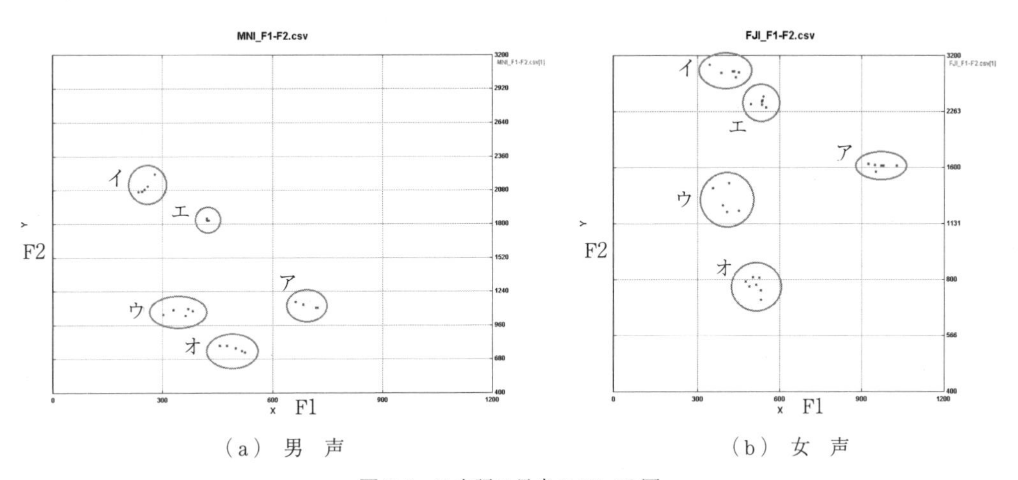

（a）男　声　　（b）女　声

図7.6　日本語5母音のF1-F2図

② F2－F1図　(ex. 五十嵐「Praatを用いた音声分析入門」[5] p.6，など)

横軸左方向に線形目盛りで第2フォルマント周波数F2を取り，縦軸下方向に線形目盛りで第1フォルマント周波数F1を取って，各時点のフォルマントを（F2, F1）の座標位置の印として表示する。このF2-F1図は，いわゆる**母音三角形**と相似している。母音三角形というのは，母音を発声する際の口の開きと舌の位置の違いを，逆三角形の頂点と各辺の上に5母音を位置付けて示した図である（**別図7.23**）。第1フォルマントは口腔の開口度に関係しており，口が開くほどF1は高くなる。一方，第2フォルマントは口腔内での舌の位置に関係しており，舌が奥のほうにあるとF2は低くなる。

日本語5母音に対するF2-F1図を，RINEARN Graphで描画した結果を図に示す（**別図7.24**）。なお，RINEARN Graphでは，左方向，あるいは下方向に座標値を取ることはできないので，横座標として－F2を，縦座標として－F1を取っている。一方Praat

では，Formant に対する Dynamic Menu で［Draw|Scatter plot］を指示することにより，F2-F1 図をただちに描画することができる。

③（F2－F1，F1）図　(ex. 斎藤「日本語音声学入門」[6] p.151)

F2－F1 図の改良を提案する研究者もいる。横軸を第 2 フォルマント周波数に取るのではなく，第 1 フォルマントとの差，すなわち F2－F1 を取るほうがよいという考えによっている。すなわち，横軸左方向に線形目盛りで（F2－F1）を，縦軸下方向に線形目盛りで F1 を取る。日本語 5 母音に対する（F2－F1，F1）図を，RINEARN Graph で描画した結果を図に示す（**別図 7.25**）。なお，RINEARN Graph では，左方向，あるいは下方向に座標値を取ることはできないので，横座標として F1－F2 を，縦座標として －F1 を取っている。

7.10　その他の分析法

これまでに，いろいろの音声分析法，音響分析法が提案されており，その中で効果が大きい分析法は，音声分析ソフトにも盛り込まれている。

7.10.1　調波性（Harmonicity）

Praat にはそのような分析機能がいくつか搭載されている。まずは，音声波形の周期性に関する**調波性**（harmonicity）を紹介する。調波性は，音響的周期性の度合いを表す尺度であって，**調波成分対雑音比**（harmonics-to-noise ratio，**HNR**）とも呼ばれ，通常は dB 単位で表現される。例えば，健康な話者の発した「あ」は 20 dB 以上の調波性を有するが，しわがれ声の話者では 20 dB よりかなり低い値になる。

Praat で音声ファイルを指定し，Dynamic Menu で［Analyze periodicity］を選択すると，［Harmonicity］測定に相互相関［cc］，自己相関［ac］，および声門対雑音励起比［gne］（glottal to noise excitation ratio）の方法を選ぶことができるが，［Help］によると相互相関［cc］法を勧めている。MNI 発声の 1shukan.wav 音声データを標準の分析条件［standards］で調波性分析［Harmonicity（cc）］を指示すると，演算に少し時間がかかった後，［Objects］ウィンドウに［Harmonicity：ファイル名］が登録され，新しい Dynamic Menu が現れる。描画［Draw］を指示し，描画条件を入力すると，［Picture］ウィンドウに調波性の分析結果が表示される（描画条件として，最大値［Maximum］を 30.0 に設定する）。［Picture］ウィンドウの座標値は表示されない（仕様な）ので，調波性の値を読み取ることはできない。調波性の値を求めるには，Dynamic Menu の［Query］を選択し，求めたい事項を指定すればよい。

なお，河原・片寄が用いているC/N（C：carrier，N：noise）という特徴量は，調波性と同様のものであろう（情処学会論文誌，2002-02[7]）。

7.10.2　ケプストラム分析

音声の（短区間）パワースペクトルには，調波成分が規則的に現れるから，（対数変換した）パワースペクトルを逆フーリエ変換する（変換されたものを，**ケプストラム**（cepstrum）と呼ぶ）と基本周期が求められるという考えがケプストラム分析の基本である。ケプストラムからパワー値を求めて［PowerCepstrum］とし，さらにスペクトログラムと同じように描画したものがパワーケプストログラム［PowerCepstrogram］である。［Objects］ウィンドウである［Sound］を指定し，Dynamic Menuで［Analyse periodicity|To PowerCepstrogram］を選択し，分析条件を入力して実行すると，［Objects］ウィンドウに新たに［PowerCepstrogram：ファイル名］が加わる。Dynamic Menuから［Paint］を指示し，描画条件を入力して実行すると，［Picture］ウィンドウにパワーケプストログラムが表示される。縦軸はケフレンシ［Quefrency］であり，周期（時間）に相当することに注意のこと。Dynamic Menuの［To PowerCepstrum (slice)］を指示することにより，指定時点のパワーケプストラム（のスライス）を表示させることができる。［Query］を利用することにより，例えば，最大になるケフレンシ［Get quefrency of peak］を求めることができる。

7.10.3　声門パルス分析

Praatには声門パルス位置を推定する機能がある。**声門パルス**は有声区間では定期的に出現するのが正常だが，例えば，声変わりの時期などでは，その一部が欠落し無声になることがある。どの程度の割合で欠落［voice break］するのか，などを調べるのに本機能は使用できる。

声門パルス位置の分析はつぎのようにして行う。［Objects］ウィンドウに音声ファイルを登録し，Dynamic Menuの［View & Edit］を選択する。波形表示ウィンドウに波形が表示されたら，メニューから［Pulses|Show pulses］を指示する。そうすると，波形の有声部に縦の青線が無数に表示されたであろう。これが声門パルス位置［Pulse］である。詳細な波形を観測できるようにズームインすると，青線は1ピッチ波形の最大点に引かれていることがわかる。いろいろの音声区間に対して青線の生起状況を観察すると，パルスの極大位置を採り誤ったり，マイナス側のやや小さなパルスを採ったりしていることもある。声門パルスの分析条件は，メニューの［Pulses|Advanced pulses settings］により行う。［Maximum period factor］は隣の声門周期との最大変動幅を，［Maximum amplitude factor］は隣の声門パルスとの最大変化を指定するもので，これらを小さめに設定すると安定した声門パルスが得られ

るが，急激に変化する音声に追随できなくなる。ある音声区間を選択してメニュー［Pulses | Voice report］を指示すると，テキスト形式の有声性報告書［Voice report］が表示される。そこには

・ 指定区間の座標
・ 基本周波数の最大，最小，平均，中央値，標準偏差
・ 声門パルスの数，パルス間隔の平均値と標準偏差
・ 局部的に無声化した箇所，欠落の数
・ **ジッタ**［Jitter］：振幅のゆらぎ
・ **シマ**［Shimmer］：周期のゆらぎ
・ 有声部の調波性

などが記されている。また，［Pulse listing］には，声門パルスの時間位置の一覧が記されている。

7.10.4　点 過 程 分 析

点過程［Point Process］とは，なんらかの特定の事象が起こった時刻の列を表す確率過程であり，例えば，声帯振動において声門閉鎖の時刻を点過程とみなして，音響的な周期性として解釈しようという方法である。Praat における点過程オブジェクトは，ある時間範囲内の昇順の時点の系列からなる。Praat には，音声波形をいろいろの観点の点過程として扱う分析法が組み込まれている。詳しくは［Help］を参照のこと。

PointProcess（cc）：相互相関［cross-correlation］とピッチ抽出結果を用いながら，点を抽出する

PointProcess（peaks）：ピーク検出とピッチ抽出結果を用いながら，点を抽出する

PointProcess（extrema）：極大点および極小点に着目

PointProcess（zeroes）：ゼロ点に着目

Praat で点過程分析を行うには，ある音声ファイルを［Object］として選択し，Dynamic Menu から［Analyse periodicity］を指示し，現れるサブメニューから

To PointProcess（periodic，cc）

To PointProcess（periodic，peaks）

To PointProcess（extrema）

To PointProcess（zeroes）

のいずれかを指示し，ついで現れる分析条件（例えば，基本周波数の範囲）のダイアログに応えて分析を実行すればよい。そうすると作成された点過程［PointProcess］が［Objects］ウィンドウに登録される。作成された点過程を原波形に重ねて表示させるには，［Sound］

オブジェクトと［PointProcess］オブジェクトを（Ctrl キーを押しながら）同時に選択し，［View & Edit］のボタンを押す。そうすると，新たなウィンドウ（点過程ウィンドウと呼ぶ）が開かれ，原波形に重ねて（点過程の）点の位置に青い縦線を引いたグラフが表示される。左下のズームボタンを押して時間方向に拡大することにより，（点過程の）点が原波形のどの位置に選択されたか観測することができる。

点過程ウィンドウのメニュー［Query］から，点過程分析によるいろいろの分析結果を入手することができる。［Query］のサブメニューに示されるように，ピッチパルスの振幅ゆらぎであるジッタ［jitter］と，時間的ゆらぎであるシマ［shimmer］を，いろいろの処理法で計算した結果を得ることができる。その音声データに対する全般的な点過程分析結果は［Query|PointProcess info］を指示することにより表示される。各処理法の詳細については，ここでは省略する。

7.11 音声分析の応用

音声分析の研究成果を実際的に応用する分野として，音声符号化，音声合成，および音声認識がある。この節では，これらの分野において音声分析の技術がどのように使われたのかを概観する。

7.11.1 音声符号化

音声符号化の技術は，音声品質を保ったまま，できるだけ狭い帯域，あるいは少ない情報量で音声信号を表現することを狙ったものである。古くから研究が進められた**波形符号化法**は，元の音声波形の形状を保った状態で，その形状を効率的に表現することを意図したもので，復号化した音声の品質は比較的高いが，情報量を圧縮できる割合はそれほど高くない。ここでは，音声分析の技術が際立って役に立ったということはなさそうである。

分析合成符号化法は，元の音声を音声分析に基づき少ない情報量のデータ（音声パラメータと呼ばれる）で表現し，それから元の音声（に類似する信号）を復元しようとするものである。音声生成過程をモデル化して，声門における駆動源信号と，口腔における音の変調特性とに分離して，それぞれを効率的に表現（符号化）するという音声分析法が進められた。特に，口腔における音の伝達特性を表す**線形予測法**（linear prediction）の発明が画期的な効果を示し，その後の研究の主軸になっている。分析合成符号化法により，きわめて低い情報量の音声パラメータから音声を再現することができるようになったが，合成音声の品質は，了解性はある程度保たれているが，自然性の点で十分ではなく，軍事用や暗号化通信など限られた分野で使用されているのみである。

元の音声の自然性を保ちつつ，比較的少ない情報量で再合成する方法として，**波形符号化**と**分析合成符号化**の方法を組み合せた**ハイブリッド符号化**と呼ばれる方法が，最近の音声符号化法の主流になっている。音声分析合成符号化法では，音源をパルス列でモデル化していた（それにより，低情報量に圧縮できた）が，自然性を保つには線形予測後の残差波形を復元することが重要なことがわかり，残差波形を効率的に符号化し，線形予測と組み合せたものがハイブリッド符号化である。現在，われわれが聞く携帯電話の音声は，ハイブリッド符号化法により再合成されたものである。すなわち，線形予測をはじめ，音声分析の成果があって初めて実現されたものなのである。

なお，これまでに開発された主要な音声符号化法については，5.5 節を参照されたい。

7.11.2 音　声　合　成

音声合成の最も基本的であり実用に供せられたのが，**単語編集**という方法である。しかし，単語（厳密には，**文節**と呼んだほうがよい）を単位とする限り，蓄積する単語音声が膨大になり，それでも出力できる文には制約がある。そこで，蓄積する音声の単位を音節や diphone（二つの音のつながり部分）など小さなものを用意し，これらを連結することにより任意の文を合成する工夫がなされた。diphone の接続時に適切な韻律情報を付与するために，線形予測法を応用した PSOLA などの方法が利用されている。このような合成法は，単語編集法をも含めて**波形接続型**などと呼ばれている。

古典的な音声合成法として，声道模擬合成とフォルマント合成がある。これらの方法は，いずれも音声分析の研究成果を取り入れたものであり，特に線形予測法によりフォルマントの抽出精度が格段に向上し，フォルマント合成音声も従来に比べてよくなった。しかし，合成音声の機械音臭さが取り切れず，適切に処理した波形接続型合成の品質に遠く及ばない。そのような状況により，処理資源の制約された**テキスト合成**（text-to-speech）システムなどで部分的に使用されているにすぎない。

今後は，ビッグデータを用いた波形接続型音声合成の進展が期待される。その際，合成音声の自然性を確保するために，高次の韻律性の分析とその合成音声への適用が重要になろう。

7.11.3 音　声　認　識

最近のスマホや AI スピーカ（スマートスピーカ）における音声認識技術の普及には目を見張るものがある。これらの用途では，不特定話者（話者音声をあらかじめ登録する必要がないという意味），非限定語彙（入力できる語彙が限定されていないという意味），連続音声（単語あるいは文節ごとに区切らずに発声できるという意味）というきわめて高度の音声認識を行っており，さらに雑音のある周囲環境での使用も許容している。しかし現状では，これらの用途は認識誤りがあっても「笑って許せる」ものに限られており，実際にどの程度の認識精度が得られているのか定かではない。今後，危険を伴う作業（「火力を強くして」，「ワイパーを動かして」など）に提供するには，認識精度の向上が必須になろう。

話された言葉の内容を識別するための音声認識では，発声された音声からフォルマント周波数や**線スペクトル対**（line spectrum pair，**LSP**）などの音声特徴量の時間的変化を抽出し，**隠れマルコフモデル**（hidden Markov model，**HMM**）を適用して，蓄積されている各種単位（音素，音韻連鎖，単語，文節など）の音声特徴量と比較する方法を採っている。多くの音声分析ソフトはラベリングの機能を有しており，いろいろの発声環境（前後の音韻，アクセントや強調の有無など）において，各種単位の音声が示す特徴量のデータベースを構築する上で重要な機能になっている。

8. 言語音声の波形と特徴量の観測

この章では，サウンドソフトおよび音声分析ソフトを用いて，言語音声の波形と特徴量を詳細に観測する方法を説明する。言語として日本語音声に限定し，5 母音および各種子音の波形および特徴量がどのようにして，その音らしさを形成しているのかを推定する。コンピュータの性能が向上し，かつ十分な機能を備えた音声分析ソフトを手軽に入手できるようになったが，言語音声を学習する基本は「聴くこと」であり，それをまねて「話すこと」である。しかし，単音など短い音声は独立して聴くことができないので，そのような場合に（静止させた）音声波形の観測がきわめて重要である。時間方向，および振幅方向の拡大も（ソフトにより）容易に実行できるので，使わない手はない。さらに，多くの先人が苦労して研究・開発した音声特徴量は，概括的把握のためや，特定の音声の特徴表示にきわめて有用なツールになっている。しかし，音声特徴量の適切な表示には「経験」が必要であり，かつ表示された特徴量を適切に観測・解釈するにも，やはり経験を積み重ねなければならない。本章では，皆さんが効率的に経験を積めるよう，観測のコツをお伝えする。ここでは，サンプル音声集のデータを利用するが，是非，自分の声，および異性の友人の声を録音し，その波形と特徴量を観測してほしい。

8.1　言語音声の波形の観測

まず，言語音声（朗読，あるいは会話）の波形を観測することから始めよう。音声データとして，男性 MNI が発声した 1shukan.wav（発声内容は，「1 週間ばかりニューヨークを取材した」を例として取り上げる。音声波形の表示のために用いるソフトとして，時間軸および振幅軸の拡大が容易である SoundEngine を用いることにしよう。

1shukan.wav の波形を，モニタの横方向一杯に表示させよう。縦方向は，上下の 0 dB と記された枠（波形ウィンドウ）が，モニタの半分程度になるように表示させればよい。これが，日本語の文音声の典型的な波形（包絡）である。波形ウィンドウの左端で上下方向のほぼ中間の基線（振幅値は，−Inf dB）を右方向に進んでいくと，上下に幅のある青い部分（色は，使用するソフトにより異なる。これを，音の塊と呼ぶことにする）が現れ，また細くなるとすぐにつぎの幅の広い区間（音の塊）が現れる。この基線だけの細い区間は音声のない区間（無音区間）であり，幅の広い区間が音声区間である。様相の異なる音の塊が，無音区間なしに，つぎの音の塊に接続する場合もある。（定常的な）雑音の混入したデータの場合には，この細い線がある幅を持っている。逆に，無音と思われる区間に上下の幅が太くなっている場合は，そこに雑音が混入していることがわかる。無音区間は息継ぎの際に生じるだけでなく，閉鎖音（8.3.1 項で後述）発声時にも生じる。

音声の波形は，上下対称ではなく，非対称の場合が多い。**図 8.1** の例でも，上側が下側より少し振幅が大きい。音声発声時に肺からの気流（直気流）がマイクロホンの振動膜を内側に押しやるので，どうしてもその方向の（図では，上向き）振幅が大きくなる。なお，歌声の場合は直気流を抑えるよう発声するので，上下ほぼ対称的な波形になる。

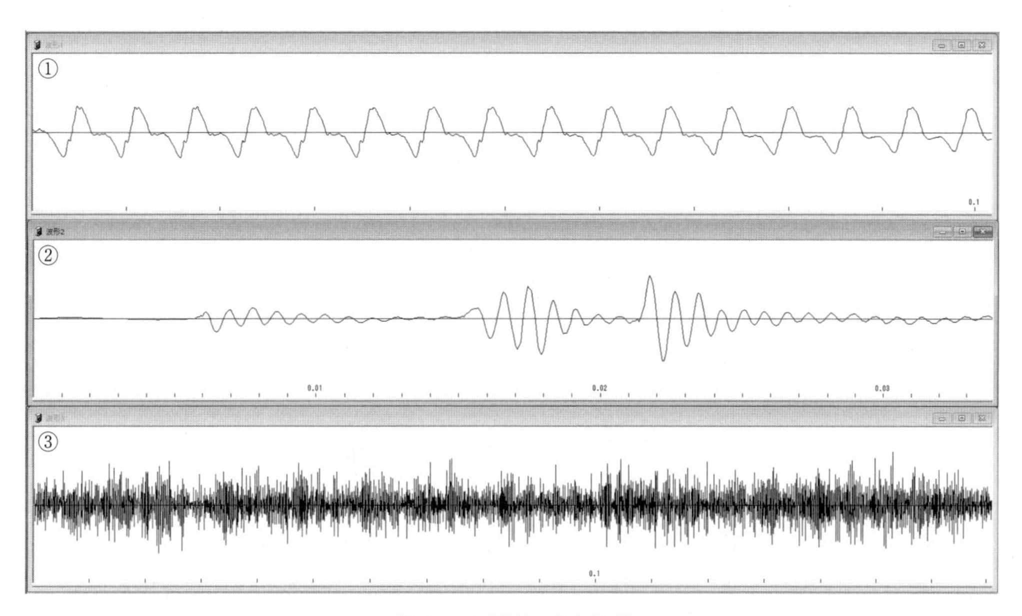

図 8.1　3 種類の音声波形

つぎに，詳細な音声波形の見方を説明する。音声波形は，大まかには，つぎの 3 種の部分から構成されている。

① **概周期的波形**：例えば，1shukan.wav における 0.793 〜 0.850 s の区間の波形。

② **単発的な波形**：例えば，1shukan.wav における 1.080 〜 1.114 s の区間の波形。

③ **不規則な波形**：例えば，1shukan.wav における 0.250 〜 0.421 s の区間の波形。

これら 3 種の波形を図 8.1 に ① 〜 ③ を上から順に並べて示す。ただし，下の二つは振幅を 4 倍にして表示している。

概周期的（ほぼ周期的な）波形は，ほぼ同じ形状の 1 周期波形（例えば，1shukan.wav では，0.490 s から 0.496 s の間の波形）が，時間とともに，振幅，周期，および波形形状が少しずつ変化しながら連続するものである。1 周期波形の形状は，発声内容（母音の種類など）によって異なる。概周期的波形の振幅は，他二者の振幅に比べて，かなり大きい。

単発的な波形には，減衰正弦波状の波形が 1 〜 3 個現れている。その振幅は比較的小さいので，スクロール表示すると，0 レベル付近を小さく波打っているように見える。図 8.1 の場合は，単一周波数の減衰正弦波のように見えるが，その形状は音の種類や発声の仕方により異なる。

不規則な波形は，短い周期でやたら鋭く変化する波形である。振幅はそれほど大きくないので，（短い区間を指定した）スクロール表示では，0 レベル付近にある幅で表示されているだけで，激しく変化しているように見えないかも知れない。図 8.1 のように拡大表示すると，その変化の様子が観測できる。

概周期的波形は，母音部，鼻音，有声摩擦音などで生じる。単発的な波形は，破裂性の子音部などで生じる。また，不規則な波形は，摩擦性の子音部などで生じる。日本語の音声は，子音＋母音の形を取るので，単発的波形に概周期的波形が接続したり，不規則な波形に概周期的な波形が続いたりする。また，概周期的波形からつぎの概周期的波形に徐々に移り変わることもしばしば見受けられる。その場合，境界付近では，二つの概周期的波形の中間的な波形を示している。言語音声の波形については，種々の音声分析の結果を合わせて観測することが効率的であるので，波形の拡大が容易なサウンド録音編集ソフトと音声分析ソフトを併用しながら進めることとする。

8.2　母音の波形と特徴量の観測

日本語 5 母音の波形と特徴量を観測しよう。まずは，男性 MNI が発声した a_e_i_o_u.wav というデータから始めよう。ここでは，サウンドソフト SoundEngine で詳細波形を観測し，随時，音声分析ソフト Praat で特徴量を観察することにして，両者を同時にデスクトップ上に（重ねて）配置しておくこととする。

両ソフトで a_e_i_o_u.wav というファイルを開き，ズームして波形を大きく表示させる（**別図 8.1**）。この音声波形には，五つの音の塊が，時間的にきれいに分離して存在している。それぞれの音の塊が，5 母音（「あ」，「え」，「い」，「お」，「う」）に対応していることを，部分再生（SoundEngine では，Ctrl + Space）して確認する。なお，部分再生の際，開始点および終了点を［編集|**ゼロクロス**選択］によりゼロ点に設定すると，クリック音の発生を抑えることができる。

この波形包絡から，つぎのことがいえる。

① （本発声者の本発声では。以下同じ）5 母音のレベル差が観測され，あ＞え＞お＝う＞い になっている。

② 波形は上下非対称で，上側（プラス側）のほうがやや大きい。

③ 各母音音声の時間長は，ほぼ同じである（0.25 ～ 0.32 s）。

④「あ」と「え」は，波形包絡が三角状であり，（振幅が一定である）定常的な部分があ

まりない。

⑤「い」と「お」には，（振幅がほぼ同じ）定常的な部分が含まれている。

つぎに，各母音の波形を時間軸拡大して観測することにする。それには，100 ～ 200 ms 程度の長さの区間を横軸方向一杯に表示させ，スクロールしながら観測すればよい（**別図 8.2**）。観測の結果，つぎのことがいえる。

① 各母音の前部および後部それぞれ数周期は，周期波形が乱れているが，残りの部分は，ほぼ 1 周期波形が，振幅を変化させながら連続している。

②「あ」の 1 周期波形は，単純な減衰正弦波でなく，かなり複雑である。

③「え」の 1 周期波形は，大まかには減衰正弦波的であるが，詳しくは，減衰正弦波に細かい振動が重畳したような形である。

④「い」の 1 周期波形は，大まかには単純な三角波的であり，それに細かい振動が重畳した形になっている。

⑤「お」の 1 周期波形は，形の乱れた減衰正弦波のようである。

⑥「う」の 1 周期波形は，少し形の乱れた減衰正弦波のようであるが，前半には，1 周期内に三つの山があり，後半は二つの山があるように変化している。

以上の波形観測の結果に加えて，音声特徴量を観測しよう。Praat でこの音声データに対するスペクトログラムとフォルマントを表示させる（**別図 8.3**）。それには，波形表示ウィンドウのメニュー［Spectrum］で［Show spectrogram］と，［Formant］の［Show Formants］にチェックを入れ，ほかのチェックを外せばよい。離散発声の 5 母音全体を表示したグラフを観測することにより，以下のことがわかる。

① 5 母音それぞれに対して，赤い横棒（フォルマント）が 4 本ほど並んでいる。

② 波形包絡は三角状など時間的に変化しているが，フォルマントは時間的に安定している。

③ フォルマントの縦位置（周波数）は，5 母音それぞれで異なる。強いていえば，「あ」と「お」，「え」と「い」のフォルマント配置が似ているようだ。「う」のフォルマントは，比較的等間隔に並んでいる（口腔が円管に近いから）。

④ フォルマントの位置は，背景のスペクトログラムの濃い箇所にほぼ一致するが，「あ」の約 1 kHz のある幅の広い濃色箇所には第 1 と第 2 フォルマントが存在する。

各母音の特徴量を，もう少し詳しく調べてみよう。

⑤「あ」の第 1 ～ 第 3 フォルマントは，定常部で安定しているが，第 4 フォルマントだけ始めの部分で変化が見られる。

⑥「え」の発声は，定常的になるまで少し時間がかかるが，その後は安定したフォルマントが観測される。

⑦「い」の開始部にフォルマントの乱れが観測され，特に第 4 フォルマントは開始部で欠

落しているように見える（あるいは，第3と第4が交差しているよう）。

⑧「お」のフォルマントは時間的に大きく変化し，第1と第2のフォルマントは途中でいったん合体する様相を示す。第3と第4フォルマントには，時間的に変化しており（点が上下にばらついている），安定して発声していないことがうかがわれる。

⑨「う」のフォルマントは，低次ほど安定しており，高次のフォルマントは語頭・語尾部で激しく変化している。

つぎに，男性MNIが日本語5母音を連続発声したデータaoiue.wavを観測しよう。これは，「あおいうえ（青い上）」と，意味がある語のように発声したものだ。したがって，各母音の間に無音区間はなく，ひと塊になっている。Praatで全体波形を，SoundEngineで100～300 ms程度の区間長を指定した部分波形を表示させよう（**別図8.4**）。観測の結果を述べると以下のようになる。

① 0.26 sあたりで，「あ」のやや複雑な1周期波形から，「お」の単純な1周期波形に移っている。したがって，最初からこの付近までを部分再生すると「あ」と聞こえる。

②「あ」の区間である0.26 sあたりまでの間にも，振幅は複雑に変化している。

③「お」から［い］に移る途中の，0.40 sから0.415 sあたりでは，「お」や「い」の波形でなく，その中間の波形でもない複雑な波形を示している。（開母音から閉母音へ，調音器官が大きく変化した）

④ 0.26 sから0.40 sまでを部分再生すると「お」と聞こえる。

⑤ 0.415 sから0.47 sあたりまでは，0.47 s以降の［い］と少し異なる波形を示している。その区間を再生すると，「ウィ」のように聞こえる。

⑥「い」の波形の区間は，0.47 sから0.75 sあたりまでである。この区間を［部分再生］すると，ほぼ「イー」と聞こえる。

⑦ 0.75 sあたりから徐々に「う」の波形に近くなり，1.00 sあたりまで，「う」の波形が持続する。0.75 sから1.00 sまでを再生すると［う］と聞こえる。

⑧ 1.00 sあたりから1.02 sあたりまでは，「う」から「え」の音への遷移区間であり，0.75 sから1.02 sまでを部分再生すると「ウーェ」と聞こえ，1.00 sから1.20 sまでを部分再生すると，「ゥエー」と聞こえる。

以上の例は，母音のみからなる語を連続発声した場合であり，連続する母音の間には，遷移区間が観測され，ときには（開母音から閉母音への遷移区間）別の音に聞こえるような区間も存在する。通常の日本語音声のように，母音と子音を含みながら連続発声した場合，このような現象はさらに複雑になる。

連続発声の5母音音声の特徴量を観察しよう。Praatでaoiue.wavに対するスペクトログラムとフォルマントを表示する（**別図8.5**）。このグラフを観測してわかることは，つぎのとおりである。

① 全発声区間に渡り，第1フォルマントが安定して生じている。これは声道における最も断面積の大きな箇所が，発声時間中ゆっくり運動していることに基づくからであろう。

② 0.43 s あたりにフォルマント軌跡の乱れがあり，「お」から「い」に向かって急激に声道形状が変化したものによるものと推定される。

③ 0.75 s あたりには，「フォルマントの交差」が認められる。すなわち，「い」の第3フォルマントが「う」の第2フォルマントに，「い」の第2フォルマントが「う」の第3フォルマントになだらかに移行している。

④ 0.43 s あたり，および 1.02 s あたりも，「フォルマントの交差」かもしれない。

女性 FNI が離散発声した日本語5母音の波形と特徴量（**別図 8.6**），および連続発生した5母音の波形と特徴量（**別図 8.7**，**別図 8.8**）については，上述の要領で各自観察してほしい。

8.3　子音の波形と特徴量の観測

日本語では，子音を単独で発声することはまれで，ほとんどの場合後ろに母音を伴う。したがって，日本語の子音音声は，後続する母音の影響を受ける場合が多い。

8.3.1　無 声 閉 鎖 音

無声閉鎖音（閉止音，破裂音ともいう。英語では stop，plosive）を含む音声として，（連続的に）「かたぱると」と発声した MNI と FJI 発声の kataparuto.wav というファイルを用いる（**図 8.2** 参照）。このデータは，4個の無声閉鎖音を含んでいる。

この波形を観察すると，どちらの波形にも（連続発声したはずなのに）「か」，「た」，「ぱる」，「と」と 4 ～ 5 個の波形塊がある。無声閉鎖音を発声する場合，声道内にいったん閉鎖を作り，急激にそれを解いて（破裂させて）調音している（/k/ の場合は軟口蓋，/t/ の場合は歯茎，/p/ の場合は両唇）。この閉鎖の区間では，音が生成されていないので，上記の波形に見るように無音区間（振幅をズームすると，レベルの低い正弦波状の音があることがわかる）になってしまう。これを，**閉鎖休止区間**（stop pause）と呼んでいる。無音区間といっても長さは 0.1 s 程度であり，息継ぎなどのための無音区間より短いのが特徴である。だから，内容未知の音声波形を観測する場合，短い無音区間があると，そこは閉鎖休止区間であり，その後ろに閉鎖音があることが推定される。

さらに，kataparuto.wav の波形観測を続けよう。無声閉鎖音の波形は，無音区間の後ろに振幅が小さい不規則な波形の区間が現れ，その後に振幅の大きな母音区間が続くことが観測される（**図 8.3** 参照）。不規則な波形は，閉鎖の後の破裂により生じたものである。/k/

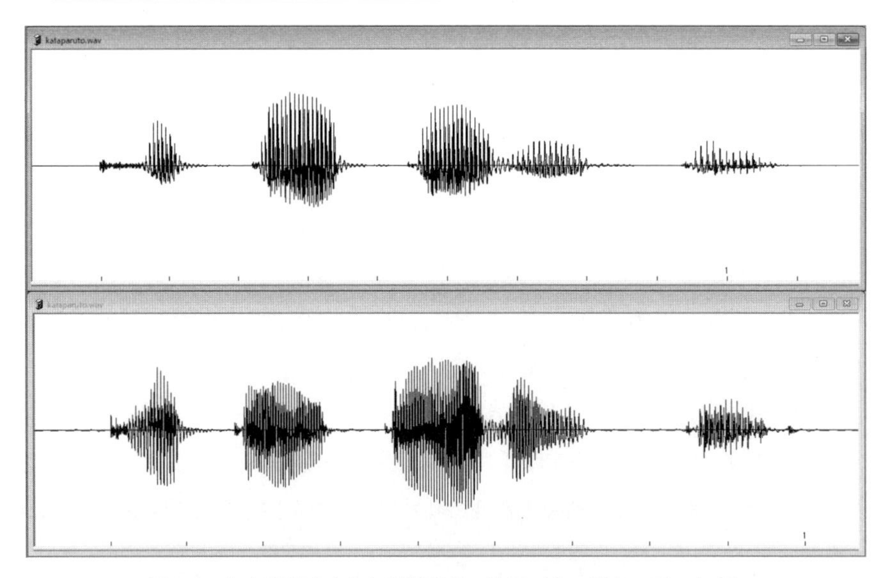

図 8.2　無声閉鎖音を含む単語音声の波形（上：男声，下：女声）

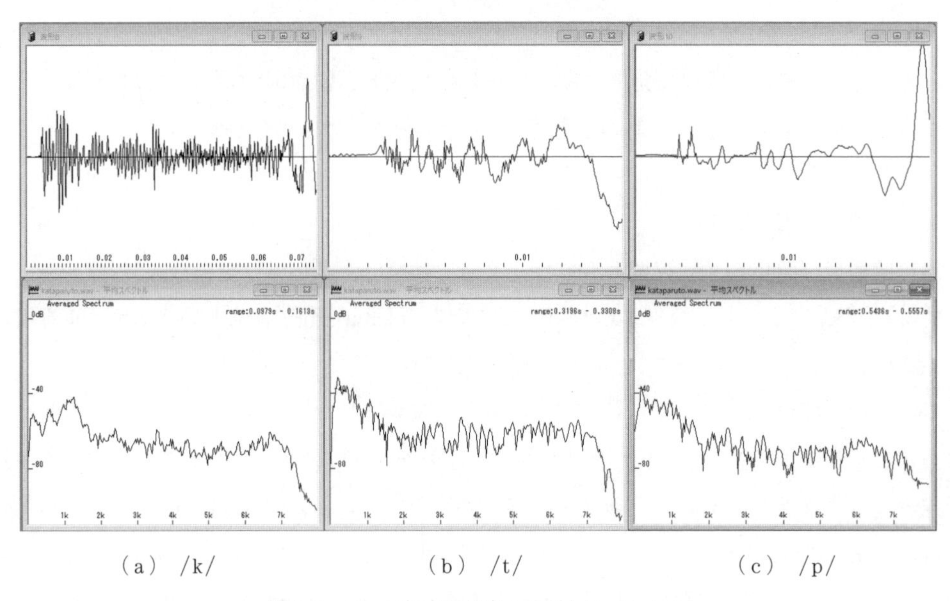

（a） /k/　　　　（b） /t/　　　　（c） /p/

図 8.3　三つの無声閉鎖音の波形とスペクトル

の不規則波形の区間はかなり長く，30 ～ 60 ms 程度ある。/t/ と /p/ の不規則波形は，10 ～ 20 ms と短く，波形もそれほど複雑ではない。両者を波形だけで区別するのは難しいのだが，波形は /p/ のほうが単純で，単発的（母音との間に平らな区間がある）なところにより，なんとか判別することができる。

スペクトル分析の結果を観測すると，3 種の無声閉鎖音の違いは，もう少しはっきりする（**別図 8.9**）。まず，/k/ の音は後ろの母音としっかり結合し，両者の間に音の弱い部分がない。これに対し，/t/ と /p/ の音は，それに続く母音との間に勢力の弱い区間があり，スペクトログラムでは色の薄い縞が見える。また，それぞれの音が勢力を有する周波数帯域にも違いがあり，/k/ > /p/ > /t/ の順でやや高い周波数成分を有している。

か行の音の /k/ の部分は，後ろに続く母音により，性質がやや異なる。なぜそうなるのか，自分で発声してみて考えてみるとよい。か行の音を構音するには，つぎの母音を発声する口腔の形をしたのち，舌先を軟口蓋に近付けて破裂させている。すなわち，/k/ を発声する際の口腔は，すでに後続母音の形になっているのである。この事情は，/p/，/t/ の場合も同様であるが，/p/，/t/ に比べて /k/ の調音位置が口腔の中にあるため，より口腔形状の影響を受けやすいのである。

kokitukau.wav というか行の音を 3 個含む音声データを観測すると，同じ /k/ の部分でも，波形と特徴量が著しく異なることが観測できるであろう（別図 8.9）。

8.3.2 有声閉鎖音

有声閉鎖音は，口腔内のある調音点で閉鎖を作り，声門からの空気流を維持しながら，閉鎖を急激に解き放すことにより生成している。有声閉鎖音を含む音声として，MNI 発声の bagudaddo.wav という音声データを使用する。このデータは，「ばぐだっど」と発声しており，4 個の有声閉鎖音を含んでいる（**図 8.4** 参照）。この波形では，音節ごとに波形の塊は生じず，前三つの音節は波形として連結している。「ば」と「ぐ」,「ぐ」と「だ」の間には（無声閉鎖音で見られた）閉鎖休止区間は見られない。「だっ」と「ど」の間に，きわめて振幅の小さい区間が現れているが，これは閉鎖休止区間でなく，促音（つまる音）を形成するための区間である。

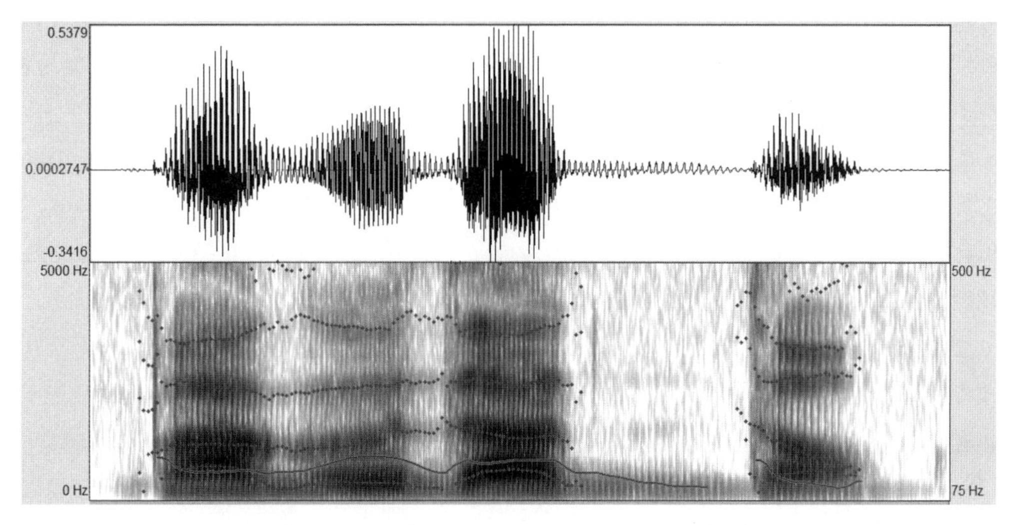

図 8.4 有声閉鎖音を含む単語音声の波形と音声特徴量

語頭の「ば」の先頭（0.037 ～ 0.084 s）には，振幅の小さい不規則な波形が生じており，これは /b/ の前に唇を閉じたことによる音（鼻音のような音）と思われる。0.09 ～ 0.105 s の間の不規則な波形が /b/ の波形と考えられる。最終音節の「ど」の波形は，促音に続く音として，急激に立ち上がっている。0.927 ～ 0.937 s あたりが /d/ の波形であるだろう。第 2 音節の /g/ の波形と，第 3 音節の /d/ の波形は，それぞれ前の母音に重畳していて明瞭な独立波形を見ることはできない。第 3 音節の母音開始部でピッチ波形に若干の乱れがある（ピッチパルスがやや離れている）が，第 1 ～第 3 音節は有声状態のまま安定して持続している。

女性 FJI 発声の有声閉鎖音の波形を観察しよう。この音声データは，各音声をやや個別に発声しており，第 2 と第 3 の音節が連結している。語頭の「ば」はゆっくりと立ち上がっており，両唇閉鎖した際の鼻孔からの息が捉えられたものかもしれない。同じような特性の音が，第 4 音節「ど」の開始点にも見られる（**別図 8.10**）。有声閉鎖音における声道での狭め位置と，狭め前後の声道の共振周波数の理論的解析結果から，破裂以降のフォルマント軌跡を予測した研究（例えば，藤村：「音声科学」p.153 [8)]）もあるが，上記の 2 データのフォルマント軌跡は，必ずしも予測結果に合致していない。最新の高精度の音声分析ツールを用いて，再確認が必要だろう。

8.3.3 摩　擦　音

つぎに，声道内のある位置に狭めを作り，肺からの気流を定常的に流して調音する**摩擦音**の波形と特徴量を観測しよう。摩擦音（fricative）は，発声者，年代などにより摩擦の程度や長さが大きく異なることがある。摩擦音を含む音声として，MNI 発声の sushizumejotai.wav というファイルを開く（**図 8.5** 参照）。このデータは「すしずめじょうたい」と発声しており，無声摩擦音 2 個（s と sh）と有声摩擦音 2 個（z と dz）を含んでいる。この波形は，（2 ～）3 個の波形塊からなり，最初の波形塊に「すしずめ」と発声されている。

0.23 s あたりまでは /s/ の音が，そこから 0.31 s あたりまでは /u/ の音が，その後 0.41 s あたりまでは /sh/ の音が発声されている。その後の波形は連続的に変化してゆき，0.41 s あたりから 0.50 s あたりまでは /i/ の音が，0.50 s あたりから 0.63 s あたりまでは周期波形に不規則な雑音が重畳した波形（「ず」の音）を示しており，その後は 0.66 s あたりまで /u/ の音が，そこから 0.74 s あたりまでは /m/ の音が，それに続き 0.95 s あたりまで /e/ の音が続いている。さらに，0.96 s あたりから 1.01 s あたりまでは周期的波形に雑音が重畳した「じょ」の音が，その後 1.25 s あたりまで /o/ の音が続いている。

無声摩擦音の /s/ と /sh/ を比較すると，後者のほうが，レベルが大きく，かつ振幅の変動が激しいことが観測される。スペクトログラムを観測すると，/s/ は高域のみに，

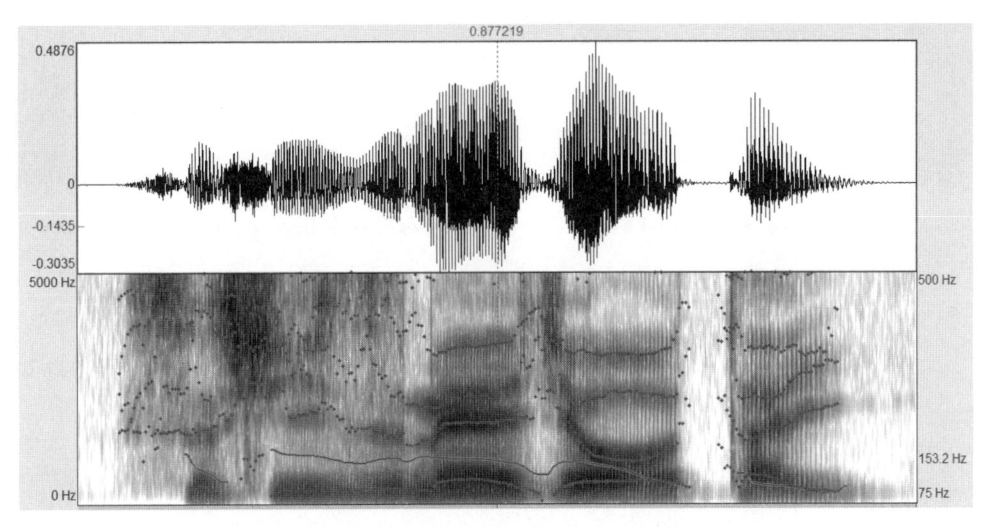

図 8.5　摩擦音を含む単語音声の波形と音声特徴量（男声）

/sh/ は中 ～ 高域に大きな勢力を有することがわかる。

一方，有声摩擦音の /z/ と /dz/ は，両者とも周期的波形に重畳する形を取っているが，後者のほうが波形の変動が大きいことが観測される。

女声の音声データを観測しよう。/s/ と /sh/ のスペクトル差は，男声に比べてそれほど大きくはない。しかし，その長さは，男声よりやや短く，勢力も低い。また，/dz/ の音の勢力も男声よりかなり小さいことが，波形から観測される（**別図 8.11**）。

8.3.4　鼻　　　音

発声時に，口腔内に狭めがあり，のど奥の口蓋垂が下がった場合には，肺からの空気が鼻腔に流れ込み，鼻腔でも共鳴して鼻孔からも出てくる音を**鼻音**（nasal）と呼んでいる。鼻腔での共鳴からもわかるように，鼻音は母音的な特性を有しており，音の勢力も子音よりかなり大きい。鼻音は，発声者の方言（地域差）により，頻度や種類もかなり異なる。

鼻音を含む音声として，MNI 発声の mannen.wav という音声データを用いる。このデータは「まんねん」と発声しており，振幅変化はあるものの，一つの波形塊からなっている（**別図 8.12**）。この音声には，左から /m/，/ng/，および /n/ という 3 種の鼻音を含んでいる。波形観測と部分再生により，波形各部分の発声内容を調べると，以下のことがわかる。

① 0.138 ～ 0.20 s あたりまでは /m/ の音が発声されており，その後 0.33 s あたりまで /a/ のような波形を呈している。

② しかし，0.19 s から 0.33 s までを部分再生すると「ま」のように聞こえる。これは，前部では /m/ の影響が残っており，かつ全体的に /a/ の発声が鼻音化（発声時に鼻

腔に気流を抜いている）しているためだろう。

③ 0.33 s あたりから 0.60 s あたりまでは「ん」の発声箇所であり，音としては /ng/ に近い音になっている。

④ 0.60 s あたりから 0.64 s あたりまでは，/n/ の音から後ろに続く /e/ の音の中間的な波形を示しており，0.64 s あたりから 0.73 s あたりまで，/e/ の音になっており，その後 /n/ の波形になっている。

⑤ 最後の「ん」の区間の波形は，0.33 s から 0.60 s までの「ん」の区間の波形とは若干異なっており，前者は /ng/ の音，後者は /n/ の音になっていることによるものと推定される。

Praat でこの音声データの特徴量を観測しよう（**図 8.6** 参照）。

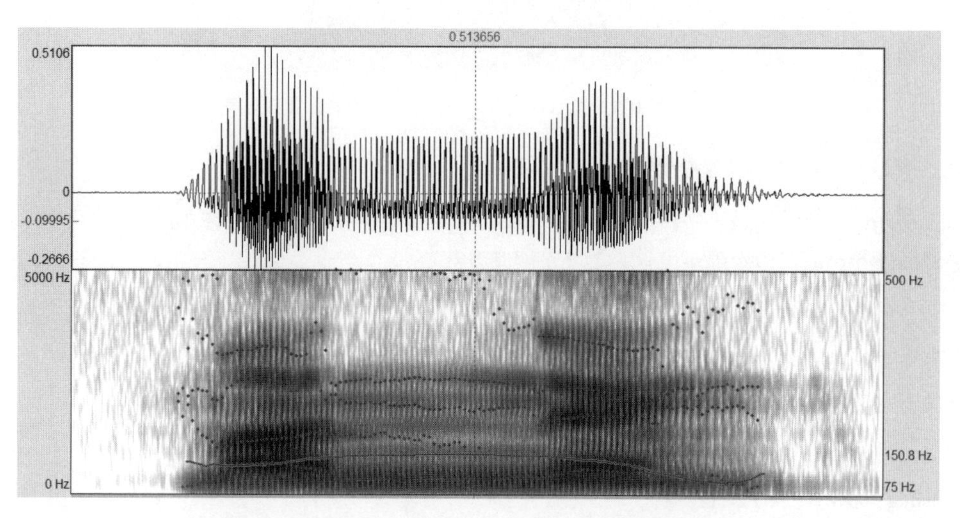

図 8.6　鼻音を含む単語音声の波形と音声特徴量（男声）

① 0.138 ～ 0.20 s の /m/ の区間は，第 1 フォルマントが上昇，第 2 フォルマントが下降傾向にあり，第 3 フォルマントは波打っている。

② 0.312 s あたりから第 3 フォルマントが乱れ始め，波形にも変化が見られる。これは，/n/ あるいは /ng/ の音の開始を示すものと思われる。

③ 0.51 s あたりから第 5 フォルマントの周波数が低下し始め，第 2 フォルマントが突然消失し，第 4 フォルマントとして 3.7 kHz あたりまで降下する。1.2 kHz あたりの第 2 フォルマントが消失した理由は，［spectral slice］を観測する限りは不明である（スペクトル包絡の時間変化を仔細に観測する必要がある）。

④ 0.59 s あたりに第 2 ～ 第 4 フォルマントに（小さな）不連続が見られ，口蓋垂が閉じられた影響かもしれない。

⑤ 語尾近くの 0.72 s あたりから第 2，0.74 s あたりから第 4，0.77 s あたりから第 1 フォルマントが乱れ始め，鼻音を安定して発声収束させることの難しさを物語っている。

つぎに，女性 FJI の発声データ mannen.wav を観測しよう（**別図 8.13**）。なお，男声とはアクセント位置が異なることに注意のこと。

① 0.187 ～ 0.258 s あたりまでは /m/ の音が発声されており，0.37 s あたりまで /a/ の波形が続いている。

② しかし，0.26 s から 0.37 s までを部分再生すると「ま」のように聞こえる。これは，男声の場合と同様に，前部では /m/ の影響が残っており，かつ全体的に /a/ の発声が鼻音化しているためだろう。

③ 0.372 s あたりから第 3 と第 4 フォルマントが，0.4 s あたりから第 1 フォルマントが乱れ始めているのは，/ng/ の音が始まったことによるものと思われる。ただし，この部分を部分再生しても，別の音に聞こえる。

④ 0.49 s あたりから波形の形が少し変化したのは，/ng/ の音から /n/ の音に移ったことによるものと思われる。

⑤ 0.555 s あたりから /e/ の音が始まる。ただし，この部分から後ろを部分再生すると，/e/ の頭に別の子音が付いているように聞こえる。

⑥ 0.685 s 以降の区間は，語尾の /n/ の区間である。しかし，その波形は 0.49 s あたりから始まる /n/ の区間とは，かなり異なる。

この音声データの特徴量を表示して，観測を続けよう。

① 全般的に発声区間全体で，フォルマントは滑らかに推移している。

② 語頭の /m/ の音のフォルマントは，波形に若干の乱れがあるものの，後続する /a/ に滑らかに続いている。

③ 0.39 s あたりで /ng/ の音に移って，第 1 フォルマントが急落している。

④ 語尾の /e/ から /n/ に変わる 0.69 s あたりで，異なる周波数の第 2 フォルマントが現れ，波形も形を変えている。

音声分析ソフトにおけるフォルマント推定は線形予測という方法を採用しており，声道に分岐がないことを想定した全極型スペクトルを前提としている。しかし，鼻音の場合は声道に鼻腔への分岐があり，この前提条件が成立しない。声道に分岐がある場合スペクトルにはゼロ点が存在するが，それを無視して求めたフォルマントには誤差が生じている可能性がある。したがって，鼻音に対するフォルマント推定の分析結果には，全面的に信頼を置かないほうがよい。語尾の /n/ は撥音であるが，鼻母音（鼻の通気を開放したまま発する母音）として発音されることがある。

8.3.5 半　母　音

唇，舌，口蓋などの調音器官が上下接近して発声される音を**接近音**（approximant）と呼んでいる。接近音の中で，接近の程度が低く，つぎの母音にすぐに移っていく音を**半母音**（semivowel）と呼んでいる。その名称は，母音に似ているが，完全には母音といえないことからきている。

半母音を含む音声として，MNI 発声の yawai.wav というファイルを開く（**図 8.7** 参照）。このデータは「やわい」と発声しており，途中にくぼみはあるものの，一つの波形塊として発声されている。0.19 s あたりまでが半母音 /y/ の部分であり，その後母音 /a/ が 0.31 s あたりまで続いている。0.31 s あたりから 0.36 s あたりまでが半母音 /w/ の部分であり，その後母音 /a/ に続いている。

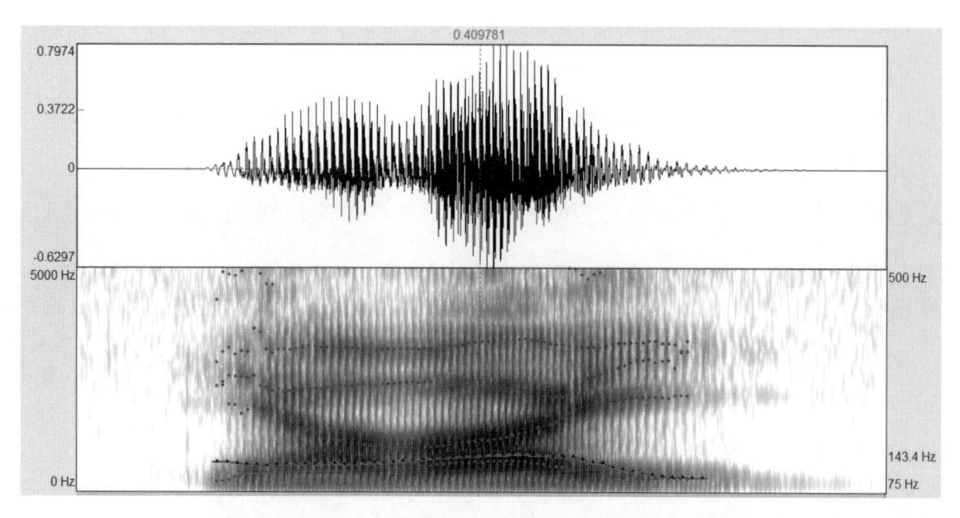

図 8.7　半母音を含む単語音声の波形と音声特徴量（男声）

特徴量の時間変化を見ると，始端と終端で第 1 と第 2 フォルマントが離れ，中央部分でそれらがやや接近するという様相を見せている。/y/ の始まりの波形は，母音 /i/ の波形と似ており，フォルマント配置も /i/ と似ている。中央の /w/ の部分は短く，その部分を部分再生すると /u/ に似たあいまいな音に聞こえる。

女性 FJI 発声の yawai.wav という音声データを観測する。男声の場合に比べて，特徴量の時間変化がやや激しいが，全般的な傾向はよく似ている（**別図 8.14**）。/w/ の部分の第 1 と第 2 フォルマント配置は，両側の /a/ の場合より狭くなり，/u/ の配置に近くなっている。この付近を部分再生しても /u/ と聞こえる。

8.3.6　発声様式の変化

日本語音声においては，前後の音節の種類によって，挟まれる音の発声様式が変化する（方言により異なることがよくある）ことがある。そのような発声の音声波形と特徴量を観測しよう。

〔1〕母音の無声化

日本語の母音の「い」と「う」は，（東京方言では）ある種の音韻環境下では，**無声化**することが知られている。その環境というのは，閉鎖音に挟まれ，アクセントを有しない音の場合である。無声化母音の例として，FJI 発声の chishiki.wav と kokitsukau.wav のファイルを開き，無声化した母音を聴いてみよう。

これらは，それぞれ「ちしき」，「こきつかう」と発声したものである。「ちしき」の発声データの場合は，摩擦音 /sh/ に続く母音 /i/ の部分はなく，完全に無声化していることがわかる（**図 8.8** 参照）。この様子は，特徴量（スペクトログラム，フォルマント，ピッチ）の表示結果からも見て取れる。すなわち，「し」の発音が始まる 0.32 s 以降この音節では，まったくピッチが抽出されていない。

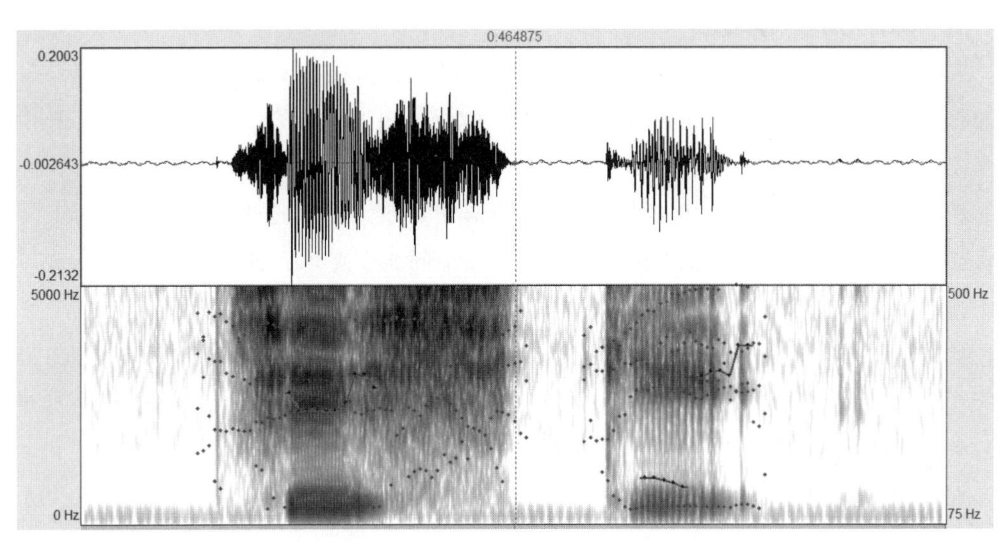

図 8.8　無声化した母音を含む単語音声の波形と音声特徴量（女声）

この特徴量の分析結果から興味深いことがわかる。「ち」の音の後部 0.283 s あたりから特徴量が急変している。すなわち，第 1 フォルマントだけは，しばらく（0.32 s まで）前のまま続くが，0.283 s の時点で第 2 と第 3 フォルマントが交差し，第 3 と第 4 フォルマントは急激に周波数が高くなっている。この現象を調音の観点から推定すると，「ち」の /i/ を発声している後部で，後ろの「し」が無声化するのを予測して，/sh/ を発する口腔の構え（中舌を下げ空間を作り，後舌を上げて狭めとする）に移行し，0.32 s 以降しっかりと摩擦の音を発している。

なお，この女性発声者の場合，最終音節の「き」を発声した後，ピッチパルスの間隔が異常に長くなっていることが見て取れる。

「こきつかう」の発声データの場合は，4 個の波形塊になっており，3 番目の波形塊が振幅の小さな雑音状になっており，ほとんど /ts/ の音のみで，母音区間がないことがわかる。ピッチ分析の結果でも，この部分にはピッチがまったく抽出されていない（**別図 8.15**）。

つぎに，男性の発声者 MNI の音声データを観測しよう。「ちしき」の発声では，「し」の母音区間がやや短くなっているだけで，有声で発声している（**別図 8.16**）。それゆえ，無声化した女声に見られたような，複雑な特徴量変化は見られない。男声の「こきつかう」の発声では，「つ」の母音部は完全に無声化している（**別図 8.17**）。

無声母音は，文尾でも生じる（最近は NHK のアナウンサでも，文尾で無声化しない人が増えた）。その例として，「そーです」と発声した MNI および FNI 発声の soodesu.wav を使用する。最も後ろの波形塊が，最後の「す」の音で，母音の /u/ は完全に無声化し，/s/ の音しか現れていない（**別図 8.18**）。

〔2〕**鼻音化母音（鼻濁音）**

東京方言では，語中のガ行音は原則として，**鼻音化**（nasalize）することが知られている。なお，以前はアナウンサの発音教育で必須であったが，最近はそのような訓練もなく，小中学校の国語教育にも含まれていないらしい。

鼻音化母音の例として，FJI 発声の gogatsu.wav というファイルを開こう（**図 8.9** 参照）。鼻音化母音の波形を観察するには，振幅拡大した詳細波形が適する（**別図 8.19**）。0.17 s から 0.26 s あたりまではほぼ正弦波状の単純な波形であり，口蓋垂を上げた際に生じた /n/ または /ng/ の音と類推される。その後 0.26 ～ 0.278 s が /ng/ または /g/ の波形であり，それに続いて 0.375 s あたりまでが /o/ の波形である。この 0.375 s あたりで波形の振幅が急激に小さくなる。これは，つぎの /ng/ の発声に向けて，いったん口腔を狭めたことによるものと推定される（つぎに /g/ を発声するなら，狭める必要はない）。0.375 s あたりか

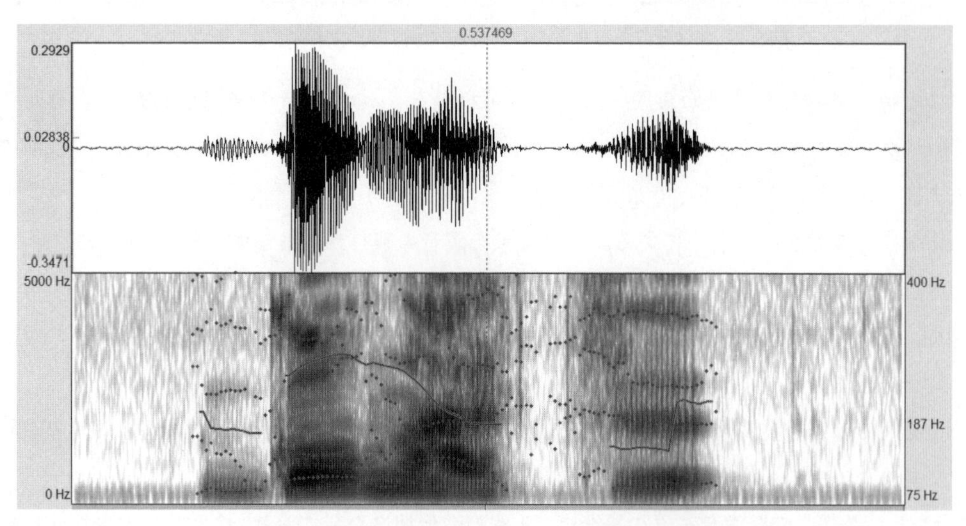

図 8.9　鼻濁音を含む単語音声の波形と音声特徴量

ら 0.423 s あたりまで単純な減衰正弦波状の /ng/ の波形であり（この部分を部分再生しても別の音に聞こえる），その後 /g/ の波形に続いている。0.28 ～ 0.557 s の区間は完全に有声音として発声しており，ピッチ周波数も連続的に明確に抽出されている。ただし，この区間は，/ng/ から /a/ に移行する部分を含んでおり，フォルマントが時間的に大きく変化している。

つぎに，男性 MNI 発声の gogatsu.wav という音声データを観測しよう（**別図 8.20**）。語頭の 0.084 ～ 0.138 s に正弦波状の /ng/ の波形が観測され，またピッチも抽出されているので鼻音化していることがわかる。しかし，語中の「が」の部分には鼻音特有の正弦波状の波形は見当たらず，ほとんど鼻音化していないものと推定される。ピッチおよびフォルマント軌跡は女性の発音と比較してかなり滑らかであり，鼻音化せずに発声されたことをうかがわせる。

8.4 長　　　音

日本語の母音は，しばしば**長音**の形で発声される。ここでは，長音を短音と対比させながら，その波形を観測しよう。ここでは，同じ構成音韻からなり，長音を 0 ～ 2 個含む単語四つの波形（発声者 FJI）〔shojo.wav（処女），shojoo.wav（書状），shoojo.wav（少女），shoojoo.wav（症状）〕を観測することにしよう。これらのファイルは全長が約 0.9 s に揃えてあり，音声編集ソフトで表示した際に，四つとも同じ幅で表示されるようにしてある。**図 8.10** にこれら四つの波形を示す（左上 - 右上 - 左下 - 右下の順）。

四つの波形を観測することにより，以下のことがわかる。語頭の /sh/ 部分の継続時間は

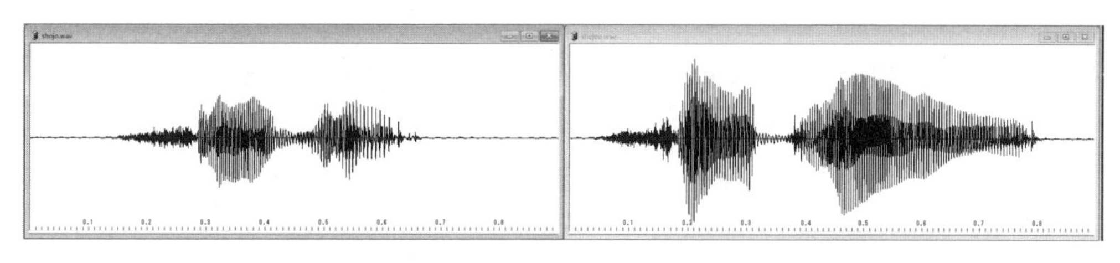

（a） しょじょ　　　（b） しょじょう

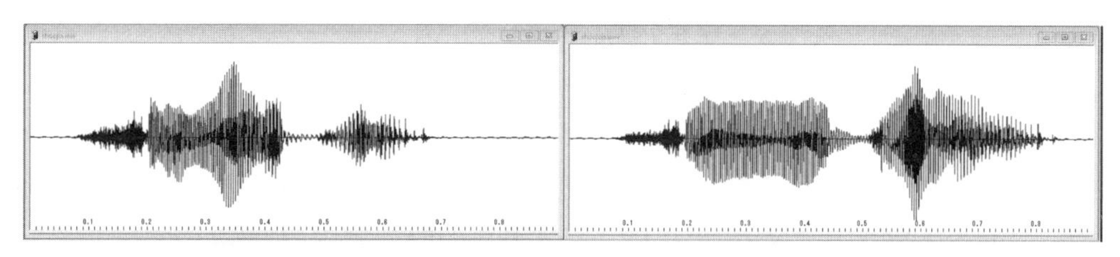

（c） しょうじょ　　　（d） しょうじょう

図 8.10　長音を含む単語音声の波形

約 110 〜 120 ms とほぼ同じである。長音化されていない「しょじょ」と「しょじょう」の第 1 音節の /o/ の音は，約 140 ms でほぼ同じ長さである。長音化された「しょうじょ」と「しょうじょう」の第 1 音節の /o/ の音は，それぞれ 350 ms，330 ms と短音の場合の約 2.4 倍の継続時間になっている。

一方，第 2 音節に含まれる /dz/ の音は，53 〜 70 ms とやや差がある。「しょじょ」と「しょうじょ」の第 2 音節の長音化されていない /o/ の音は，約 150 ms とほぼ同じであり，この値は，長音化されていない場合の第 1 音節の /o/ の長さとも大して変わらない。「しょじょう」と「しょうじょう」の長音化された第 2 音節の /o/ の音は，それぞれ 340 ms，260 ms とかなり差がある。この長さは，短音の場合のそれぞれ，2.3 倍，1.7 倍と十分大きく，短音に聞き誤られないように十分長く発声している。

ここでは，日本語に現れる長音を継続時間の観点から観測したが，アクセントの有無や，紛らわしい単語の有無などの他の要素も継続時間に影響するものと推定される。

8.5 連　母　音

日本語における**連母音**というのは，二つ以上の母音がそれぞれの性質を保ちながら連続するものをいう。英語の発声などで，母音が性質を変えながらつぎの母音に変わっていくものを，音声学では**二重母音**と呼び，両者を区別している。

連母音の例として，男性 MNI が「あいおい」と発声した波形（aioi.wav）と特徴量の時間変化を観測しよう（**別図 8.21**）。四つの母音がつぎつぎに変化していき，第 2 母音の「い」の部分にやや長い定常部があるほかは，過渡的な部分が占めている。スクロール波形を観測すると，最初から 0.246 s あたりまでが「あ」，続いて 0.479 s あたりまでが「い」，0.641 s あたりまでが「お」，0.641 s 以降が「い」になっている。しかし，それぞれの区間を部分再生すると，単独の母音には聞こえず，前後の母音が混ざったような音になっている。この例のように，開母音と閉母音が遷移する場合には，その境界付近に中間的な性質の区間が生じている。

8.6 韻律的特徴

韻律的特徴（prosody）というのは，同一の文章を二人の人に読ませた音声の相違点を全般的に指すものということができよう。つまり，音声に含まれる言語的情報以外の特徴全般を指し，声の高さの時間的変化，それぞれの音の長さと現れる速さ，間(ま)の取り方，などである。ただし，アクセントや強勢（ストレス）のように，言語的な意味に相違をもたらす場合もある。

韻律的特徴は，その音声の言語としての自然さを保つ要因ともいえる。また，韻律的特徴は，その発声内容が内包している情緒的側面を反映させるすべになっており，きわめて高度な情報を含んでいるものと考えられる。これが，話芸や，名優による朗読に結びついている。なお，韻律的特徴は，個人差，（方言の影響を含む）地域差がきわめて大きい。

ここでは，韻律的特徴が音声のどのような物理的特性に現れているかについて調べる。

8.6.1 発話速度

一定時間内に発話される音節数で表される。ただし，撥音（跳ねる音，「ん」），促音（つまる音，「っ」），長音を含む音節（これらを含めて1音節とされる）の引き延ばした部分は，それらを発音上一つの単位として**モーラ**（mora，通常，拍と訳される）という語で呼ばれている。したがって，発話速度というのは，一定時間内に発話される音節数と一般にはいわれるが，正確には発話されるモーラ数のことである。

やや長めの文章に対する平均的な発話速度では，呼気段落（息継ぎの間）や，発声者が意図的に挿入した無音区間を含めた形で計算される。平均的には同じ発話速度であっても，抑揚が激しい発話，無音区間が少ない，あるいは短い発話，などは早口に聞こえる。ラジオやTVの発話速度は，時代とともにかなり変遷している。

8.6.2 アクセント

単語，あるいは文節（単語＋助詞）ごとに社会的慣習として決まっている，音の相対的な高低や強弱のことをいう。日本語は高低アクセントであり，英語などは強弱アクセントである。すなわち，日本語のアクセントは基本周波数の高低で表現され，音の強さで表すのは副次的である。これに対し英語のアクセントは**強勢**の位置により表現され，音の高さの要因は副次的である。

日本語のアクセントは地域差がきわめて大きく，また特に外来語では時代的な影響を受けており，以下に述べる「アクセント規則」が守られていないことが数多く見られる。

東京方言を基本とする日本語の共通語アクセントは，単語ごとに音の高さが急激に下がる（または，平板で下がらない）位置（**アクセント核**という）が決まっており，それがアクセント辞典に表記されている。複数の単語が連結したり，接辞が付属するなどして**アクセント句**が形成される。アクセント句が一つの呼気段落として発声される場合もある。アクセント句には一つのアクセント核があり，ピッチパタンはアクセント核を頂点とする「へ」の字形に推移する（**図8.11**を参照のこと）。

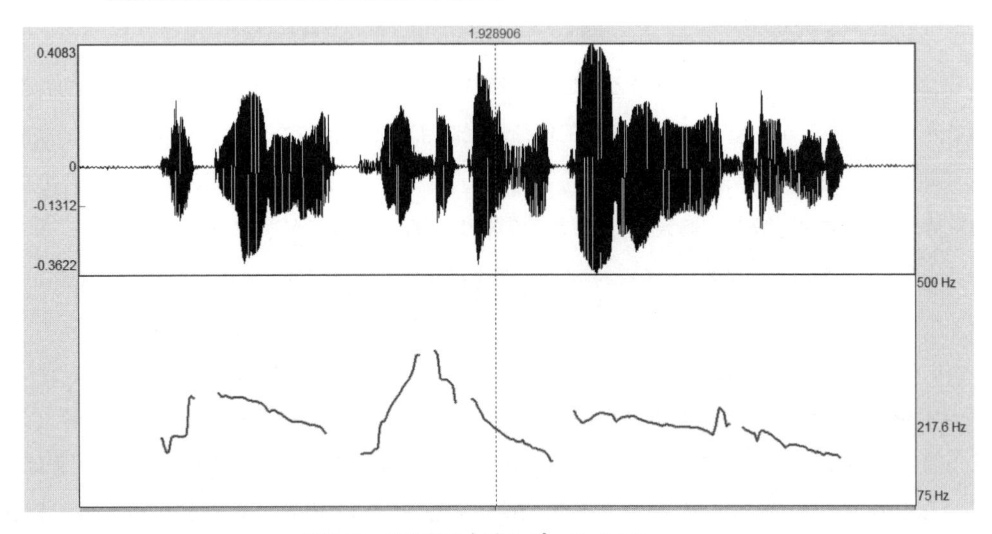

図 8.11　典型的な短文のピッチパタン

8.6.3　イントネーション

通常，呼気段落が一つの**イントネーション**（抑揚）の単位となり，イントネーション句と呼ばれる。イントネーション句は，通常複数のアクセント句を含んでおり，大きな「へ」の字形ピッチパタンに各アクセント句の小さな「へ」の字形パタンが重なった形状をしている。発声訓練を受けた発声者は，このような典型的なピッチパタンを示し，基本周波数の変化幅が大きい。しかし，通常の人の発声では，そのような典型的ピッチパタンを示さず，基本周波数の変化幅も小さい。

発声訓練を受けた女性発声者 FJI が「ばくおんが ぎんせかいのこうげんにひろがる」という文を読んだピッチパタンを観測しよう（音声データは，Bakuon.wav）。この発声は，（1〜）2 個の呼気段落，三つのアクセント句からなり，短文であることを意識して，無音区間はかなり短くなっている。最初のアクセント句「ばくおんが」は平板型であるので，基本周波数は最初急激に立ち上がった後，だらだらと下降している。2 番目のアクセント句「ぎんせかいの」の「せ」の部分にアクセント核があるので，この部分（1.67 s あたり）で基本周波数が急激に下降する。最終のアクセント句はほぼ平坦に発声されているが，2.93 s あたりで最終文節「ひろがる」に向けて，若干ピッチの立て直しを行ったかもしれない。この発声のピッチパタンは，三つの小さな「へ」の字形パタンに，イントネーション句を形成する大きな「へ」の字形パタンが重畳した典型的なものといえる。

同じ発声者でも，発声する文の構造が異なると，上記のように典型的なピッチパタンにはならない場合がある。FJI 発声の音声データ Gaikokujin.wav は，「がいこくじんには　かんぺきしゅぎのひとがおおい」と発声している（**別図 8.22**）。読者は，Praat などでこのデータを読み出し，ピッチ分析して，どうしてそのようなピッチパタンになったのかを考えてもらいたい。

この発声は，二つの呼気段落からなり，その間に息継ぎのための（やや長い）約 290 ms の無音区間がある。後ろの呼気段落はやや長く，（2～）3 個のアクセント句が含まれている。かつ，前のアクセント句に含まれるモーラ数は多く，後の（1～）2 個のアクセント句に含まれるモーラ数は少ない。このような文構造になっていることが，この呼気段落の発声を難しくしている。FJI の発声では，この呼気段落の途中でアクセント句の立て直しをしており，結果として，分析結果のようなピッチパタンになったのである。なお，この日本語文は，「発声しにくい」，あるいは「リズムを取りにくい」文の一例といえよう。

8.6.4 リ ズ ム

日本語音声では，モーラを構成する音がほぼ等時的に現れ，これが**リズム**を構成している（syllable-timed rhythm，mora-timed-rhythm）とされている。英語の場合は，強勢を有するシラブルがリズムを構成するとされる（stress-timed rhythm）。

英語の**シラブル**（syllable）は通常，音節と訳されているが，日本語の**音節**とはかなり異なる。シラブルは，一つの母音の前後に子音（複数，あるいはない場合も含む）が並んだ文字列と定義されるが，この場合の母音には，二重母音，あるいは三重母音を含んでいる。そして，二重母音などを含むシラブルが，（ゆっくりした発声では）ほぼ等時的に発声される。ただし，強勢のあるシラブルはやや長めになる。これに対して，日本語の連母音は 2 モーラ（あるいは，それ以上の母音の数のモーラ。「あいおい」は 4 モーラ，英語なら 1 シラブル？）で発声され，各モーラはほぼ同じ長さを有する。

日本語は七五調とか，五七五調とか呼ばれるものが調子がよく，これらの適当な位置に無音区間が付加されて，四拍子を形成しているといわれており，その響きはリズム感があって耳に心地よいとされる（別宮：「日本語のリズム－四拍子文化論」[9)]）。確かに，著名な作詞家や詩人が作詞した国民歌謡は，それを朗読するだけでリズムを感じる（歌謡を記憶しているからかもしれないが）。そのような作詞家は，語句の長さと，そのアクセント位置（強拍の位置）を考慮しながら歌詞を考えたのであろう。（詩歌ではない）一般の日本語文では，そのような配慮はなされておらず，息継ぎの場所に困るほどで，リズムどころではないものも多い。

それでは，発声（朗読）された日本語文にリズムはあるのであろうか。あるとすれば，どのような音声特徴量に現れているのであろうか。これまで，音声のリズム性を抽出・評価する研究は多くないように思われる。国民歌謡の歌詞や，「声に出して読む日本語」として推奨されている文章など朗読した音声を対象にして，やや周期の長い（0.1～2 秒）音量，あるいは音高の周期性に着目すれば，リズム性の抽出の端緒になるかもしれない。

8.6.5　感　　情

韻律的特性の際立ったものが，感情を込めた音声であろう。感情が込もった音声に現れる音響的特性としては，以下のものが考えられる。

・（全般的な）音量，および局部的な強勢
・発声速度，および局部的な変化
・呼気段落の変動，無音区間の多少・長短
・基本周波数の変動
・音韻的特性のあいまい化

音響学会の研究発表会で，時折，音声から感情を識別する発表がある。また，感情音声コーパスも構築されつつあり，この方面の研究もやりやすくなる。

8.6.6　個　人　性

音声の個人性は，音響的特性に限っても，音韻的特徴にも韻律的特徴にも現れる。個人により声道形状が異なっており，かつ発話時の調音器官の動かし方にも違いがあるので，生成された音声の音韻的特徴（フォルマント周波数とその動き，など）にも反映されているものと考えられる。しかし，それよりは，さまざまの韻律的特徴に個人らしさを見出しているものと思われる。おもなものは，以下のとおりである。

・無音区間の入れ方
・声の高さとその変化
・発声速度の緩急
・声の響かせ方

声真似（まね）は，「えー」などのような不要語の挿入，全般的な音響特性の類似のほか，上記の特徴の内で，対象とする話者の特異な点を強調する技だと思われる。

9. 特殊な発声音声の分析

この章では，通常の会話や朗読音声と異なる音声を取り上げ，それを実際に音声分析し解釈した結果について説明する。ここで取り上げるのは，唱歌の歌声，ホーミーの声，いろいろの発声，腹話術の声，である。ここで取り上げる題材は，ほかの書籍や研究論文で取り上げられていないものもあり，読者がある種の音を新たに研究・調査する際のやり方を知る上で参考になるであろう。

さらに本章では，人間とはやや異なる発声器官を有する動物の声について音声分析することを試みる。これらの声の中には，ヒトの音声と類似するものがあり，どうしてそれがヒトの声のように聞こえるのかについても探求する。

9.1 歌 声 の 分 析

まず，人間が生成する声の一種である歌声を分析しよう。歌声は，会話音声や朗読音声と同じように人間が自然に生成したものではあるが，それらとはかなり異なる特性を示す。

9.1.1 唱　　歌

歌声の音声データとして，市販の無伴奏の独唱 CD（「無伴奏による日本の唱歌」（唄：豊田喜代美）ビクター，VICC-169）から，「故郷」という唱歌を取り上げる。オーディオ CD からパソコンにディジタルデータを取り込むのに，Windows Media Player を用いた。元は，44.1 kHz 標本化のステレオデータであるが，これを 32 kHz 標本化のモノラルデータに変換して利用する。

この唱歌は 3 番まであり，全体で約 132 秒の長さである（**別図 9.1**）。初めから 43 秒までが 1 番，以降 86 秒までが 2 番，それから後ろが 3 番である。それぞれの番の波形を切り出して縦に並べてみると，波形包絡がきわめてよく似ていることがわかる（3 番の終わりでは，感情を込めて小さな声で歌っている）。唱歌によっては，番の中で同じ旋律を何度か繰り返すような構成をしている曲がある。そのような場合は，番の中に波形包絡が似た部分がある。「故郷」の例では，前半 8 小節と後半 8 小節の波形が若干似ているように見える（**図 9.1** 参照）。

歌声の波形をより詳細に観測しよう。**図 9.2**，**図 9.3** に，初めの 4 小節の楽譜「うさぎおいし」，ならびに歌い出しの 2 小節の波形および特徴量を示す。出だしの「う」の音は，音

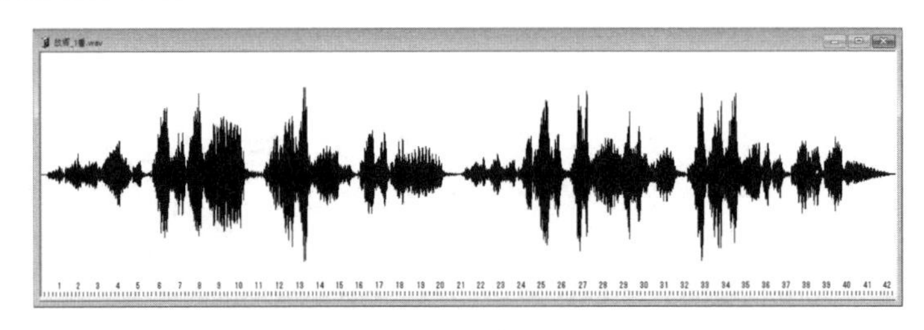

図 9.1　唱歌「故郷」1 番の歌声の波形包絡

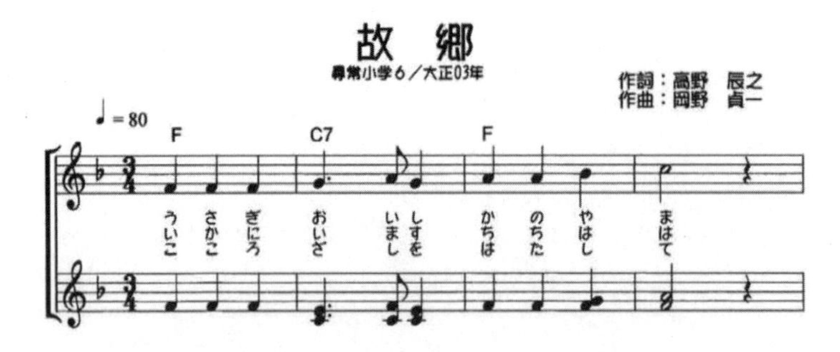

図 9.2　唱歌「故郷」の歌い出し 2 小節の楽譜

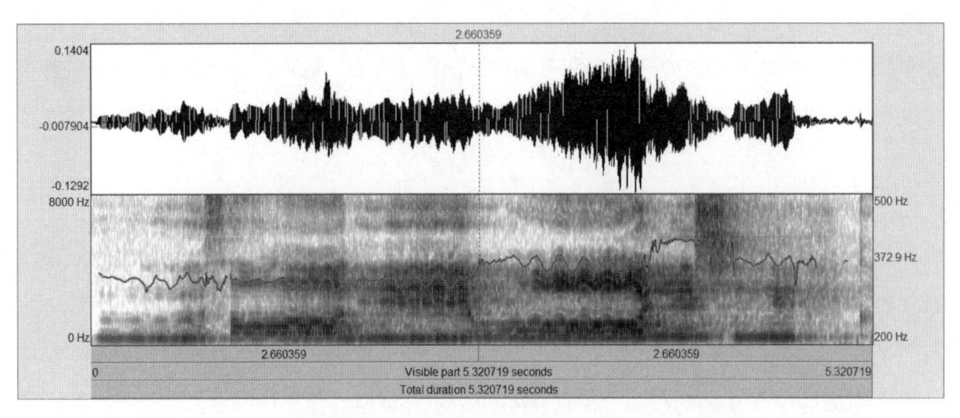

図 9.3　唱歌「故郷」の歌い出し 2 小節の波形と音声特徴量

量を抑えて静かに入っているが，音の高さは（やや複雑に）変化させており，かつ振幅も変動させている。つぎの「さ」と「ぎ」の音は，特に後半で音の高さに正弦状の変化を与え，あわせて振幅も変動させている。これら三つの音の高さは，平均的には 326 Hz ほどであり，ほぼ音名 E4 の周波数に相当する。つぎの「お」の音は 1 拍半の長さであり，音の高さとレベルを大きく変動させている。この部分の平均周波数は約 364 Hz であり，音名 F4# の周波数 370 Hz より，少し低めである。つぎの「い」の音は半拍で短く，前半は約 408 Hz と一定であり（G4 は 392 Hz），後半はつぎの音に向け，上下しながら急激に下降している。最後の「し」の音は，本来 1 拍の長さのはずであるが，実際には半拍ほどの長さで急激に音量を下げている。

上記歌声における各音符の声の周波数比を，平均律の周波数比（半音：2の1/12乗 = 1.059 46，全音：2の1/6乗 = 1.124 62）と比べてみよう。初めの「う」，「さ」，「ぎ」に対し，「お」の音は，364/326 = 1.117の周波数比になっている。また，「お」に対し，「い」の音は408/364 = 1.121の周波数比になっている。すなわち，これらの全音の周波数比は，理論値の1.124 62よりわずかに小さいが，ほぼ理論どおりになっている。したがって，この歌手（豊田喜代美）は（この唱歌では），ピアノなどの楽器で用いられている周波数とは若干異なる声の高さで，正確に楽譜どおりに歌っているものと解釈される。

9.1.2 May J. の 声

高音域を安定して歌うことで有名な歌手May J.が，アカペラでコマーシャルソングを歌っている声を例に取り上げる（**図9.4**参照）。本データはYouTubeから録音したもので，標本化周波数は32 kHzになっている（信号自体は48 kHz標本化であったが，音声自体は約15 kHzで制限されていた）。彼女の約3.1秒の声に対する波形包絡および狭帯域スペクトログラム（窓幅30 ms）を図に示す。基本波は400 ～ 760 Hzの間でゆるやかに変化し，きわめて多くの倍音（10 ～ 28次）が生成されていることがわかる。この結果は，調波性（harmonicity）が最大38.8 dB（0.75 sの時点）に達していることからも推察される。

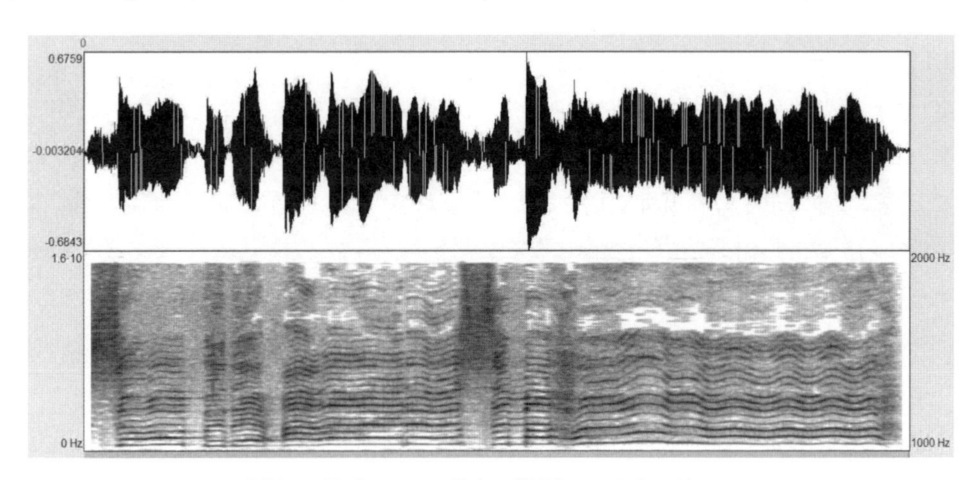

図9.4　歌手May J.の歌声の波形とスペクトログラム

特徴的な三つの時点（0.81，1.67，2.10 s）のパワースペクトルおよびLPCスペクトル包絡を**図9.5**に示す。図（a）0.81 s時点のスペクトルでは，13.8 kHzまでの周波数域に28個の高調波を観測できる。図（b）1.67 s時点のスペクトルには，12.3 kHzあたりに第4フォルマントが存在する。図（c）2.10 s時点では758 Hzときわめて高い音（基本波）を発しており，第3と第4高調波の成分が低く，第10次高調波が第3フォルマントを形成してエネルギー集中するなど，やや変わった形状のスペクトルを呈している。この時点の調波性は，

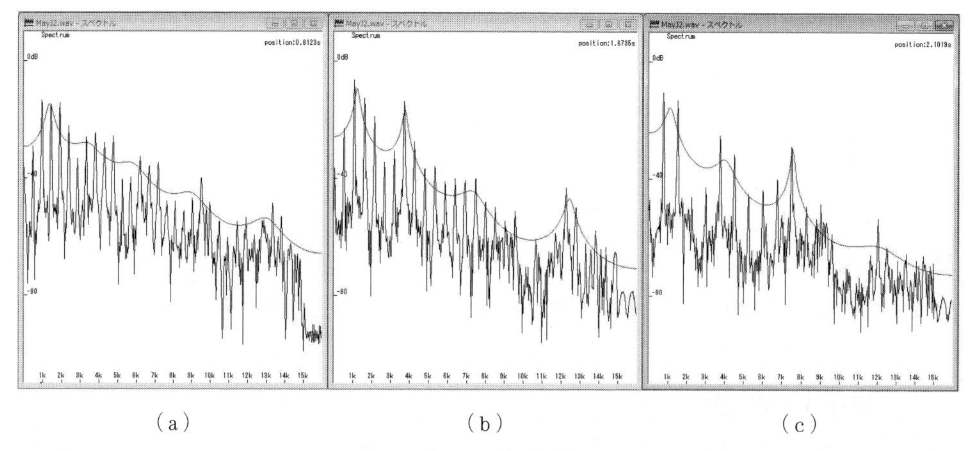

（a）　　（b）　　（c）

図 9.5　歌手 May J. の歌声の短区間スペクトル（3 時点）

約 20 dB と予想どおり低い値である。図（a）のように高調波がきわめて豊富な声と，図（c）のように高調波に歯抜けがあるような声との聴感上の違いは明確ではない。

なお，図 9.4 に示したスペクトログラムには，ところどころ「白抜け」した（異様に見える）部分が観測される。この歌声は，どこかの段階で（かなり高い符号化速度の）MP3 で処理されたものと思われる（MP3 符号化の悪影響が如実に現れている）。

9.1.3　ホ　ー　ミ　ー

ホーミー（フーミーともいう）はモンゴルの伝統的な唱法であり，「一人で二つの声を出す歌い方」といわれている。発声法は，舌を巻き上げ，舌端の裏側を硬口蓋の奥のほうに付けて，喉を詰めた声をこの場所で共鳴させるとされている。そうすると，非常に強い第 2 フォルマントを有する口笛のような音になるという。

ホーミーの声として，市販の CD（「超絶のホーミー モンゴルの歌」，キング KICC 5133）のデータをパソコンに取り込み，22 kHz 標本化の音声データとした。**図 9.6** は，男性歌手がひと息で発声したホーミーの波形包絡と狭帯域スペクトログラムである。

この歌声は，大きくは，（a）0 ～ 0.9 s，（b）0.9 ～ 4.7 s，（c）4.7 ～ 6.9 s，（d）6.9 ～ 9.6 s，（e）9.6 ～ 10.6 s，（f）10.6 ～ 14.3 s という六つの部分に分けられる。（a）の部分は，出始めから声を安定させる過渡部分で，各フォルマントが急激に変化している。（b）の部分では，第 1 ～ 第 3 フォルマントがほぼ一定周波数に保たれている。つぎの（c）の区間の前半で，（b）から続いた第 1 フォルマントが消滅し，第 2 と第 3 フォルマントが接近する。（c）の区間の後半では第 4 フォルマントが大きく乱れるが，これは続く（d）音を出すための準備区間だと思われる。（d）の区間では，二つのフォルマントが 2 kHz あたりに接近したまま降下し，第 3 フォルマント（（b）の区間の第 4）もやや周波数を下げる。（e）

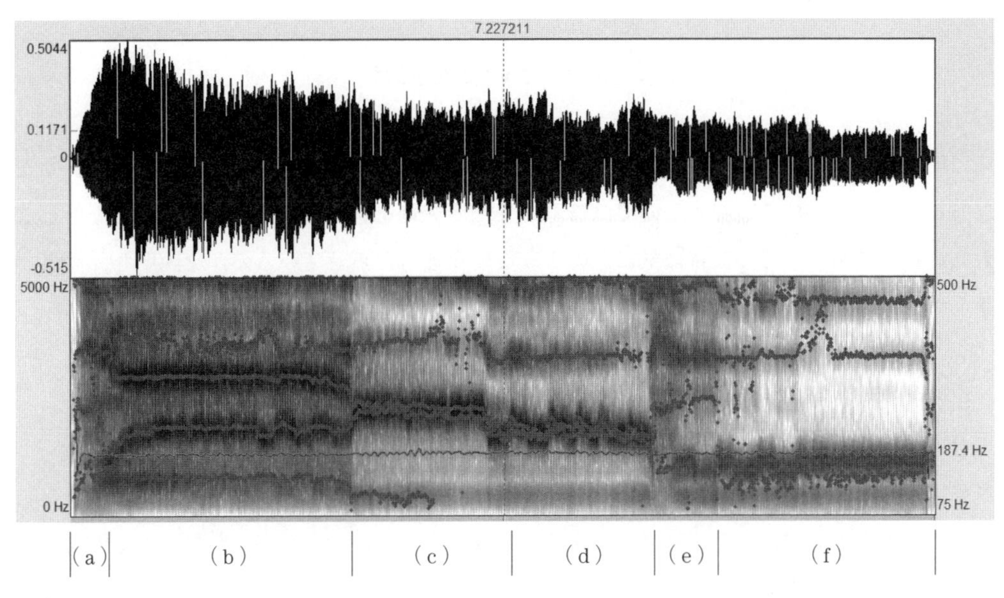

図 9.6　ホーミーの1節の波形包絡と音声特徴量

の区間に入ると様相が一変し，第1と第2フォルマントが大きく分かれ，第2フォルマントは（f）の区間では消失してしまう。（f）の区間では，第1フォルマントより低い周波数に，新たなフォルマントが不明瞭ではあるが，現れてきている。また，（f）の区間で第3フォルマントの周波数が急激に上下するという現象も観察される。

区間（b），（c），（d），（f）におけるパワースペクトルとLPCスペクトル包絡の変化の状況を**図 9.7**に示す。ホーミーの発声において特異的な別の点は，全区間にわたり基本周波数は約180 Hzと変わらないが，基本波の勢力は区間（c），（d）できわめて低いことである。

すなわち，区間（c），（d）では，基本波を抑制して，その第2高調波だけを響かせているわけである。

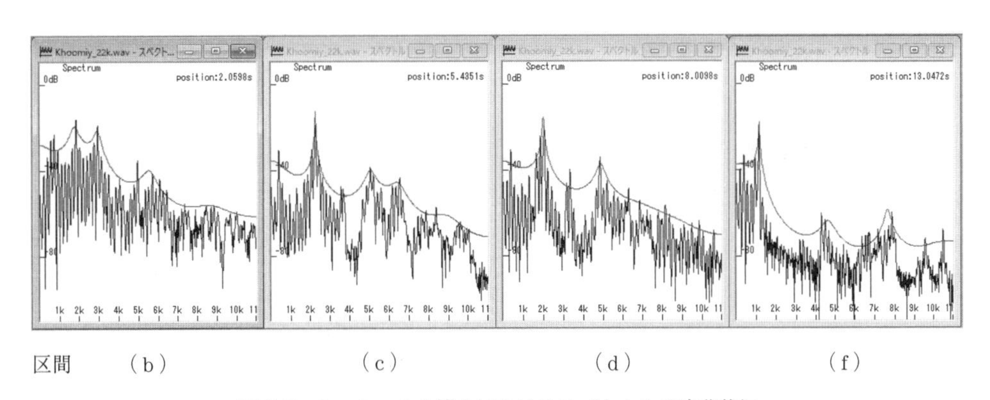

図 9.7　ホーミーの1節中におけるスペクトルの変化状況

9.2 いろいろな発声

ここでは，人間が発する声で，通常の会話や朗読とは異なる種類の音を取り上げる。ただし，これらの声を深く追究するのではなく，また研究例を数多く紹介することもしない。これらの声が波形，あるいは特徴量にどのような変化をもたらせているのかを説明し，読者が新しい対象の音声を取り上げる際の参考にしてもらいたい。

9.2.1 ひ そ ひ そ 声

ひそひそ声は，囁（ささや）き声とも呼ばれ，通常の発声と同じように調音器官（あご，舌，など）を構えながら，声門を振動させないで，肺からの空気流を口腔に送り込むことにより発声した音声である。発声者によっては，うまくひそひそ声を生成できなかったり，わずかに声門が振動した音声を出すこともある。

ここでは，ひそひそ声の特性を通常の発声と比較しながら観測しよう。**図 9.8** は，男性発声者 MHI が「爆音が銀世界の高原に広がる」という文を，上はひそひそ声で，下は通常どおりに発声した波形，および音声特徴量（フォルマント，およびピッチ）である。なお，こ

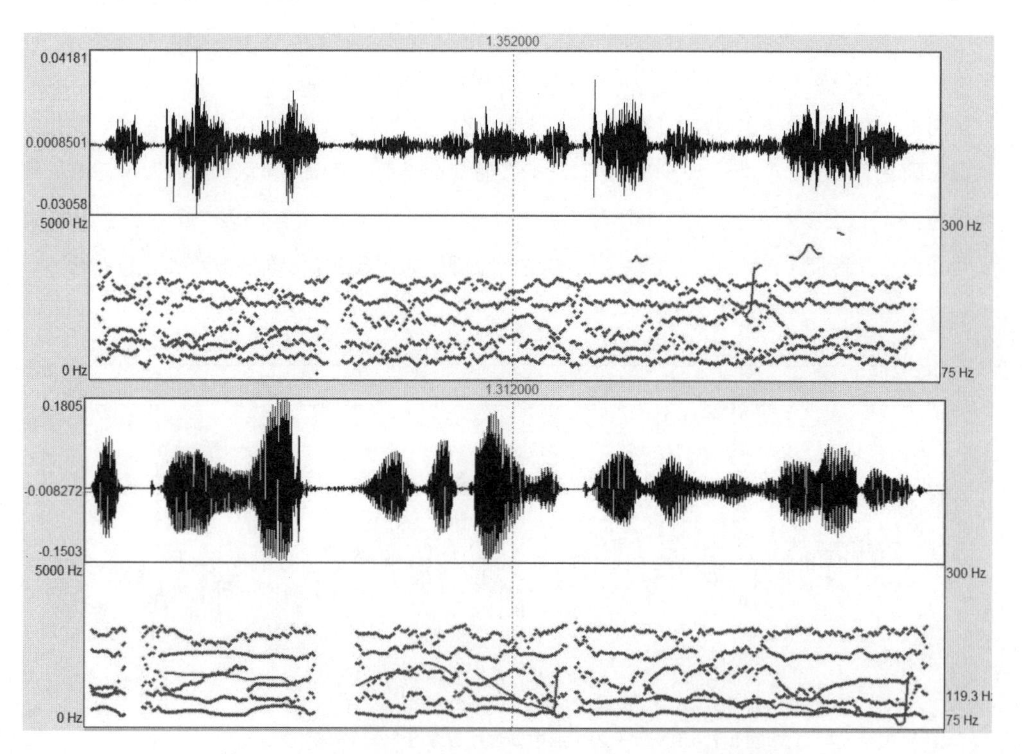

図 9.8　ひそひそ声（上）と通常声（下）の波形と音声特徴量

の音声は電話機に向かって発声されたもので，標本化周波数は 8 kHz である。全般的な波形包絡の時間推移は，かなり似通っているが，両者には約 17.6 dB のパワー差がある。

ひそひそ声は通常音声より，特に低次のフォルマントの周波数が低いことが知られている(例えば，松田ら，音響学会誌，2000 年 p.477 [10])。本発声においてこの現象が見られるか調べてみよう。WaveSurfer を用いて，両発声での母音部の LPC スペクトルを比較しよう。なお，線形予測［LPC］の分析次数［Order］は 10 とした。

図 9.9 は，両発声に含まれる 5 母音の LPC スペクトルを比較したものである。上段が通常発声，下段がひそひそ声で，左から「あえいおう」の順に並べてある。この図を観測すると，つぎのことがいえる。

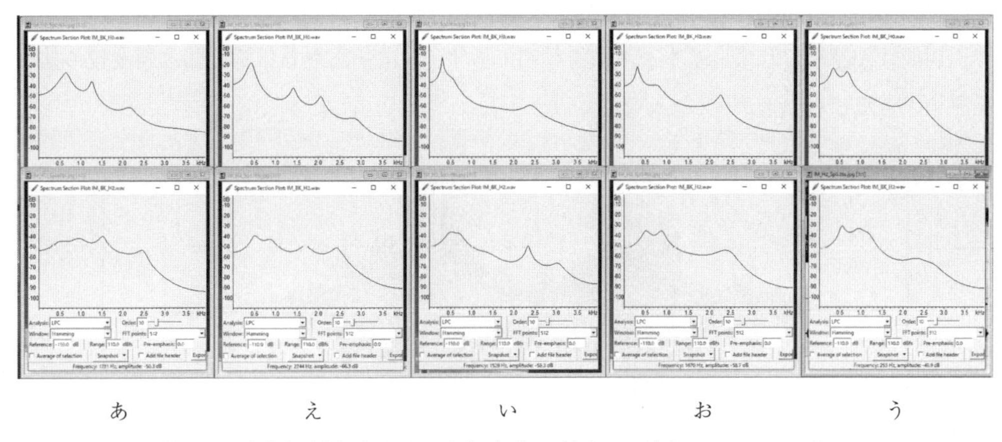

図 9.9　通常声（上）とひそひそ声（下）に対する 5 母音の LPC スペクトル

- スペクトルの全体的傾斜が，通常発声のほうがきつく，ひそひそ声のほうがなだらかである。これは，声帯波が −6 dB/oct の傾斜を有し，ひそひそ声にこの影響が少なかったことによるものと思われる。
- 特に低次のフォルマントは，ひそひそ声のほうが，帯域幅が広く，あるいは双峰性になっている。これは，ひそひそ声では口腔の中で音を響かせにくかったことによるものと思われる。
- 5 母音すべてに対して，各フォルマントの周波数が，ひそひそ声で高いほうに移動している。これは，声門を振動させないために，声門付近を狭めることの影響であると推定されている。

Praat に備えられている調波性を分析する機能を，ひそひそ声に適用してみた（**別図 9.2**）。通常発声では，調波性が約 20 dB であるのに対し，ひそひそ声では，せいぜい 2 〜 3 dB ときわめて低い値になった。

9.2.2 だ　み　声

声の質を表現する語の一つとして，**だみ声**というのがある。だみ声は訛った声という意味であった（広辞苑第2版）が，最近はガラガラした声，あるいは濁った声の意味で使うことが多いように思う。ここでは，だみ声で有名な落語家（桂 南光）の声をYouTubeからダウンロードしたものを用いる。この音声データは44kステレオであったが，実際の音声帯域は約16kHzであったので，32kHzモノラルにダウンサンプリングしたものを分析に用いた。

図9.10は，Praatでこの音声データ内の「むかしわ」と発声している部分の波形と音声特徴量を表示したものである。なお，ピッチ分析における基本周波数の範囲は75～400Hzと設定した。0.44sあたり（「し」の/i/の部分）から「わ」の初めの部分（0.57s）にかけて，やや高い基本周波数（332～305Hz）であると分析しており，そこから0.61sあたりまで（周期性が認められず）基本周波数を抽出できず，0.61sあたり以降は基本周波数の抽出結果に大きなばらつきが生じている。

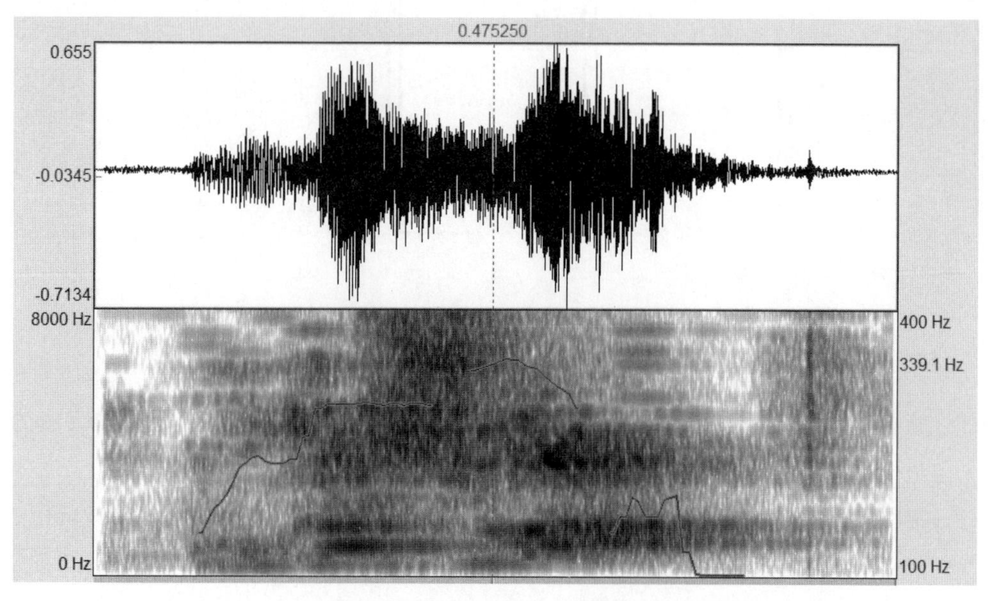

図9.10　だみ声の波形と音声特徴量

この音声データをSoundEngineで読み出して，その詳細波形を観測しよう（**図9.11**）。0.155sあたりから1ピッチ周期波形が観測されるようになり，0.240sあたりで雑音が重畳してやや不鮮明になるが，0.270sあたりから再び鮮明になり，この状態が0.330～0.350sあたりまで続く。0.350sあたりから雑音が加わり，0.400sあたりからは周期性を観測するのが困難になり，この状態が0.440sあたりまで続く。0.440sあたりからは雑音が重畳しているものの，1ピッチ周期波形が再び現れてくる。しかし，0.475sあたりからは2倍の周期ともとれるような複雑な波形になり，これが0.510sあたりまで続く。0.510～0.530sあ

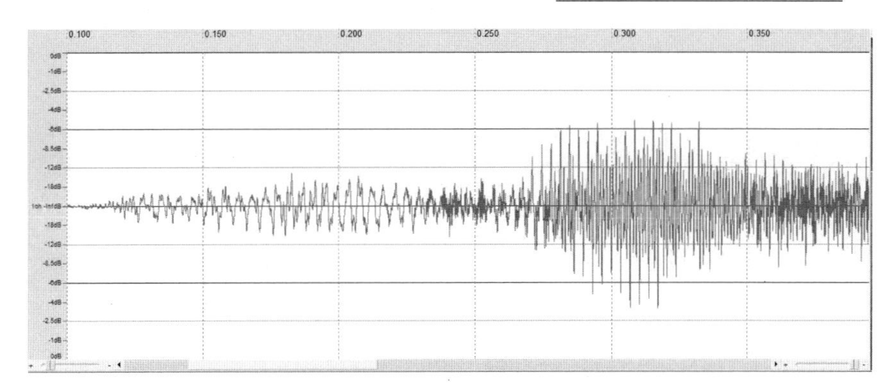

図 9.11　だみ声の詳細波形

たりまでは雑音重畳がなく，比較的単純な波形である。0.530 s あたりから高周波成分が重畳するが，0.570 s あたりまで 1 ピッチ周期波形を観測できる。その後 0.600 s あたりまで比較的単純な波形が続くが，1 周期波形を観測することはできない。0.596 s あたりから，かなり周期の長い 1 周期波形が観測されるようになり，それが 0.770 s まで続く。ただし，そのピッチ周期はこの区間でかなり変動していることが認められる。

一方，この音声データの各時点におけるスペクトル（スライス）を WaveSurfer で観測しよう（Praat のスライス分析機能は長時間平均したものであり，いまの用途に適さない）。この音声データを開き，現れる［Choose Configuration］ウィンドウで［Speech Analysis］を選択する。「か」の /a/ の部分にあたる 0.30 s の時点をクリックし，さらに右クリックして現れるコンテキストメニューから［Spectrum Section］を選択する。この操作により，この時点のスペクトルが表示された（**図 9.12** 参照）。

これを観測すると，時点 0.30 s の基本周波数は 292 Hz であり，その第 2 と第 3 の高調波が見て取れる。しかし，それより高い周波数には第 5 高調波があるのみで，他の高調波は見当たらない。また，各倍音の山と谷の差も大きくない。このように，この音声には，基本周波数とその調波成分を合わせた勢力はそれほど大きくなく，多くの非調波成分が付け加わったものになっている。これが，この音声の濁り具合を表すものといえる。「わ」の母音部のスペクトルを，各自観測してみて下さい。

Praat に備わった，周期性の分析機能の一つである調波性をこのデータについて分析してみよう。この音声データに対して，ダイナミックメニューから［Analyse periodicity | To Harmonicity（cc）］を選択して，調波性を計算させる。［Objects］に現れた［Harmonicity］を選択し，最小値 0.0 dB，最大値 10.0 dB と設定して［Draw］を指示する。この操作により，「むかしわ」という発声に対する調波性を表示させることができた（**図 9.13** 参照）。

このグラフを観測すると，「む」と「か」の部分で調波性は約 10 dB であるが，後ろの「しわ」の部分では 5 dB 以下に下がることがわかる。このように，この音声データは，特に

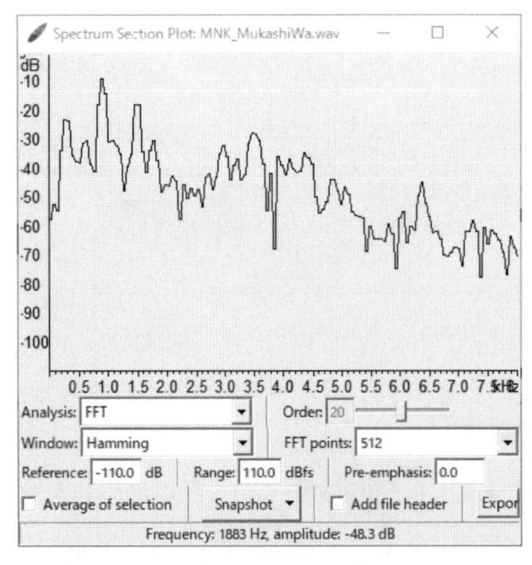

図 9.12　だみ声のスペクトルスライス

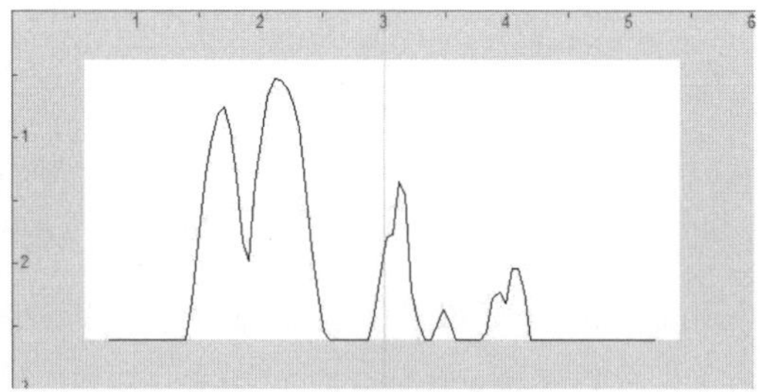

図 9.13　だみ声の調波性分析結果

後半において調波性がきわめて低く，いわゆるだみ声の典型になっていることがわかる。

9.2.3　しわがれ声（嗄声）

声帯にポリープなどの異変があったり，風邪や使い過ぎによる異常があったりすると，いわゆる**しわがれ声**になってしまう。しわがれ声は，医学の領域では**嗄声**（させい）と呼ばれるが，一般には，かすれ声，かれ声，がらがら声，ハスキーボイスなどと呼ばれている。前項で述べただみ声とも似ているが，特に一時的な声の異変にはしわがれ声という語を使うようである。ここでは，評論家の宮崎哲弥がラジオ放送で「はい」という語を，高熱を出す前後の放送日に発声したものを例として用いる（**図 9.14** 参照。YouTube からダウンロードしたものを，

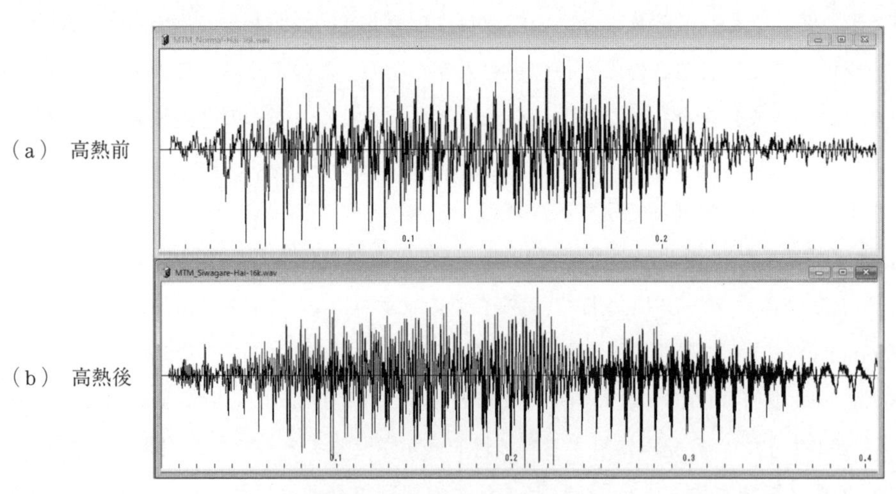

図 9.14　しわがれ声の波形

16 kHz モノラルに変換したもの)。

この図（a）は，高熱を出す前に放送された音声の波形であるが，すでにこの時点でしわがれた声に聞こえる。波形を時間軸拡大して「あ」の部分の1ピッチ波形を観測すると，細かい高周波成分が重畳していることがわかる（MNI 発声の「やわい」と発声した音声データ（図 8.7）と対比せよ）。この時点ですでに声帯に異常をきたしていたのかもしれない。図（b）は，高熱を出した後に発声したもので，視聴者からしわがれ声と指摘されたものである。時間軸拡大して1ピッチ波形を観測すると，高熱前の発声よりもさらに乱れていることがわかる。全体波形を概観しても，雑音状の黒い部分が増えていることがわかる。

二つの音声データを，母音のある時点のスペクトルで比較しよう。WaveSurfer で高熱前の音声データを開き，現れるメニューで［Speech Analysis］を指定後，波形上の 0.08 s の時点を指示し，コンテキストメニュー（右クリックで現れるメニュー）から［Spectrum Section］を選択する。同様に高熱後の音声データでは，0.12 s の時点を指示して［Spectrum Section］を表示させる。これら二つのスペクトルを子細に観測しよう（**図 9.15**）。

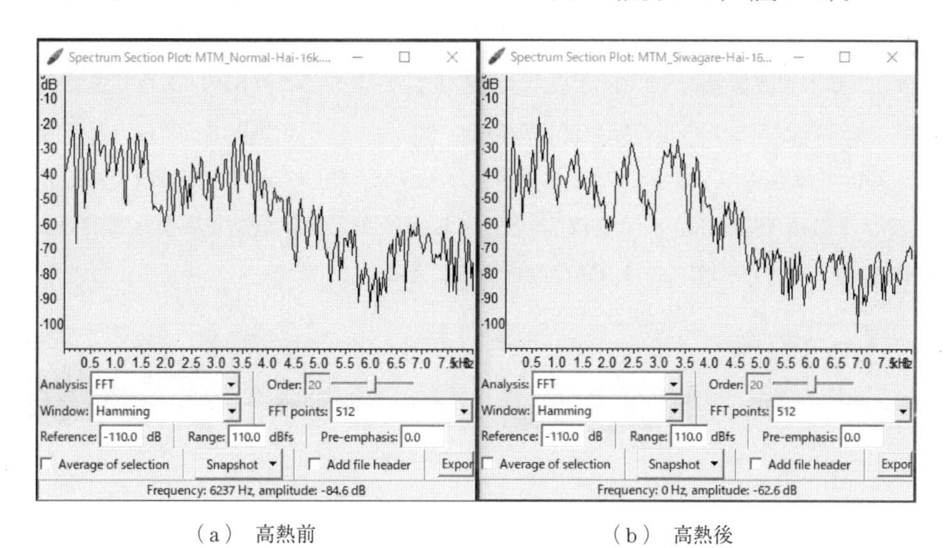

（a） 高熱前　（b） 高熱後

図 9.15　しわがれ声のスペクトルスライス

高熱前のスペクトルには，基本周波数の高調波が 4 kHz あたりまで見て取れるが，高熱後のスペクトルでは 1.0 kHz までは高調波は見られ，それ以上の周波数では，基本周波数の整数倍の位置からずれているように見える。また，各高調波の山谷の差も，高熱前のほうが高熱後より大きく，鮮明に高調波が現れている（じつは，正常な音声における山谷の差は，高熱前のものよりさらに大きいのが普通である)。

Praat による二つの音声データの調波性については，各自試みてほしい（**別図 9.3**，**別図 9.4**）。

9.2.4　裏声，ファルセットなど

特殊な発声の仕方として，**裏声**というのがある。自然な発声（地声）では出すことのできない技巧的な高音のことである。裏声は**ファルセット**と同じ意味であるとする説が多いが，男性が出すものが裏声で，ファルセットとは異なるという意見もある。ソプラノ歌手が出す裏声を**頭声**（とうせい），**ヘッドボイス**と呼ぶことが多い。このほか，**ミックスボイス**（mixed voice）というのもあり，（男性が）頭声を使って高音域を地声のように出した声のことらしい。

ここでは，ある（男性の）ボイストレーナが，「地声－裏声－ファルセット－ミックスボイス」を発声した（と本人がいう）音声データを取り上げ，その音声特徴量を観察しよう。**図9.16**に，波形包絡，ピッチ，おのおのの声のパワースペクトルおよびLPCスペクトルを示す。図（a）の地声で「あー」と発声したデータは，約134 Hzの基本周波数の音であり，倍音が明確に現れているのは3.5 kHzぐらいまでで，それ以上の周波数では，成分はあるものの調波関係は明確でない。図（b）の裏声は，基本周波数約490 Hzで発声しており，倍音構造は12 kHzぐらいまでで，突出している倍音は，第2，第7～9，第12～13と飛び飛びであるのが特徴である。図（c）のファルセットは，レベルがかなり低く（裏声より約13 dB低い），基本周波数は約440 Hzと裏声より少し低い。倍音は約8 kHzあたりまで認められるが，ところどころレベルの低い倍音がある。図（d）のミックスボイスは，基本周波数が約530 Hzと最も高く，かつ15 kHzまで倍音が欠落なく続いているのが特徴である。ただし，「ミックスボイス」は，そのLPCスペクトルがほか3者とかなり異なっており（第1フォルマントが低周波域にない），異なる音に聞こえる。

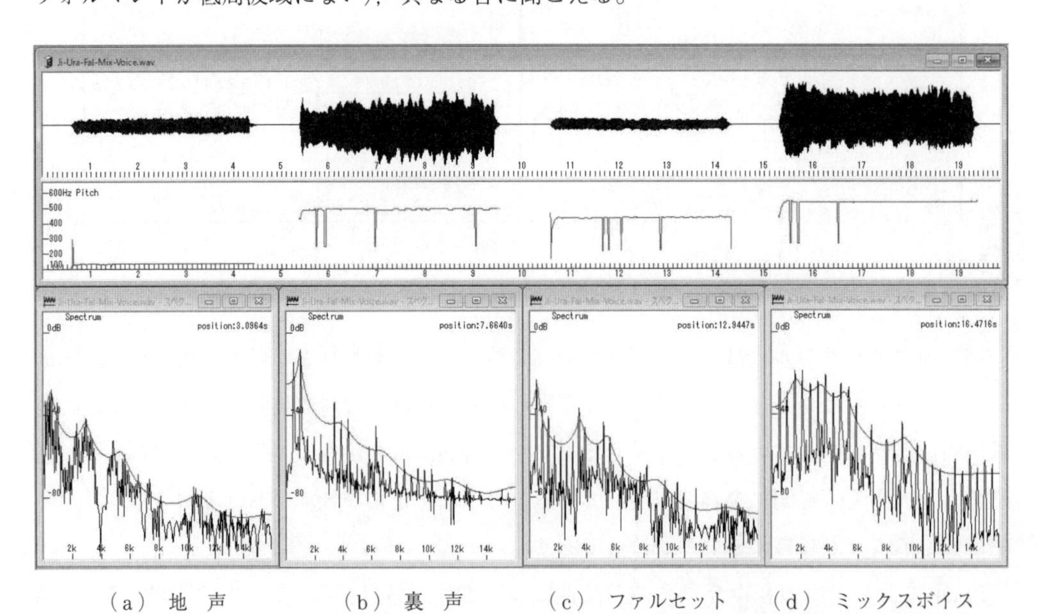

（a）地　声　　（b）裏　声　　（c）ファルセット　　（d）ミックスボイス

図9.16　地声，裏声，ファルセット，ミックスボイスの音声特徴量

9.2.5 腹　話　術

腹話術という舞台演芸をご存じだろう。だいたいは，手にした人形がしゃべっている風に，発声者自身は（口をほとんど開けず）唇を動かさずに発声している。ここでは，いっこく堂（男性）という腹話術師の声を，YouTube からパソコンに取り込んだもので，「人権侵害」という語を，正常発声と腹話術発声している。

図 9.17 の音声波形は，左が通常発声，右が腹話術発声のものである。波形の下に音声特徴量として，スペクトログラム，フォルマントおよびピッチ軌跡を示した。通常発声のピッチ抽出では，（基本周波数の探索範囲を広くしたため）真ん中あたりで抽出誤りを起こしている。通常発声時の基本周波数は約 125 Hz と一定しているが，腹話術の声を出す際は，160 〜 390 Hz と大きく変化させている。スペクトログラムを全般的に観察すると，腹話術発声のほうが中 〜 高周波域の勢力が大きく，かつ倍音構造もしっかり認められる。

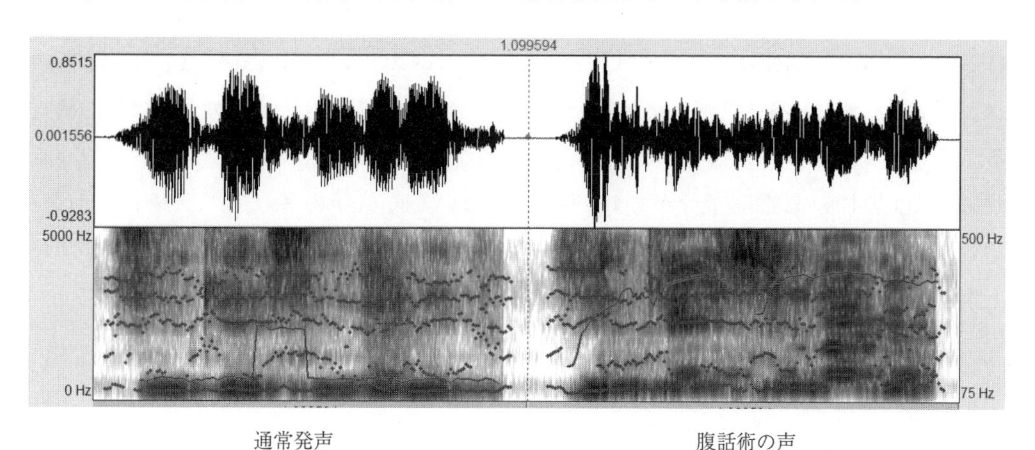

図 9.17　腹話術の声の波形と音声特徴量

それでは，両発声の波形および特徴量を詳細に観測しよう（低周波域でのフォルマントを観測するために 8 kHz にダウンサンプリングしたものを観測した）。通常発声の波形には，振幅が急落する箇所が数箇所存在する（0.24 s，0.43 s，0.90 s あたり）。これが発声者のくせによるものか不明である。

図 9.18 は，通常発声で「じ」の /i/ と発声している部分（0.17 s あたり），「け」の /e/ の部分（0.35 s あたり），「が」の /a/ の部分（0.59 s あたり）のパワースペクトルおよび LPC スペクトルである。左端の /i/ のスペクトルには，252 Hz と 364 Hz あたりにフォルマントが重なっており，右端の /a/ のスペクトルに似ており，これらは通常の男声の /a/ のスペクトルに似通った形である。/e/ の低域にも第 1 と第 2 のフォルマントが隣接して存在しており，通常の男声のものとは少し形状が異なる。これらの点は，いっこく堂が腹話術音声を発声し過ぎて，急激に通常発声に切り替えられなかったものと推定している。つぎ

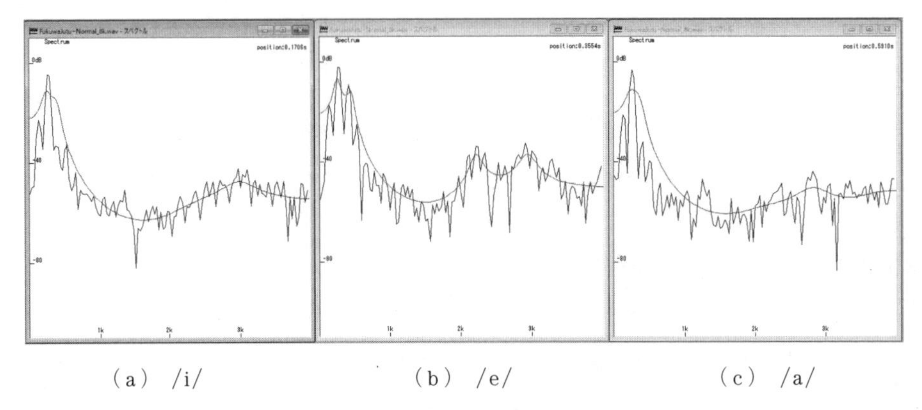

（a）　/i/　　　　（b）　/e/　　　　（c）　/a/

図 9.18　腹話術師の通常発声時のスペクトル

に，腹話術音声を発声した場合の音声特徴量を観測しよう。

図 9.19（a）は /i/（1.27 s あたり），図（b）は /e/（1.45 s あたり），図（c）は /a/（1.86 s あたり）の部分のパワースペクトルと LPC スペクトルである。図（a）の /i/ のスペクトルは，第 1 と第 2 フォルマントが近接した形になっており，通常の形とは少し異なる。図（b）の /e/ のスペクトル包絡は，典型的な /e/ のものであるが，第 2～4 フォルマントには基本波の高調波成分があまり見て取れない。図（c）の /a/ のスペクトルでは，第 2 フォルマントがやや高い周波数域にあるが，全体的には通常の /a/ のスペクトル包絡と類似している。また，倍音成分も高周波域までよく現れている。

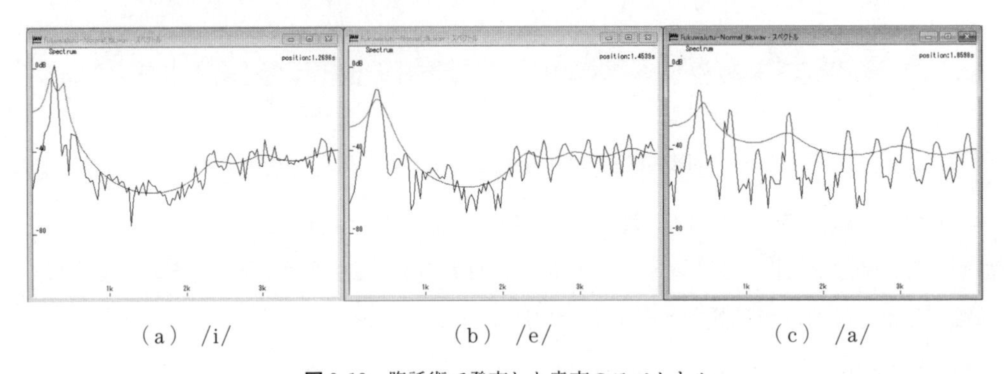

（a）　/i/　　　　（b）　/e/　　　　（c）　/a/

図 9.19　腹話術で発声した音声のスペクトル

ここまでは，腹話術の声について，通常発声の声との違いを述べた。口をほとんど閉じた状態で発声するのであるから，例えば開母音は終端条件が著しく異なるので，音声の特徴量にもかなりの影響があることが予想された。しかし，ここで用いた音声試料では不十分であり，その話者（の協力に基づく）による両発声の幅広い音声データが必要となる。興味を抱いた読者への課題としたい。なお，腹話術師の通常発声は，日頃無理な発声を続けていることから，別の観点でも興味がある。

9.3 動物音声の分析

つぎに，ヒトの声に似ているいろいろの動物の音声について考えよう。動物の発する声や音を調べる学問分野は**生物音響学**（bioacoustics）と呼ばれており，哺乳類（コウモリ，イルカ，霊長類）をはじめとして，昆虫，鳥類（キュウカンチョウ），両生類（カエル）など多様な種における発声および聴取機構を研究している（例えば，音響学会誌，2015年，p.319[11]）。なお，同じbioacousticsを生体音響学と訳す研究分野があり，いろいろの周波数の振動と人体との関わりを追究している。

ここでは，いくつかの動物の音声波形を観測してその特徴を述べるとともに，（ヒト用の）音声分析ソフトで分析して得られる特徴をヒトの声と対比して説明する。また，動物音声を生物音声分析用とうたった分析ソフトで分析した結果についても述べる。

9.3.1 哺　乳　類

哺乳類としてヒトの調音器官と似ているものと思われるオランウータンを取り上げる。オランウータンは，1秒ほどの鳴き声を，間（実際には，この時間にボコボコという低周波の音を出している）を空けて20回ほど出している。**図9.20**は，一連の発声（約72秒）の中から，「ウワーァ」と聞こえる部分の波形，スペクトログラム，およびピッチ軌跡を示したものである。

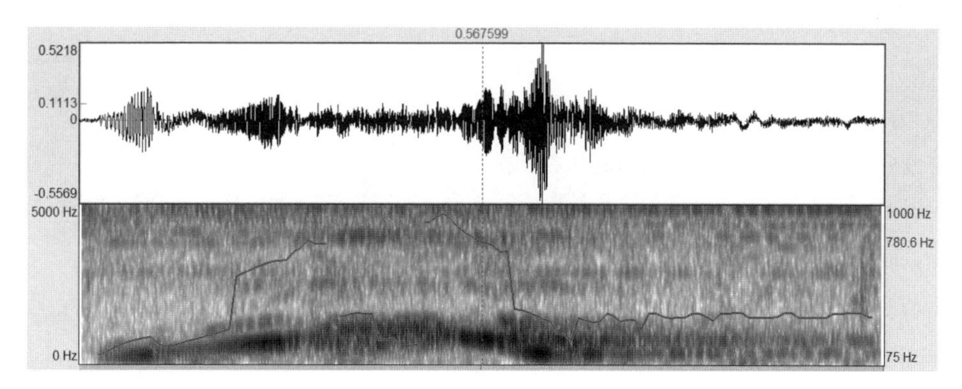

図9.20 オランウータンの音声に対する波形と音声特徴量（ウワーァ）

この波形を観測すると，初めに単純な正弦波状の波が現れ，ついで雑音成分あるいは高周波成分の多い部分に続き，さらに振幅の大きい正弦波状の波に続く。初めの正弦波状の波の主成分は226～249 Hzであり，これが増大・減衰して34～80 msほど続く。この波に続く部分は，かなり周波数は上がるものの単純な波形をしており，基本周波数の抽出も可能である。

図示のデータでは，666～800 Hz の成分が優勢である。その後ろに，高周波成分が多いやや雑音状の波形が続く。その後，最も振幅の大きい箇所では，主成分が 372 Hz の正弦波状の波になる。

音声データでは，基本周波数は 120～840 Hz と広範囲に変化しており，ピッチ分析結果はその変化に追随できず，階段状に半ピッチを抽出するなど，ピッチ抽出論理が十分でないことを露呈している。Praat によるこのような状況は，他の（ヒト用の）音声分析ソフトでも同様であり，オランウータンの音声に適用するのは無理があるといえよう。オランウータンのこの声の特徴は，むしろ古典的なスペクトログラムの分析結果に現れている。すなわち，スペクトログラムにおいて，谷部で 100 Hz，山部で 1 000 Hz となる山形の太い帯がこの音声の最も顕著な特徴である。

なお，このオランウータンは，声質の異なる他の音声，「ウーゥー」（**別図 9.5**），および「プウー」（**別図 9.6**）をも発する。

ここでは，フォルマント分析の結果を示さないが，オランウータンの声には，時間的に周波数変化のない複数のフォルマント（1.0，2.1，2.6～3.1 kHz）が現れる。これは，おそらくオランウータンの口腔内で形状を変化できない部位の共鳴によるものであろう。

動物音声分析ソフト SASLab Lite を使って，オランウータンの一連の音声を分析してみよう。その音声データを開いた後，［Analyze|One-dimensional Transformation］を指定し，［Function］として［Power spectrum（averaged）］を選択する。そうすると，オランウータンの約 72 秒の音声に対する長時間平均スペクトルが，新しく開かれたウィンドウに表示される（**図 9.21** 参照）。

このグラフから，240 Hz あたりの（平均）基本周波数のほかに，2.8，4.9，6.0 kHz あたりに勢力の大きな成分があることが明確に読み取れる。これらは，スペクトログラム（約 3 kHz の成分は読み取れた）では読み取れなかったものであり，オランウータンの発声器官を解明するのに役立つかもしれない。なお，SASLab Lite ではグラフ上にマウスカーソルを置いても座標値は読み取れないが，その代わりに，表の形のクイックボタンを押すことにより，グラフ描画の元になったデータをクリップボードにコピーする機能を使うことができる。クリップボードにコピーされたデータは，例えば Windows のメモ帳で［編集|貼り付け］することにより，極大点の座標値を読み取ることができる。なお，メニュー［Actions|on new sound file］で，［Create one-dimensional transformation］にチェックを入れておくと，次回から音声ファイルを開くと，すぐさま前

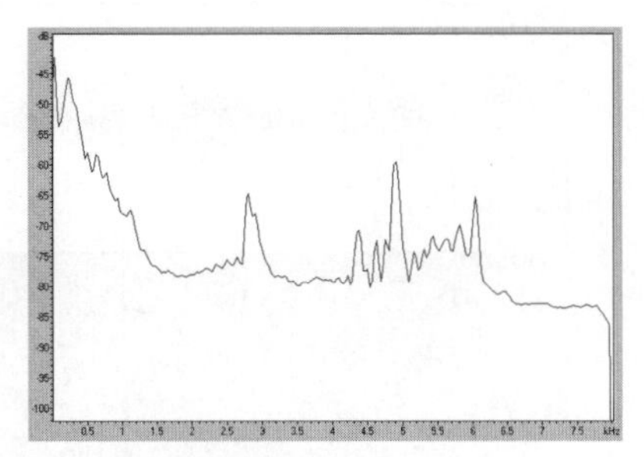

図 9.21　オランウータンの音声に対する長時間平均スペクトル

回選択した処理（例えば，長時間平均スペクトル）結果が表示されるので，便利である。

SASLab Lite には，パルス列解析［Pulse Train Analysis］という特異な分析機能がある。この機能は，長い音声データに対して，設定したしきい値より大きな音声が，設定した時定数以上に離れて発せられた時刻と回数を計測するものである（**別図 9.7**）。長時間にわたる動物の発声行動を観察する上で有効な機能と思われる。

つぎに，SAP2011 という名称の動物音声分析ソフトを使ってみよう。このソフトウェアには，spectral derivatives（ここでは，微分スペクトルと訳すことにする）と呼ばれる，スペクトログラムの独特な表示形式を備えている。図 9.20 に示したオランウータンの声をこの方法で分析・表示した結果を**図 9.22**（a）に示す（赤線は，振幅の変化曲線）。比較のために，ほぼ同一の分析条件の下で Praat で求めたスペクトログラムを図（b）に示す。確かに微分スペクトルは，立体的な表示によりリアル感があり，（ヒトを含めた）いろいろの音声に対して適用し評価してみる価値はありそうである。

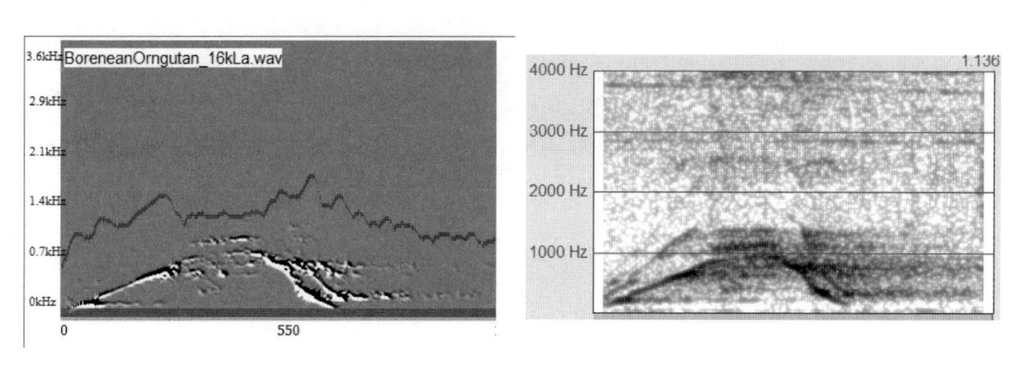

（a） 微分スペクトル　　（b） スペクトログラム

図 9.22 オランウータンの声に対する分析・表示結果

9.3.2 鳥　　類

ヒトと同じように多様な音声を生成することのできる動物は，まぎれもなく鳥類である。ヒトは，霊長目ヒト科に属し，1 科 1 種であるが，鳥類の場合は全世界で約 1 万の種がいる。したがって，鳥類の場合，目や科により，形も特質もさまざまである。鳥類の約半分を占めるスズメ目は，鳴禽類（スズメ亜目）と呼ばれる歌鳥が大半を占め，繁殖期にはそれぞれ特有の美しい声で囀（さえず）るものが多い。

鳥類の発声器官は，肺から気管への分岐点にある鳴管と呼ばれるもので，ヒトの声帯にあたる器官が左右二つあるといえる。鳥によっては，両方を個別に制御して声を出す種もいるらしい。鳥の声は，地鳴きと囀り（歌とも呼ぶ）に分けられ，それぞれ英語の call と song にほぼ対応する。なお，キツツキ類が繁殖期に嘴（くちばし）で樹木を叩くドラミングなども song の一種とされている。

〔1〕**アオバト**

まずは，比較的単純な鳴き声として，アオバトの囀りを調べよう。**図9.23**に示す音声は，遠方にいるアオバトの声を録音したもので，近くの川の流れの音が雑音として混入している。アオバトは，このような鳴き声を10回ほど出した後で鳴き止む。この鳴き声は，「オアーオ」などと聞こえる。アオバトという名前は，「アーオ」と鳴くからではなく，羽毛全体が緑色であるからである（漢字では「緑鳩」と書く）。

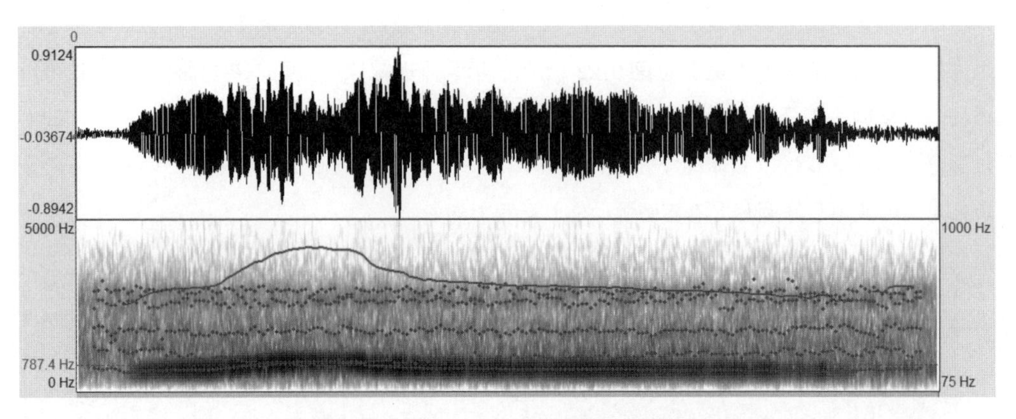

図9.23　アオバトの鳴き声の波形と特徴量

この鳴き声の波形包絡を見ると，一見して雑音状に思えるが，時間軸を拡大して詳細波形を観測すると（SoundEngineを使用するとよい），ほぼ正弦波状の波形が，うなり状に振幅を変化しながら連続していることがわかる。一方，特徴量（スペクトログラムとピッチ）を観測すると，530～860 Hzの基本波が明確に現れており，初めの「オ」の部分では530～640 Hzと低く，つぎの「ア」の部分に向かって急速に立ち上がり，0.44 s以降は「オ」の部分に入り，だらだらと下がる。基本波の成分には小さな山谷があり，細かく周波数変調されているように見える。

「オ」の音に聞こえる0.17 s時点のスペクトル（セクション）を観察すると，640～648 Hzの（帯域幅の広い）基本波がきわめて優勢であり，2.6～2.7 kHzにやや強い成分がある。一方，「ア」の0.35 s時点のスペクトルは843～856 Hzの基本波が優勢で，（約15 dBほど小さい643 Hzの成分や）2.6 kHzあたりにもやや強い成分が存在する。0.73 s時点の「オ」の部分では，再び630～647 Hzの基本波のみが優勢であり，2.8 kHzあたりに少し勢力の強い成分がある。

図9.24のLPCスペクトルでは，650～850 Hzあたりの基本波は二つのフォルマントとして分析されている。この状況は図9.23に示したフォルマント軌跡にも明瞭に現れている。図9.23はPraat，図9.24は音声工房による分析結果であり，両者とも線形予測分析（LPC）

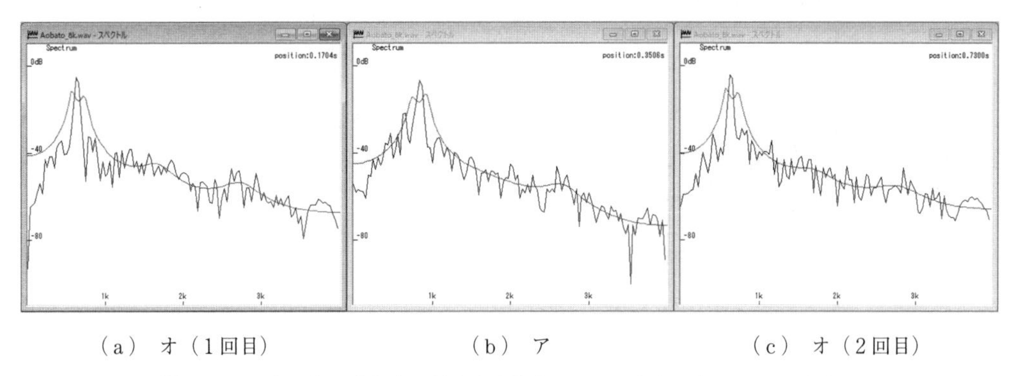

（a）オ（1回目）　（b）ア　（c）オ（2回目）

図 9.24　アオバトの鳴き声に対する3時点でのスペクトルとLPCスペクトル

の手法を用いているので，同様の結果になったものと思われる。これら（LPCスペクトルの極大点）は，本当にフォルマントなのであろうか？ もしフォルマントとみなすなら，鳴管のどこの部分の共鳴によるものなのであろうか？

線形予測分析では，一つの音源（声門）と，1本の分岐のない声道を想定して，断面積の変化する声道におけるいろいろの場所の共鳴をフォルマントとして抽出することができた。一方，鳥類の発声器官には，二つの音源（鳴管）があり，二つの鳴管が1本に合わさって1本の気管を形成している。このような発声器官から発出された音声を，ヒトの発声器官を想定した分析法を当てはめること自体に無理があるのかもしれない。

しかしながら，アオバトの声は「オアーオ」と聞こえるのは確かであり，前述の音声分析結果から強いて推測するとつぎのようになる。650～850 Hzに現れているLPCスペクトルの二つの極大点は，（基本波による影響を受けたもので）合わせて一つのフォルマントとみなす（第1フォルマント）。そうすると，「オ」の部分は，第1フォルマントが約640 Hz，第2フォルマント（第3極大点）が約1.67 kHzに生起しており，「ア」の部分は，第1フォルマントが約850 Hzに，第2フォルマントが約2.6 kHzに生起している。これらをF1－F2図上にプロットすると，女声の「オ」と「ア」のフォルマント分布域の上辺（の上方）あたりに位置する。よって，それぞれ「オ」と「ア」に聞こえるのであろう（**図 9.25**）。

〔2〕**ムナジロミソサザイ**

複雑な囀りを発する鳥として，ムナジロミソサザイ（Canyon Wren）というメキシコにいる種の声を調べよう。その音声データとして，Raven Lite 2.0の［Example］に収録されているものを利用した（**別図 9.8**）。この鳥の囀りは，約5秒間に間（実際には，小さな声を発している）を空けながら25回の素音（波形塊）を発声している。それぞれの回の発声はかなり異なり，基本周波数は約6 kHzから，約1.6 kHzに徐々に下降しており，振幅もだんだん増大し，その後減少している。

一連の発声の中から13回目（1.81 s～）と20回目（3.27 s～）の音声を切り出して観

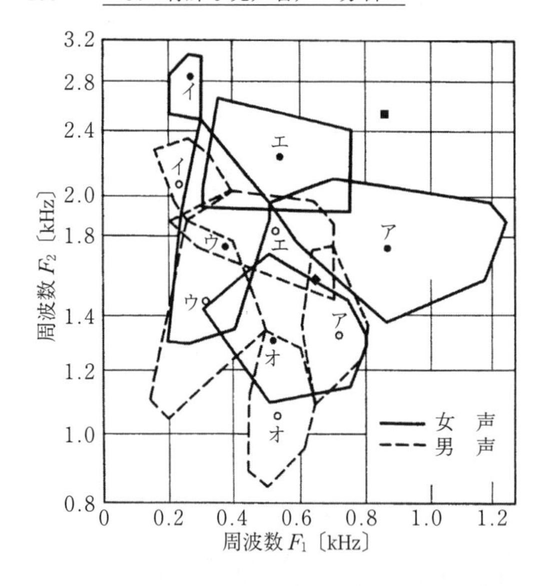

図 9.25　アオバトのフォルマントをヒトの F1－F2 図上にプロット（オ：◆，ア：■）

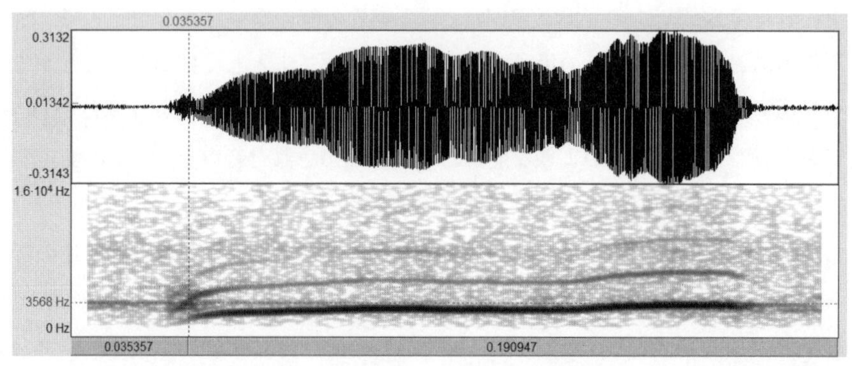

図 9.26　ムナジロミソサザイの囀り（13 回目）の波形とスペクトログラム

測しよう。13 回目の発声（**図 9.26**）を観測した結果をまとめると，つぎのようになる。

・前の発声から，3.6 kHz あたりと 4.1 kHz あたりに勢力を有する音が継続している。このように近接した周波数の音が生じているのは，おそらく左右 2 本の鳴管が振動している結果であろう。

・3.6 kHz の成分は 30 ms あたりで，広い周波数成分の波に紛れてしまう。おそらく，30 ms あたりで片方の鳴管が強い振動（主成分と呼ぶ）を開始したのであろう。

・4.1 kHz の成分は，主成分とは独立して継続しており，勢力は小さくなったり，主成分に紛れてしまったりするが，主成分が減衰した 170 ms 以降も存在し，以降の発声につながっているものと推測される。

・30 ms あたりで生じた，やや周波数成分の広い波は，40 ms あたりで約 2.8 kHz の基本波とその第 2，第 3 高調波を含む波に統合される。

・この基本波は，若干周波数（および，振幅）を上げながらゆっくりと 160 ms あたりまで持続する。

- 160 ms あたりで，主成分の振幅が急激に減少し（少し周波数の高い）基本波（と弱い第 2 高調波）のみとなり，この成分が 170 ms あたりまで持続しているが，勢力はきわめて小さくなる。
- 170 ms あたりから，二つの成分が弱い勢力ながら，次の発声に向けて持続する。
- なお，160 ms あたりに生じた基本波だけの波は，その後ろの回の発声になるに従い，勢力が大きく，かつ持続時間が長くなる。

つぎに，20 回目の発声の波形とスペクトログラムを観測しよう（**別図 9.9**）。

- 全般的には，13 回目の発声とよく似ている。ただし，全体の周波数は少し低い。
- 前の回の発声から持続するのは，高いほうの周波数成分の波であり，低いほうの周波数成分の波が 20 ms あたりで開始する。
- 150 ms あたりから始まる後半の波は，前半よりも振幅が大きくなり，かつ持続時間も長くなる。この傾向は，回が進むにつれ激しくなる。
- 後半の波の周波数は，前半より高くなり，この傾向は回が進むにつれ大きくなる。また，この波には，やや強めの第 2 高調波が重畳している。

上述した，近接した二つの周波数の音の存在は，各時点のスペクトル（セクション，スライス）を観測するとよくわかる。なお，近接した二つの周波数の波が存在する場合，波形にはうなりが生じることになり，実際二つの発声の間には，約 10 サイクルごとに振幅が小さくなるうなりの波形を観測できる。これまで鳴禽類では左右の鳴管が独立に振動するといわれてきたが，ここでの観察がその一つの証左になった。

ここで取り上げたムナジロミソサザイの例からもわかるように，鳥の鳴き声は時間的にも，周波数的にもきわめて急速に変化するので，われわれ人間の聴覚では追随するのが困難な場合が多い。本書で述べた「発声速度の変更」などの処理により，われわれに知覚しやすい音としてこれらの鳴き声を聴取することにより，新しい知見が得られるかもしれない。なお，このような高速で複雑な鳴き声を，同種の雌鳥が聴いて（さえずりの上手さを評価して）いるのであるから，鳥の聴覚機構もそれなりに発達したものであることが推察される。

9.3.3 鳥類（キュウカンチョウ）

ヒトの音声をまねる鳥（物真似鳥）として，オウム，インコ，キュウカンチョウなどが知られている。特に，よく訓練されたキュウカンチョウの音声は，（女性）飼い主の声と区別できないほど似ていることがある。キュウカンチョウの声の物理的特性については，平原らの研究報告がある（音響学会誌，1984 年，p.517 [12]）。ここでは，YouTube にアップされているキュウカンチョウの声を用いて，どのような特徴を有しているかを調べてみよう。

図 9.27 は，キュウカンチョウが「おはよー」と発声した音声の波形と特徴量である。なお，この音声の広帯域のスペクトログラムには，ところどころ欠落（白色部）があり，かなり「異様な」感じを受ける。おそらく，（符号化速度の低い）MP3 符号化法で録音し，低レベルの周波数域が削除されたものと類推できる（**別図 9.10**）。

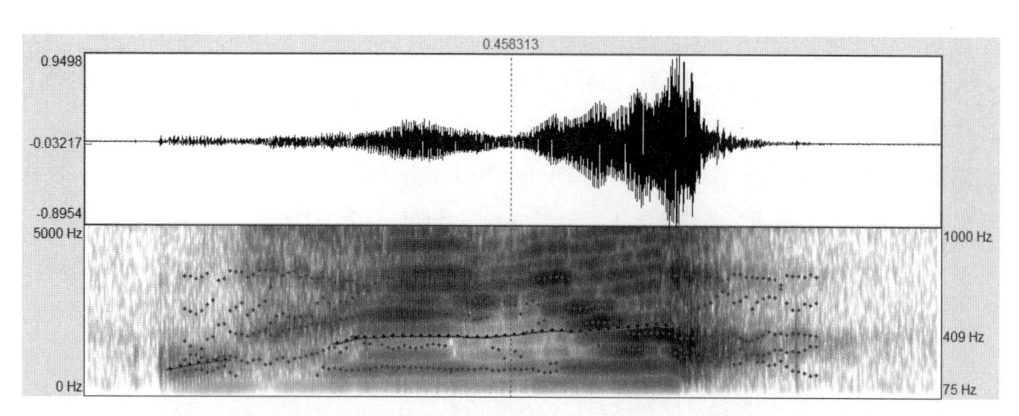

図 9.27　キュウカンチョウの鳴き声の音声波形と特徴量

音声波形を時間軸拡大して観測すると，（母音部で）1 周期波形が明瞭に現れており，雑音や高い高調波成分の重畳も少ない（**別図 9.11**）。一方，**図 9.28** はその中の「お」，「は」，「よ」の部分のスペクトルを求めたものである。これらを観測すると，つぎのような特徴を挙げることができる。

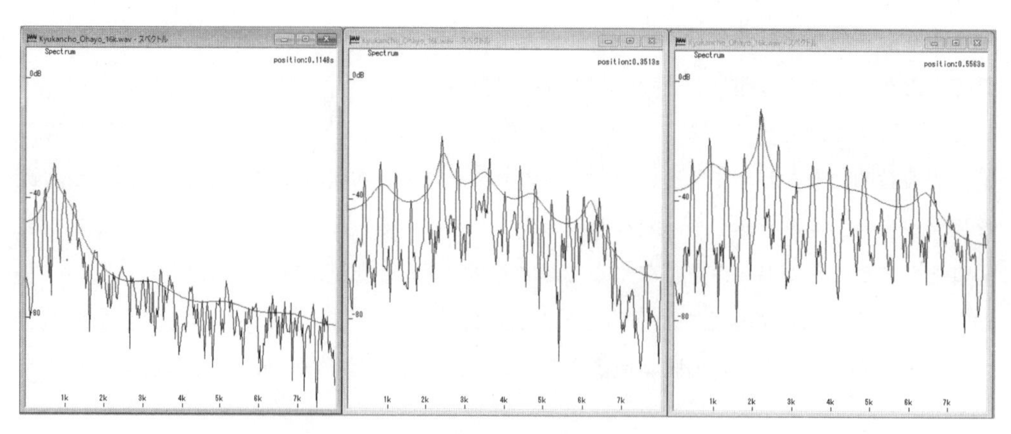

図 9.28　キュウカンチョウ音声の母音部のスペクトル

- ヒトの音声と同じような倍音構造を有している。
- 明確な基本周期を有しているが，基本波はそれほど優勢でない（特に，低音時）。
- スペクトル全体を見ると，ほぼ平坦である。この点は，ヒトの音声と大きく異なる*。
- それほど顕著ではないが，フォルマント構造を有している。
- 「あ」，「お」のフォルマント配置は，ヒトの音声にかなり類似している。よって，そう聞こえる。

これらの結果は，平原らの報告と類似している点が多いが，スペクトルの平坦さなどやや異なる点（上記*）もある。録音系の相違や，キュウカンチョウの個体差などが影響しているのかもしれない。

9.3.4 蛙（カジカガエル）

両生類に属するカエルは声帯を有する。オスのカエルの喉には鳴囊（めいのう）という袋があり，声帯で発した声を鳴囊で共鳴させることにより，大きな声を作り出しているらしい。

図 9.29 は，カジカガエルのある区間の鳴き声（16 kHz 標本化）に対する波形包絡と特徴量（スペクトログラムとピッチ）を示したものである。基本波の周波数は，初めは 1.38 kHz ほどで，これを約 80 ms の間に 1.8 kHz までほぼ直線的に高めている。これを 10 回ほど繰り返して，1 回の鳴き声にしている。基本波には，第 2 ～ 第 4 の明確な高調波が重畳しており，これが「日本で一番美しい声の蛙」になっているのであろう。ピッチ（基本周波数）の分析結果を詳細に観察すると，基本波の周波数は一定割合で上昇するのではなく，周期の速い周波数変調を伴いながら上昇しているのが見て取れる。一つの素音（「ピュイ」と聞こえる）だけを取り出して観測すると，この様子がよくわかる（**別図 9.12**）。

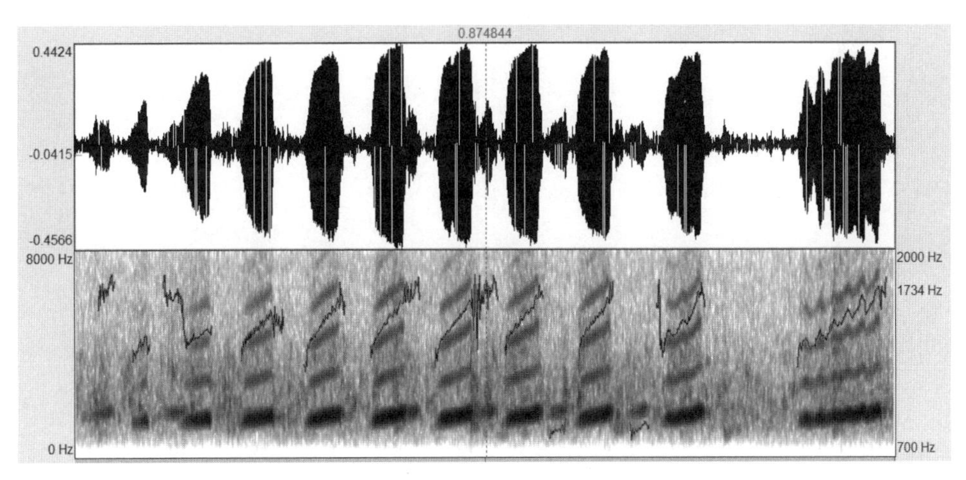

図 9.29 カジカガエルの一連の鳴き声に対する波形と音声特徴量

この例のように，比較的長い音声の特徴量を観測していると，微細な特徴を見落とすことがあるので，注意が必要である。

9.3.5 そ の 他

上記のほか，動物界にはいろいろの音を発する動物がいる。鳥類と並んで鳴き声を愛でられたキリギリスやコオロギの仲間，あるいはセミ類などの昆虫類も，身近で音を発している。これらの発音機構は，声帯，あるいはそれに似た器官を有する動物のものとは，まったく異なる。それらの鳴き声を調べるには，声というより音としての別の探究法が必要かもしれない。これまで述べてきた動物が発する声や音のほかに，自然界が発するさまざまな音，あるいは人間が作り出したいろいろの人工物が発する物音を探求するのも，興味深い。

未知の音を研究対象とする場合，最初に（人間の声を主対象とする）音声分析ソフトを適用するのは構わないが，本書で紹介したような生物音響分析用ソフトを使用することも考えたほうがよい。あるいは，フリーソフトにはないかもしれないが，超音波や超低周波音を扱うことのできるソフトウェアが必要になるかもしれない。

以前は，いろいろな音源を求めて，CD，ビデオテープ，TV 放送などを物色したが，最近では，Web サイトや YouTube などから各種音源データを手軽に入手できるようになった。

これらのデータとフリーソフトを利用して，音の世界を探究することの楽しさを味わってもらいたい。

引用・参考文献

1) 石井直樹：音声工房を用いた音声処理入門，コロナ社（2002）
（音声処理に関するベストセラーであり，今だ販売中。音声工房試用版を CD に収納）

2) 夢前 黎：Audacity ではじめる音声編集（I/O BOOKS），工学社（2016）
（Audacity に関する初めての日本語解説書である。しかし，音楽編集のマニア向けと思われ，予備知識のない人には，少し難しい）

3) 北原真冬，田嶋圭一，田中邦佳：音声学を学ぶ人のための Praat 入門，ひつじ書房（2017）
（本書執筆中に刊行された，Praat に関する初めての日本語解説書である。ラベリング用のスクリプトに詳しい。音の強さなど音響に関する記述は不十分である）

4) 電子情報通信学会 編，三浦種敏 監修：新版 聴覚と音声，p.364，電子情報通信学会（1980）

5) 五十嵐陽介：Praat 講習会 — Praat を用いた音声分析入門 —，p.6
http://josman.web.fc2.com/praat/PraatKyotoForWeb.pdf

6) 斎藤純男：日本語音声学入門【改訂版】，p.151，三省堂（2006）

7) 河原英紀，片寄晴弘：高品質音声分析変換合成システム STRAIGHT を用いたスキャット生成研究の提案，情報処理学会論文誌，**43**，2，pp.208－218（2002）

8) 大泉克郎 監修，藤村 靖 編著：音声科学，p.153，東京大学出版会（1972）

9) 別宮貞徳：日本語のリズム — 四拍子文化論，筑摩書房（2005）

10) 松田勝敬，森 大毅，粕谷英樹：ささやき母音のフォルマント構造，日本音響学会誌，**56**，7，pp.477－487（2000）

11) 日本音響学会：小特集 生物音響学の最近の動向 — 発声，聴取機構における種の多様性 —，日本音響学会誌，**71**，7，pp.319－362（2015）

12) 平原達也，伊福部 達，吉本千禎：九官鳥音声の物理的特徴，日本音響学会誌，**40**，8，pp.517－526（1984）

13) 日本音響学会編：音のなんでも小事典（Blue Backs），講談社（1996）
（やや古いが，音響のいろはを知るための好書）

なお，本書中に引用した学術論文，研究会資料等は，Internet で検索可能のものが多い。また，書籍は販売終了のものもあり，古書店（Amazon 等）で入手できよう。

索　　引

【あ行】

【か行】

【さ行】

【た行】

【な行】

【は行】

【ま行】

【ら行】

【わ行】

【アルファベット】

——著 者 略 歴——

1965 年　京都大学工学部電子工学科卒業
1965 年　日本電信電話公社（現，NTT）電気通信研究所勤務
1982 年　日本電信電話公社電気通信研究所音声入出力方式研究室室長
1987 年　NTT アドバンステクノロジ株式会社勤務
2005 年　横浜国立大学産学連携推進本部勤務
2013 年　退　職

フリーソフトを用いた音声処理の実際
Details of Speech Processing Techniques Using Free Softwares

2018 年 12 月 28 日　初版第 1 刷発行

検印省略

著　者　石井直樹（いしいなおき）
発 行 者　株式会社　コ ロ ナ 社
代 表 者　牛 来 真 也
印 刷 所　新日本印刷株式会社
製 本 所　有限会社　愛千製本所

112-0011　東京都文京区千石 4-46-10
発 行 所　株式会社　**コ ロ ナ 社**
CORONA PUBLISHING CO., LTD.
Tokyo Japan
振替 00140-8-14844・電話（03）3941-3131（代）
ホームページ　http://www.coronasha.co.jp

ISBN 978-4-339-00916-3　C3055　Printed in Japan　（森岡）